全国煤矿优秀"五小"成果和先进适用技术精选

煤炭工业技术委员会 编

煤炭工业出版社

·北京·

图书在版编目（CIP）数据

全国煤矿优秀"五小"成果和先进适用技术精选/煤炭工业技术委员会编． --北京：煤炭工业出版社，2018
ISBN 978 - 7 - 5020 - 6066 - 4

Ⅰ.①全… Ⅱ.①煤… Ⅲ.①煤矿开采 Ⅳ.①TD82

中国版本图书馆 CIP 数据核字（2018）第 142996 号

全国煤矿优秀"五小"成果和先进适用技术精选

编　　者	煤炭工业技术委员会
责任编辑	成联君　尹燕华　杨晓艳
责任校对	孔青青
封面设计	于春颖
出版发行	煤炭工业出版社（北京市朝阳区芍药居 35 号　100029）
电　　话	010 - 84657898（总编室）　010 - 84657880（读者服务部）
网　　址	www.cciph.com.cn
印　　刷	北京建宏印刷有限公司
经　　销	全国新华书店
开　　本	787mm×1092mm $^1/_{16}$　印张 $18^1/_2$　字数　521 千字
版　　次	2018 年 7 月第 1 版　2018 年 7 月第 1 次印刷
社内编号	20180927　　　　定价　65.00 元

版权所有　违者必究

本书如有缺页、倒页、脱页等质量问题，本社负责调换，电话:010 - 84657880

编 委 会

主 任 田 会

主 编 汤家轩

副主编 吴建华　高晓芬

成 员（按姓氏笔画排序）

　　　　王 猛　王 琢　刘 具　李 多　杨 锐
　　　　肖翠艳　何尚森　张学谦　赵飞虎　赵 迪
　　　　黄艳波

中国煤炭工业协会关于公布全国煤矿
优秀"五小"成果的通知

中煤协会技术函〔2017〕146号

各有关单位：

　　为深入学习党的十九大精神，贯彻落实国务院办公厅《关于发展众创空间推进大众创新创业的指导意见》（国办发〔2015〕9号）、国务院《关于煤炭行业化解过剩产能实现脱困发展的意见》（国发〔2016〕7号）等系列文件要求，调动煤炭职工自主创新，我会在全行业开展了煤矿"五小"（小发明、小改造、小革新、小设计、小建议）成果征集活动。本次征集活动得到了全国煤炭企业的积极响应，共征集到煤矿"五小"成果1094项，经专家认真评审，其中466项优秀"五小"成果具有较好的推广应用价值，现予公布。

　　请各单位结合企业实际，继续深入开展职工"双创"活动，增强企业创新发展的活力，不断产生新动能，创造新效益。同时，建议对获奖个人给予一定经济奖励。

中国煤炭工业协会
2017年12月13日

中国煤炭工业协会关于印发促进煤炭工业转型升级先进适用技术的通知

中煤协会技术函〔2017〕145号

各有关单位：

为深入学习党的十九大精神，贯彻落实《国家创新驱动发展战略纲要》、国务院《关于煤炭行业化解过剩产能实现脱困发展的意见》(国发〔2016〕7号)等系列文件要求，推进煤炭行业供给侧结构性改革，推动煤炭工业转型升级，我会在全行业开展了煤矿先进适用技术征集活动，共征集到成果237项，经专家审查，现对126项先进适用技术予以发布，供各单位学习和推广。

各单位要高度重视和充分发挥先进适用技术对煤炭行业供给侧结构性改革和转型升级的重要作用，并以此为重要抓手，助力煤炭行业科技创新和转型升级。

中国煤炭工业协会
2017年12月13日

前　言

"十三五"时期是全面建成小康社会的决胜期,是煤炭行业深化供给侧结构性改革的攻坚期,是煤炭行业结构调整、转型发展的重要机遇期。《煤炭工业发展"十三五"规划》中明确提出建设"集约、安全、高效、绿色"的现代煤炭工业体系,要求加强煤炭科技创新和集成创新,加快推广先进适用技术,从而实现煤炭工业由大到强的历史跨越。

2016年2月,国务院印发《关于煤炭行业化解过剩产能实现脱困发展的意见》(国发〔2016〕7号),提出煤炭行业要全面贯彻落实"创新、协调、绿色、开放、共享"发展理念,支持创业创新平台建设,积极培育煤矿职工创业创新载体。2016年5月,中共中央、国务院印发《国家创新驱动发展战略纲要》,提出建设和完善创新创业载体,加快形成大众创业、万众创新的生动局面,进一步激发全社会创造活力。2017年7月,国务院印发《关于强化实施创新驱动发展战略进一步推进大众创业万众创新深入发展的意见》(国发〔2017〕37号),要求进一步优化创新创业环境,充分激发人才创新创业活力,释放全社会创新创业潜能,推进大众创业、万众创新深入发展,加快培育和壮大新动能、改造提升传统动能。

为全面贯彻落实国务院系列文件要求,加快推动创新驱动发展战略在煤炭行业落地,充分调动煤炭职工自主创新能力,助力煤炭工业转型升级发展,中国煤炭工业协会在行业组织开展了煤矿"五小"(小发明、小改造、小革新、小设计、小建议)成果和煤矿先进适用技术的征集活动,邀请煤炭行业权威专家以及煤炭工业技术委员会部分委员进行了评审,共遴选出466项优秀"五小"成果和126项先进适用技术,并出版了《全国煤矿优秀"五小"成果和先进适用技术精选》,旨在推动煤炭行业贯彻落实十九大报告中提出"创新、协调、绿色、开放、共享"发展理念,推进新旧动能接续转换和结构调整,挖掘企业内部潜力,激发广大职工的创新热情和加强煤炭企业技术进步和人才培养,推动煤炭行业供给侧结构性改革和转型升级发展。

《全国煤矿优秀"五小"成果和先进适用技术精选》由煤矿"五小"优秀成果和煤矿先进适用技术成果两部分内容组成,其中煤矿"五小"优秀成果包括井工开采、露天开采、机电运输、电气自动化、矿山建设、信息化、

前言

防治水、防灭火和选煤等9个专业，煤矿先进适用技术成果包括煤矿开采、煤矿施工、灾害防治、洗选加工、环境保护等5个专业。希望煤炭企业借此成果，结合各单位实际情况，继续深入开展职工"双创"活动，增强企业创新发展的活力，不断产生新动能，创造新效益。

编　者

2018年5月

目　　录

煤矿优秀"五小"成果

井工开采 ·　3
  唐家会煤矿井下超磁分离水处理系统的应用 ·　3
  强突出松软厚煤层钻孔安全快速施工防喷装置 ·　5
  地面钻孔井下"可视化"注浆技术 ·　6
  高位定向钻孔代替高位巷 ·　8
  提高煤巷正头顺层抽放钻孔封闭严密性 ·　10
  哈拉沟煤矿井下煤矸置换技术应用 ·　11
  危险导水陷落柱——"变害为宝" ·　12
机电运输 ·　14
  立式拆缸机的研制与应用 ·　14
  瓦斯抽排管自动焊接流水线 ·　18
  链板机液压紧链器 ·　21
  全断面喷雾反冲洗装置 ·　22
  可拆卸移动式胶运大巷高空作业平台 ·　22
  生活污水处理站水泵改造 ·　23
  胶运顺槽单体支护安全装置 ·　23
  快速可移动伸缩式输送带支撑装置 ·　24
  新型双复合防砸耐磨技术在主运系统落料点的应用 ·　25
  原煤配仓换带一体机 ·　27
  创力采煤机自主大修 ·　29
  输送带切割机装置的研制与应用 ·　33
  一种手持式大功率浆液搅拌装置 ·　34
  带式输送机组合式清扫器的设计与应用 ·　35
  吊轨式远程遥控推车机的研究与应用 ·　36
  高压管路蓄能减震装置的应用技术 ·　37
  剪叉式液压蓬仓装置 ·　38
  采煤工作面顺槽运输快速移机配套装置的应用 ·　39
  改良吊挂架在大倾角带式输送机中的应用 ·　40
  一种采煤机闭锁光电喷雾装置 ·　42

目 录

综掘机整体移动搬迁优化 …… 42
井下运输系统转载点滑动式多喷雾装置 …… 43
斜巷常闭式机械联动防跑车器 …… 45
电缆助缠机 …… 46
风水清扫器 …… 47
镀锌铁丝退火工艺改进及余热利用 …… 48
一种新型的掘进机内喷雾系统 …… 49
一种新型综掘机外喷雾装置 …… 50
矿用推车机改造 …… 51
上车场安全设施控制系统的研究与应用 …… 52
单轨吊机车在兴隆庄煤矿的研究与应用 …… 53
异型螺栓螺柱外圆加工专用刀具及方法 …… 54
铸件预备热处理正火替代退火工艺试验 …… 55
MH620全岩掘进机截割头护罩与支护平台一体装置的设计与应用 …… 57
ZDY6000L深孔定向千米钻机捞钻技术研究与应用 …… 58
钢丝绳输送带快速换带工艺研究与应用 …… 59

电气自动化 …… 61
使用抗干扰铁氧体磁环减少探头误报警 …… 61
1020采煤机程序编写调试专用PLC功能测试台 …… 62
液压绞车新式示警装置的应用 …… 63
井下猴车自动开停装置 …… 65
副立井提升机闸间隙保护改造 …… 66
监控分站直联 …… 67
超前支架实现电液控操作 …… 68
带遥控的泵站设备集中控制 …… 69
斜巷安全运输智能控制系统的研究与应用 …… 70

矿山建设 …… 72
步进式斜井冻结施工工艺 …… 72

信息化 …… 75
轨道人员定位绞车联动系统 …… 75
电子书的制作与发布 …… 76
矿用隔爆型岗位授权读卡控制器研发及应用 …… 78

防治水 …… 79
定向钻进工艺技术在唐家会煤矿防治水工程中的应用 …… 79

防灭火 …… 81
液态二氧化碳在采空区防灭火中的应用 …… 81

选煤 …… 83
选煤厂介质消耗控制 …… 83

粗煤精煤回收系统改造 ……………………………………………………………… 87
附件1　全国煤矿优秀"五小"成果目录（二等奖）……………………………… 89
附件2　全国煤矿优秀"五小"成果目录（三等奖）……………………………… 118

煤矿先进适用技术

煤炭开采
　　基于物联网技术的暗斜井轨道绞车智能化系统研制 ………………………………… 163
　　汪家寨煤矿电液控支架应用 …………………………………………………………… 164
　　多功能永磁直驱带式输送机 …………………………………………………………… 165
　　系列煤矿用巷道修复机 ………………………………………………………………… 165
　　矿用防爆锂离子蓄电池无轨胶轮车 …………………………………………………… 166
　　西部侏罗纪煤田瓦斯资源化开发及阶梯式利用关键技术研究与工程示范 ………… 167
　　高压水预裂条件下射流切割煤体提高块煤率技术应用 ……………………………… 168
　　5000万吨级矿区巷道支护技术创新体系及应用 ……………………………………… 169
　　巨厚新近系松散含水层厚煤层提高开采上限关键技术 ……………………………… 170
　　含结核薄煤层机械化开采工艺及装备研究 …………………………………………… 171
　　KSZ-2600矿用岩巷快速掘进机 ……………………………………………………… 172
　　富水软岩斜井快速施工技术 …………………………………………………………… 173
　　长距离大埋深冻结斜井快速安全施工及监测技术 …………………………………… 174
　　新型促进剂在树脂锚固剂中的应用 …………………………………………………… 176
　　煤矿深部围岩结构与应力场探测分析及控制成套技术 ……………………………… 177
　　平顶山矿区深部巷道围岩变形破坏机理及稳定控制关键技术研究 ………………… 178
　　深厚富水基岩立井井筒冻结及快速施工关键技术研究 ……………………………… 179
　　赵固矿区厚冲积层薄基岩大采高巷道支护技术研究 ………………………………… 180
　　沿空留巷高水材料巷旁填充技术 ……………………………………………………… 181
　　"两堵一注"带压式新型封孔工艺在胡家河矿的应用 ……………………………… 182
　　立井提升系统快速换绳技术 …………………………………………………………… 183
　　胡家河矿副立井提升水配重系统设计研究 …………………………………………… 184
　　基于多维信息的通风瓦斯在线预警系统开发研究 …………………………………… 185
　　小断面岩巷综合机械化快速掘进技术研究 …………………………………………… 186
　　产品仓下快速装车系统 ………………………………………………………………… 187
　　矿井提升设备远程监测与故障诊断系统 ……………………………………………… 188
　　三软煤层复合顶板下沿空掘巷锚网索支护技术应用 ………………………………… 189
　　矿井纯净水—乳化油全自动配比集中供液系统技术研究与应用 …………………… 190
　　连采连充开采技术研究与应用 ………………………………………………………… 191
　　一种新型的掘进机内喷雾系统 ………………………………………………………… 192
　　SZZ1200/700重型刮板转载输送机研制开发 ………………………………………… 193

目 录

彬长矿区富水岩层井筒非全深冻结施工技术研究及应用 194
井筒基岩冻结法施工解冻水害治理技术研究及应用 195
三维地震勘探技术在孟村矿井首采区的应用 196
巨厚软岩冻结法凿井井壁稳定性控制技术及应用研究 197
旋挖钻桩基施工技术 198
液压技术在立井井筒装备施工中的研究与应用项目 198
煤矿巷道新型泡沫混凝土自动化湿喷成套装备与工艺技术 199
矿用自动化湿喷工艺关键技术及成套装备 200
控制开采与梯级截排关键技术在软岩露天矿的成功应用 201
自移式破碎机半连续系统工艺在露天矿的应用 202
铁北矿新二采区右七片工作面水压致裂顶煤弱化技术 203
浅埋藏煤层上覆火区影响下的工作面综合防火技术研究 204
矿井采空区涌水复用应用 205
新型双复合防砸耐磨技术在主运系统落料点的应用 206
刨煤工作面转角开采工艺的创新与应用 207
一种新型的掘进机喷雾系统喷嘴 208
大倾角工作面"三位一体"防飞矸技术 209
综采工作面运输巷电缆自移装置的应用 210
超高水材料在防止煤炭自燃中的应用 210
掘进巷道轻型掩护式临时支护设施 211
综采工作面配套辅助设备跟进无轨运输车 212
综放工作面端部交叉布置装备配套及支护技术 213
煤矿复杂井巷超大角度运输系统研究与应用 214
深井高应力富含带离散固化支护技术 215
复杂水文条件下高产高效开采技术研究 215
富水破碎岩体水泥基复合注浆材料研发及制备关键技术 216
煤矿切顶卸压沿空成巷无煤柱开采关键技术研究 217
高应力大断面破碎围岩复杂硐室综合支护技术研究 218
全封闭式U型钢棚复合支护技术在软岩巷道的研究及应用 219
扎煤公司灵东煤矿带式输送机下山采用注浆锚索、注浆锚杆新支护工艺的
    实践 220
煤矿综合防尘成套技术研究与实践 221
壁挂式高强稳定型煤仓关键技术 222
井筒成功穿越流砂地质的科技创新 223
深井高地应力全锚技术研究与应用 224
筒仓滑模刚性平台结构体系施工技术 225
蒙西南地区斜井过新近系黏土层锚网喷支护技术 225
斜井井筒穿越粉细砂层注浆加固施工技术 226

矿井低能耗低成本局部除湿降温方法及装置 227

灾害防治 229
掘进工作面粉尘在线监测和自动控制除尘系统 229
复杂条件下深部矿井奥灰水害地面区域超前治理技术 230
铜川焦坪矿区侏罗纪煤层地面井组瓦斯预抽采技术 231
综掘司机呼吸装置 231
煤矿深部保水采煤关键技术研究与工程实践 232
东怀煤矿井下排水泵房自动排水技术的应用 233
汪家寨煤矿煤与瓦斯突出预测参数监测系统 234
赵固二矿二$_1$煤层深孔松动爆破卸压增透成套技术研究 235
全深冻结井筒基岩射孔注浆技术研究及应用 236
浅埋煤层采空区外部漏风规律及防治技术研究 237
大采深局部综合除湿降温技术应用 238
深井负煤柱开采冲击地压防治技术研究 239
田陈煤矿综放工作面自然发火预测预报综合体系研究 240
煤矿多网融合通信与救援广播系统 241
煤与瓦斯突出矿井安全高效生产集成技术 242
义煤集团深部开采冲击地压综合评价及防治技术研究 243
冲击地压多级监测预警与防护技术研究 244
反循环压风定点取样技术 245
矿井含水层出水水源快速判别技术 245
高瓦斯易自燃综放工作面防灭火技术研究 246
定向钻进技术在煤矿地质情况探测中的应用 247
高瓦斯油气共存近距离煤层群自燃防治技术研究 248
瓦斯抽采钻孔分体组合式囊袋无管封孔技术、材料及装备研究 249
特厚煤层区段窄煤柱沿空掘巷围岩控制技术 250
矿井危险点分析及预控管理模式研究与应用 251
厚煤层高瓦斯综放工作面高错式钻场及扇形高低位钻孔瓦斯聚合技术
　研究及应用 252
深埋厚煤层成孔卸压防冲关键技术 253
断层束间煤层开采底板裂隙岩溶承压水综合防治关键技术 254
降尘喷雾装置 255
深部矿井复合动力灾害卸压增透关键技术 255
煤矿瓦斯抽采孔修复及增透技术 256
底板高承压岩溶水体上煤层开采控水技术研究 257

洗选加工 259
井下矸石拣选系统 259
煤泥水速沉降粘高效回收技术 260

目 录

选煤厂煤炭发运远程控制管理系统 ………………………………………………… 261
高内灰劣质煤出合格精煤 ……………………………………………………………… 261
重介质二段磁选回收工艺的研究与应用 …………………………………………… 262
蒋庄煤矿精煤汽车装车系统创新设计与实践 ……………………………………… 263
三锥角水介质旋流器粗煤泥分选工艺系统 ………………………………………… 264

环境保护 ………………………………………………………………………………… 265

煤矸石减排和资源化实践研究 ……………………………………………………… 265
沉陷区精准预测技术 …………………………………………………………………… 266
汪家寨煤矿瓦斯发电机组烟气余热利用 …………………………………………… 267
伊敏露天矿复垦绿化模式 ……………………………………………………………… 268
医疗污水处理工程 ……………………………………………………………………… 268
电热蒸汽发生器应用 …………………………………………………………………… 269
煤矿井下干雾除尘关键技术 ………………………………………………………… 270
一种煤矸石粉碎机 ……………………………………………………………………… 271

煤矿施工 ………………………………………………………………………………… 272

深井巷道复杂条件下综合机械化快速掘进技术研究 ……………………………… 272
单轨吊线路异网同播系统的研究与应用 …………………………………………… 273
千米矿井双箕斗双罐笼柔性罐道混合提升系统研究与应用 ……………………… 274
单轨吊运输系统"网络化"技术 …………………………………………………… 275
电滚筒改造带式输送机设计 ………………………………………………………… 275
急倾斜综采工作面安全快速安装工艺 ……………………………………………… 276
主井提升机钢丝绳更换工艺优化 …………………………………………………… 277
主要通风机变频技术在调风中的应用 ……………………………………………… 278
副井液压站液位报警装置 ……………………………………………………………… 278
四象限无转子位置传感器开关磁阻电动机传动控制系统研究与应用 …………… 279
智能化液压伞钻关键技术与装备 …………………………………………………… 280

煤矿优秀"五小"成果

井 工 开 采

唐家会煤矿井下超磁分离水处理系统的应用

朱翔斌　张福敏　郑炎荣　李小根　陈　成

淮矿西部煤矿投资管理有限公司鄂尔多斯市华兴能源有限责任公司唐家会煤矿

一、技术背景

矿井井下污水排至井底水仓后沉淀，淤泥量较大，清理难度较大，成本高；排水设备负荷较重，维护修理费用较大。超磁分离水处理技术是目前应用于矿井水处理的一种新工艺，也是国家鼓励采用的技术。其净化原理是通过投加磁种介质与微磁絮凝药剂，使水体中的悬浮物和磁种凝聚在一起，形成具有磁性的"矾花"之后，依靠永磁材料所产生的高强磁场，在强磁场力的作用下对赋磁性絮团进行快速分离。超磁力是重力的数百倍，因此超磁分离水处理技术因其分离速度快，大大地缩短了水力停留时间，为工程设施占地面积的缩小提供了技术保障。

二、技术内容

1. 工艺流程

矿井水处理工艺流程如图1所示。

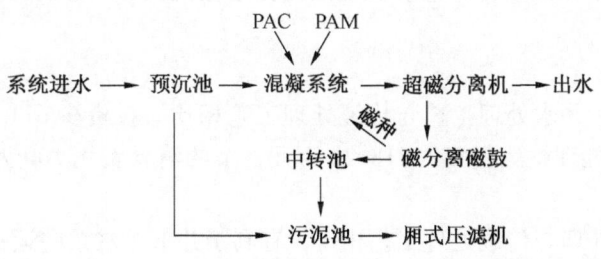

图1　矿井水处理工艺流程

矿井水经巷道内沟渠集水后，汇总至进水渠内，在进水端渠内设置机械格栅，去除水中大的机械杂质后，自流进入预沉池，水中大颗粒及大比重物质在预沉池中沉积下来，预沉池设潜水渣浆泵，将泥定期排入污泥池，再由污泥泵送至压滤机脱水，干泥外运。

经过预沉处理的水自流进入超磁分离混凝系统，混凝系统通过投加磁种和混凝剂（PAC和PAM），使悬浮物在较短时间内（约3~6 min）形成以磁种为载体的"微磁性絮团"。混凝之后的水再自流进入超磁分离机进行固液分离净化，超磁分离机通过磁吸附打捞，使出水水质达到设计出水指标后，自流进入后续水仓。

超磁分离机分离出的煤泥（渣），由超磁分离机自身的卸渣装置刮下进入磁分离磁鼓；在磁鼓的高速分散区将磁种和非磁性悬浮物分散，磁鼓对磁种进行吸附回收，回收磁种由泵打入前端的混凝投加系统，进入下一单元循环使用；非磁性污泥排入污泥池，和预沉池污泥一起由泵打入厢式压滤机进行脱水，脱水后的泥饼通过井下矿车外运。

2. 技术特点

（1）采用磁钢构造分离磁场，技术稳定成熟。磁分离技术的快速发展，得益于我国材料工业的技术进步，磁钢的磁性不仅比铁氧体材料有了超越，其产业化的成熟也为设备的生产制造降低成本提供了可能，使得以聚磁组合为核心的超磁分离机得以大规模普及应用。

（2）磁分离时间短，占地面积小。聚磁组合磁盘表面产生的磁力是重力的640倍以上，能快速地捕捉到微磁性絮团，从而可以采用一体化、短流程的设备集成，使整个水处理净化过程的时间缩短，来水自混凝反应池进至磁盘机出水的时间为3~6 min，优于传统的沉淀法。与传统处理方法相比，设备分离时间短，相应的设备占地少。

（3）与磁分离工艺配套的混凝系统用药量少。磁分离依靠强磁力进行吸附和分离，不需要大量的药剂使水体中的悬浮物形成大的絮团，而仅需微絮凝。与常规的混凝沉降系统比较，可节约系统的药剂使用量（仅为常规水处理加药量的1/3~1/2），节省药剂费用。

（4）出渣污泥浓度高。磁分离磁鼓分离出的污泥含泥率大于70000 mg/L，含水率小于93%（普通沉淀污泥含水率为98%~99%），可不经过浓缩直接进入脱水设备，节省污泥浓缩池占地和污泥脱水设备选型时的大小。经过常规的压滤脱水后，污泥含水率小于65%，成泥饼状，便于装卸外运。

（5）其主要缺点是对矿井水量和浊度的变化适应性较弱，即耐冲击负荷小。

三、应用情况

井下超磁分离矿井水处理工艺与传统处理工艺相比，投资少611.72万元，工期节省70天；每年可节省处理站运行费约118.26万元，节约清仓费用100万元，节省排水运行费用41.40万元。

井下超磁分离处理与传统处理工艺相比，有利于井下排水泵的运行、维护和管理，提高井下排水泵使用寿命，提高其运行效率。

强突出松软厚煤层钻孔安全快速施工防喷装置

孙玉龙 梁 浩 张传方 王 操

淮北矿业集团工程处钻探分公司

一、技术背景

长期以来,矿区传统的在强突出松软厚煤层中施工钻孔,突喷的煤与瓦斯防治方法一直都是在孔外空间采取突喷防治技术,防治效果一直不佳,突喷大量的煤粉和高浓度瓦斯没有有效的防治技术来控制,导致施工效率非常低、安全威胁非常大。

二、技术内容

本技术创新在钻孔内部用钻机拓扩一定量的空间,把现有钻场的防喷抽采器"克隆"安装在孔内,同时孔口器也进行了改造升级。一是有效保证了突喷大量的煤粉有足够的空间通道;二是充分利用孔内第一路抽采通道,将高浓度瓦斯抽采到管路系统中;三是利用改造升级的孔口抽采器再次进行抽采;四是利用改造升级的孔口抽采器将大量的煤粉雾化湿润排出,致使突喷出的大量煤粉中的瓦斯浓度降低到安全值以下,确保了钻探工程的安全施工。组合式孔内防喷抽采器+孔口新型抽采器效果图如图1所示。

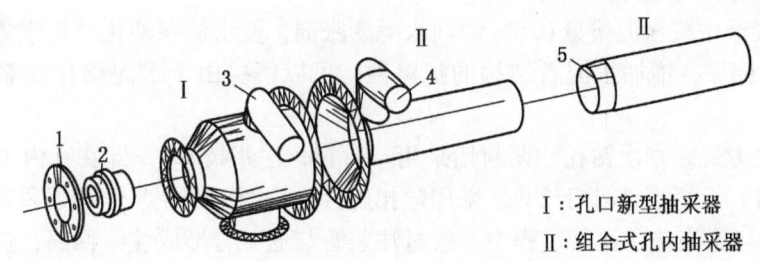

1—马蹄形固定盘;2—耐磨密封套;3—外抽管路;4—内抽管路;5—半月形内抽管

图1 组合式孔内防喷抽采器+孔口新型抽采器效果图

三、应用情况

(1) 有效防止了强喷的煤造成通道被严重堵塞现象。

(2) 通过三级抽采,使煤粉中瓦斯浓度大幅度降低,杜绝了回风侧瓦斯超限现象。

(3) 特大量的煤粉能够顺畅排出,通过螺旋输送机输送到指定地点,大幅度降低了职工劳动强度。

(4) 钻孔穿煤实现了安全连续钻进,提高了施工效率,平均每台钻机台效提高 200 m 左右。

(5) 此项防治技术的创新和实施,每年能够创造经济效益 100 万元左右,同时也创造了良好的社会和安全效益。

地面钻孔井下"可视化"注浆技术

疏义国　王宏伟　尹宏昌　孔皖军

淮矿西部煤矿投资管理有限公司

一、技术背景

地面封闭不良钻孔的处理方法分为地面和井下两种。井下处理一般采用注浆封堵的方法,即使用硅酸盐水泥单液浆或水泥水玻璃双液浆从孔口直接注浆至目标含水层,以达到封堵钻孔的目的。而受水泥硬化收缩以及浆液渗透半径的影响,注浆量难以把握,注浆效果及注浆层位往往难以保证。

二、技术内容

本次井下注浆封堵主要从注浆材料、注浆方式两个方面进行了优化。

(1) 注浆材料的选择。为解决水泥浆液硬化收缩对钻孔封堵效果的影响,在水灰比 1∶1 的水泥浆液中按水泥质量 0.5% 添加水泥膨胀剂,使水泥在硬化过程中体积不会发生收缩,还略有膨胀,增加水泥石结构的抗渗性,可以解决由于水泥硬化收缩带来的不利后果。

(2) 注浆方式。本次钻孔注浆封堵采用"可视化注浆技术",即在孔内下入 2~3 根 1 英寸导管(图 1),管长不小于 2 m,采用丝扣连接,分别用作注浆管和返浆管。注浆管与返浆管间具有一定高差,注浆过程中,通过注浆管与返浆管形成注浆回路,进而直观掌握浆液高度,进而掌握注浆层位,有效规避了由于注浆压力、围岩条件、注浆材料等因素对注浆半径的影响及注浆层位的判断。注浆系统如图 2 所示。

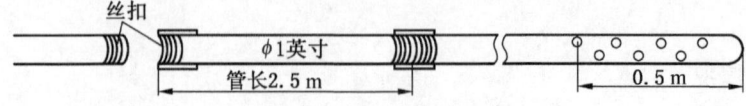

图 1　注浆管、返浆管结构示意图

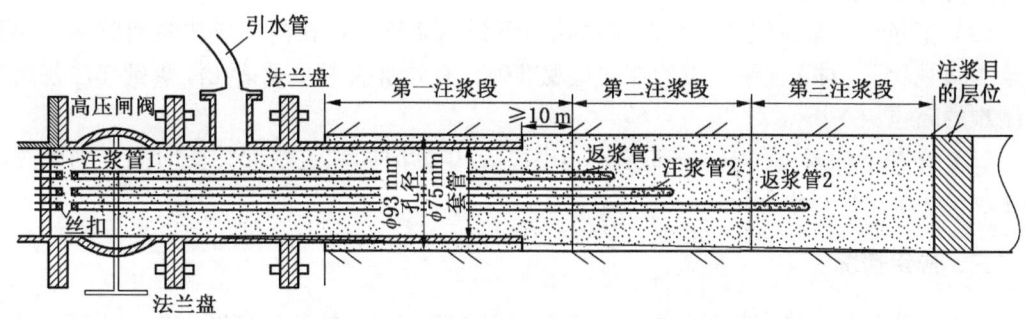

图2 钻孔注浆系统图

1. 钻孔注浆过程

因钻孔裸孔孔口管带压固管操作难度大，往往只能靠孔口管与孔壁环状间隙中浆液自重实现孔口管固定，在注浆封堵钻孔过程中，孔口管抗压强度无法满足注浆压力的需求。因此在钻孔封堵过程中，采取间歇性注浆的方式首先对孔口管段进行注浆加固（注浆高度大于孔口管深10 m以上），在钻孔内部形成止浆垫，待水泥浆液凝固且达到一定的抗压强度后，再对钻孔进行深部注浆。受注浆高度及导管下设高度限制，本次钻孔注浆封堵分三个阶段进行。

第一阶段，利用1号注浆管向孔内注入掺加水泥膨胀剂的水泥浆液，待1号返浆管返浆后，停止注浆候凝。待水泥浆液凝固72 h后，开始第二阶段。

第二阶段，该注浆段为钻孔裸孔段，返浆管尽最大能力下设。利用2号注浆管注浆，待2号返浆管返浆后，停止注浆，稳压30 min，期间如返浆管不返浆，可补注浆液，以保持浆液高度。30 min后，进入第三阶段。

第三阶段，第三注浆段直接利用第二阶段的返浆管作为注浆管。由于注浆高度过大（140 m以上），返浆管无法下设至目的层位。因此，第三注浆段采用理论计算法计算注浆量，进而控制注浆高度。

该阶段注浆量的计算需假设第三注浆段内围岩条件与第二注浆段一致，计算注浆量可用下式：

$$Q_2 = \frac{Q_1}{h_1} h_2$$

式中 Q_1——第二注浆段注浆量，m^3；
　　 h_1——第二注浆段注浆高度，m；
　　 Q_2——第三注浆段注浆量，m^3；
　　 h_2——第三注浆段注浆高度，m。

2. 创新点及不足

（1）本次地面钻孔井下封堵实践，在传统井下封堵技术的基础上，在注浆材料中加入水泥膨胀剂，有效解决了普通硅酸盐水泥浆液硬化收缩的问题，保证了水泥浆液硬化后结构的密实性及抗渗性。

（2）通过对注浆系统的改造，在钻孔内下设返浆管，在孔内形成注浆回路，实现了注浆"可视化"，对于注浆层位的控制直观准确，有效解决了井下钻孔注浆量与注浆层位控制难的问题。

（3）在井下注浆过程中，因故注浆中断，若中断时间超过水泥初凝时间，则无法继续注浆，注浆层位难以保证。

三、应用情况

本次钻孔井下封堵消耗材料费及人工费不足 1.0 万元，按治理高度 140 m 计算，平均治理成本 70 元/m。但对矿井具有一定的经济效益和良好的社会效益。

（1）UN22 钻孔的井下封堵，用时短，封堵效果好，消除了因地面钻孔导（突）水对矿井安全生产的威胁，实现了矿井安全高效的生产。

（2）该技术的应用，在注浆封堵段可以起到与地面相同的治理效果，若采用地面治理，按平均治理费用 800 元/m 计算，钻孔治理费用约比井下治理多 720 元/m。

（3）西部矿区三对矿井地面勘探钻孔 253 个，建井前期施工的勘探钻孔比重较大，这些钻孔大多没有进行封孔，在采掘工作面揭露过程中，其危害程度及治理难度相对较大。而本次井下封堵钻孔实践，成功地实现了地面封闭不良钻孔井下封堵，为西部矿区类似钻孔的处理提供了很好的指导和借鉴，具有很好的推广应用价值。

高位定向钻孔代替高位巷

刘发全　赖　笼

贵州盘江精煤股份有限公司火烧铺矿

一、技术背景

传统治理煤层回采卸压瓦斯的方式有高位巷抽放、高位钻孔和上隅角大管径预留管抽放技术。高位巷道施工周期长、费用高，吨煤开采成本高。高位钻孔一般较短，一个回采采面需要施工的高位钻孔数量多、钻场多、进尺数量大，无用进尺所占比例大，无法控制在瓦斯富集区，过钻场期间存在安全隐患。大管径预留管抽采浓度低，顶板塌陷过程可能造成管路损坏，影响抽采效果，导致安全隐患。

针对目前我国西南地区采用高位巷治理采空区卸压瓦斯施工周期长、造价高以及高位钻孔治理采空区卸压瓦斯钻孔数量多、钻孔利用率低的问题，引进定向钻进技术与装备，开展高位定向钻孔治理采空区瓦斯技术研究。研究高位定向钻孔布孔方式和成孔工艺，提高复杂地层下钻孔成孔率和利用率，开发对应的扩孔技术与瓦斯抽采技术，提高单孔瓦斯抽采效果，从而实现安全、高效、经济地利用高位定向孔治理采空区瓦斯。

高位定向孔技术可精确控制主孔轨迹分布在采空区瓦斯富集层带中，并开梳状分支孔进入煤层上部冒落带，甚至煤层中。当煤层回采后，卸压瓦斯可通过裂隙及分支孔运移至主孔中进而被抽出。最终利用定向钻进技术施工高位定向孔代替高抽巷和采面留管抽采采空区的卸压瓦斯（煤层回采后采空区顶板岩层裂隙中瓦斯），降低采面上隅角瓦斯浓度，保障工作面回采工作的安全，降低开采成本，提高经济效益。

二、技术内容

煤定向钻机，配备带弯接头孔底马达、随钻测斜仪器、中心通缆钻杆等先进技术设备；该梳状定向孔施工设备是利用泥浆泵产生的高压水驱动螺杆马达工作（内部转子→万向轴→传动轴回转），进而马达传递轴带动钻头回转破碎岩层成孔，采用随钻测斜技术获取钻孔空间轨迹信息，在防爆计算机实时监测钻孔轨迹，并通过调节螺杆马达工具面向角控制钻孔轨迹，精确控制钻孔轨迹按设计要求钻进。

1. 高位定向孔施工工艺

布孔方法：在铅垂面上，主孔大部分孔段位于顶板上方裂隙带（一般 15～50 m 不等，具体高度根据各矿实测断裂带高度来定），一般取导水裂隙层上方 2～5 m 处。且倾角尽量大于 0°，主孔倾角变化幅度小于 100°，由于采用"后退式"施工，分支点间距较大（一般为 40～60 m），分支孔较主孔倾角降幅小于 200。分支孔进入煤层垮落带。在水平面上，钻孔一般沿巷道走向点方向，为提高卸压瓦斯抽采效果钻孔平行回风巷均匀分布，可采用最近钻距距回风巷 Z（约 2 倍煤层采高），钻孔距回风巷 S（约采面煤层回采宽度的 1/4），钻孔间距 d（约 4～6 m）。

施工方法：采用"后退式"施工工艺，退钻时向下施工分支钻孔。

技术特点：高位定向孔能精确控制钻孔轨迹位于卸压瓦斯富集层位，相对于传统高位孔（一般小于 150 m、大倾角、位于卸压瓦斯富集层位孔段少、钻孔数量多、回风巷处每隔 80 m 需一钻场）抽采效果更高、钻孔更深（一般大于 500 m），覆盖范围广（单孔）、实现瓦斯大区域治理目的；相对于高位巷节省了大量巷道施工、经济、时间成本。

2. 复杂地层条件下高位定向孔成孔工艺技术

研究探索在复杂地层条件下高位定向孔成孔工艺技术，通过研发并使用定向孔防塌剂、注浆、下套管等工艺技术措施使其在过断层、破碎带时能够降低孔内事故发生的概率，总结出一套应对复杂地层钻进的钻孔事故预防及处理规范。

3. 采空区卸压瓦斯抽采与布孔技术

不断探索高位定向孔的主孔及分支孔布孔方式与瓦斯抽采浓度及抽采纯量之间的关系，寻找出一套适合于盘江矿区的采空区卸压瓦斯抽采的最佳布孔方法。

三、应用情况

（1）定向钻孔单孔抽放浓度由原来 10% 左右提高到 30%～60%。

（2）取代了传统的高位抽放巷，减少了高位钻场的施工数量，减少瓦斯抽放管数量，有效降低了采面上隅角瓦斯浓度，为采面安全、高效生产提供了保障。

（3）高位定向钻孔孔径大，深度长，钻孔轨迹可控，可在主孔内施工定向分支孔，减少钻孔的施工量,提高了抽采效率。

(4)通过实施高位定向孔替代高抽巷及高位钻孔,减少采面瓦斯抽放管趟数,减小采面瓦斯抽采管理难度,每年可节省成本500余万元。

(5)定向钻孔工艺还可使用在煤矿井下精确探放水方面。本项目已在全公司推广应用。

提高煤巷正头顺层抽放钻孔封闭严密性

潘勘成

贵州林东煤业发展有限责任公司泰来煤矿

一、技术背景

(一)矿井概况

贵州林东煤业发展有限责任公司泰来煤矿位于贵州省西北部毕节地区黔西县太来乡新坝村境内,矿界走向长约3.0 km,倾斜宽平均1.2 km,井田面积约3.7847 km^2。设计生产能力为30万t/a,采掘比例为"一采二掘"。69104采面回采煤层为9号煤层,煤层平均厚度为2.8 m,根据泰来煤矿地层综合柱状图得知,该区域9号煤层上部17.1 m为5号煤层,煤层平均厚度为1.2 m,9号煤层上部27.0 m为4号煤层,煤层平均厚度为1.6 m。9号煤层底部10号、11号煤层为煤线(煤厚0.1 m),13号煤层煤厚1.2 m,距9号煤层49 m。

(二)煤巷条带瓦斯治理措施

根据重庆煤科分院提供的《林东矿务局泰来公司9号煤层瓦斯参数测定报告》中,瓦斯含量8.843 m^3/t,瓦斯压力0.52 MPa,9号煤层埋深207.22 m以内不具有突出危险性。但为了加强煤巷条带瓦斯治理工作,泰来煤矿在煤巷掘进期间采取顺层钻孔预抽煤巷条带煤层瓦斯的措施进行瓦斯治理。

(1)在煤巷正头布置16个抽放钻孔,循环预抽里程80 m,超前保护20 m,允许掘进距离60 m,钻孔终孔间距4 m,每循环总进尺965.6 m。

(2)钻孔开孔位置:开孔为双排孔布置,孔间距0.45 m,排距0.5 m,上排钻孔距顶板距离1.0~1.5 m,第二排距第一排钻孔为0.5 m。钻孔开孔位置距离巷道煤壁0.2 m。

(3)封孔要求:所有抽放钻孔封孔均采取"两堵一注"的封孔方式进行,封孔深度不低于12 m,孔内根据实际需要下套管,套管长度根据钻孔实际而定,增长钻孔使用时间。

二、存在的问题及处理建议

(一)存在的问题

(1)煤巷正头施钻过程中,煤体原始结构被破坏,孔口段容易造成垮孔、塌孔、窜孔、孔壁不完好等。

(2) 由于钻孔孔口段垮孔、塌孔、窜孔、孔内煤矸多、孔壁不完好等，造成封孔深度不足、不严等，钻孔连抽后，钻孔漏气，孔口抽放负压达不到 13 kPa 要求。

(二) 处理建议

(1) 及时封孔，单孔施工结束后，立即按"两堵一注"方式封孔，先实施"两堵"，即钻孔施工结束，用压风将孔内残留的煤矸吹净，然后用封孔管和马丽散实施"两堵"封孔，并预留有注浆管和返浆管，封孔深度 12 m。

(2) 循环所有钻孔施工结束，并已实施"两堵"封孔，最后向所有钻孔进行集中注浆，确保每个单孔注浆饱满，封堵严实。

(3) 所有单孔注浆结束后，用塑料薄膜将封孔管理出露煤壁端保护好，采用喷浆机对施工钻孔的煤巷正头及巷帮 1.0 m 范围煤壁进行喷浆，并预留浆体凝固时间后，方能连管实施抽放。

三、应用情况

(1) 程序简单、操作方便，封孔严密。解决钻孔施工结束后封孔难的问题，确保封孔深度设计达到要求。单孔集中注浆，防止因施工其他钻孔时破坏其他钻孔封孔严实性。在煤巷正头及巷帮 1.0 m 范围煤壁进行喷浆，增强抽放钻孔孔口段的气密性。

(2) 单孔负压在 7~8 MPa，经注浆、喷浆处理后，单孔负压提高到 15~21 MPa。

(3) 循环抽放时间由 8 d 减少到 5 d，为掘进工期赢得空间。

哈拉沟煤矿井下煤矸置换技术应用

魏光荣　宋立兵　温庆华　蔚保宁　胡建平　王庆雄

神华神东煤炭集团哈拉沟煤矿

一、技术背景

煤矿开采产生大量的井下矸石，会产生很多的危害。

为了在极脆弱生态环境条件下进行大规模井下开采时，不导致地面堆矸如山、侵占土地和污染环境，神东煤炭集团公司积极努力开发减排和处理矸石技术。2008 年，哈拉沟煤矿在综采工作面回撤通道与中央大巷间煤柱中布置排矸巷，在保障安全生产的前提下最大限度地采出煤炭，实现煤矸置换最大化。结合在神东矿区已经成熟应用的旺格维利采煤法，利用综采工作面回撤通道与大巷间煤柱或边角煤施工排矸巷，排矸巷平行布置，布局简单，施工工艺简单，排矸系统简单。

二、技术特点

井下煤矸置换技术应用后，存在以下优点：①运输距离近，就近排放，运输效率高，车辆利用率高；②减少燃料消耗，少排汽车尾气，提高井下空气质量；③减少地面运输环节，降低运输成本；④节省土地，减少对土地、地下水、地面环境造成的污染。

三、应用情况

利用排矸巷，作业地点产生的矸石直接井下置换，大大缩短了矸石排放距离，按照哈拉沟煤矿年排矸量7.5万 m^3 计算，年节约排矸费用378万元；排矸巷年掘进出煤量约为16.0万t，按吨煤利润200元计算，可直接产生经济效益3200万元。

哈拉沟煤矿矸石处置场每年占地费、管理费、治理费合计35万元，每年可节省排矸费、矸石治理等费用413万元，综合经济效益3200＋413＝3613（万元）。

危险导水陷落柱——"变害为宝"

黄华山　薛君君　李鹏达　刘　彬

神华国能（神东电力）集团

一、技术背景

2013年1月黄玉川煤矿216上01工作面原回撤通道进行超前探放水施工时发现陷落柱，为了保证216上01工作面安全开采，避免导水陷落柱突水淹井，因此原回撤通道向开切眼方向平行移动到断层以里398 m。该矿根据井下实际条件综合考虑将来水源利用方便性，水源供给生产最优性，以及管路铺设、水仓建设经济性等内容，决定将复用水仓建在二水平东翼辅运大巷7联巷处，与216上01回风顺槽一号调车硐贯通。复用水仓有效容积为830 m^3，井下通过外运主斜井铺设一趟 $\phi 273$ 管路解决洗煤厂用水，再通过二水平东翼辅运大巷铺设一趟 $\phi 219$ 管路直接与井下生产用水管路对接来解决井下生产用水。

导水陷落柱水质良好，不需经过任何处理可直接用于井下生产用水和地面生活用水，加之各钻孔水量稳定、水源充沛，因此黄玉川煤矿结合其基建矿井的特点综合考虑，通过调整开拓部署，决定避开水害隐患，改造为水源地，排供结合，综合治理，从而变不利条件为有利条件。

二、应用情况

将矿井隐伏导水陷落柱区改造为供水源地，供水量150 m^3/h 以上，年均供水131.4

万 t，保证了井下用水及部分生活用水的需要，按照本区用水价格 3.2 元/t，黄玉川煤矿正式生产后年用水量约 100 万 t 计，年预计节约水资源费约 $3.2 \times 100 = 320$（万元），并能常年解决矿井用水问题。复用水仓的建设极大减少了矿井用水费用，并且避开水害隐患，极大地提高了矿井安全生产。

机 电 运 输

立式拆缸机的研制与应用

方向明　储晓莲　汤桐生　叶小森

中煤新集设备维修分公司

一、技术背景

新集矿区在用的 ZZ13000/27/60D 及 ZY8800/18/38D 液压支架，立柱缸体内径均达到 $\phi360$ mm，其导向套与缸体通过矩形螺纹连接，因井下恶劣的使用环境，立柱升井以后锈蚀严重，拆解难度很大。传统的卧式拆缸机是由电动机通过偶合器、减速器带动卡盘转动，此种拆装机的弊端是噪声大、占用面积大、强力拆卸时输出扭矩小，特别在装配过程中，由于找正困难，极容易因此而破坏密封件。而本项目的研究是在解决以上相关弊端的基础上，优化拆解流程，提高操作可靠性，降低工人劳动强度。

二、技术内容

立式拆缸机主要包括拆传动机构、缸体固定机构、机架、托架、液压泵站系统等结构，如图1所示。

（一）总体思路

采用立式结构，机架上设计导轨，通过升降油缸、钢丝绳、定滑轮结构带动传动机构上下移动。为安全起见，需在导轨下方设置限位块。传动机构动力由电动机驱动液压马达提供，通过控制阀组可实现无级变速。同时，为破除严重锈死缸体的"第一把劲"，可借助棘轮棘爪机构，利用两根摆动油缸提供强大扭矩。为保证缸体吊运方便，需设计一种可移动托架装置。

（二）技术方案

1. 传动机构

本项目传动机构由棘轮、棘爪、棘爪盘、两个摆动液压缸及摆动缸托架等构成，如图2所示。其工作原理是：当拆缸时，操作控制阀组，左缸伸出、右缸缩进，在左右缸的带动下，棘爪盘将逆时针转过一个角度，同时，棘爪盘带动棘爪推动棘轮转过一个角度，进而通过卡盘带动立柱导向套旋转一个角度；之后，操作控制阀组，右缸伸出、左缸缩进，在左右缸的带动下，棘爪盘、棘爪将顺时针转过一个角度，此时棘爪在棘轮上走空程；然

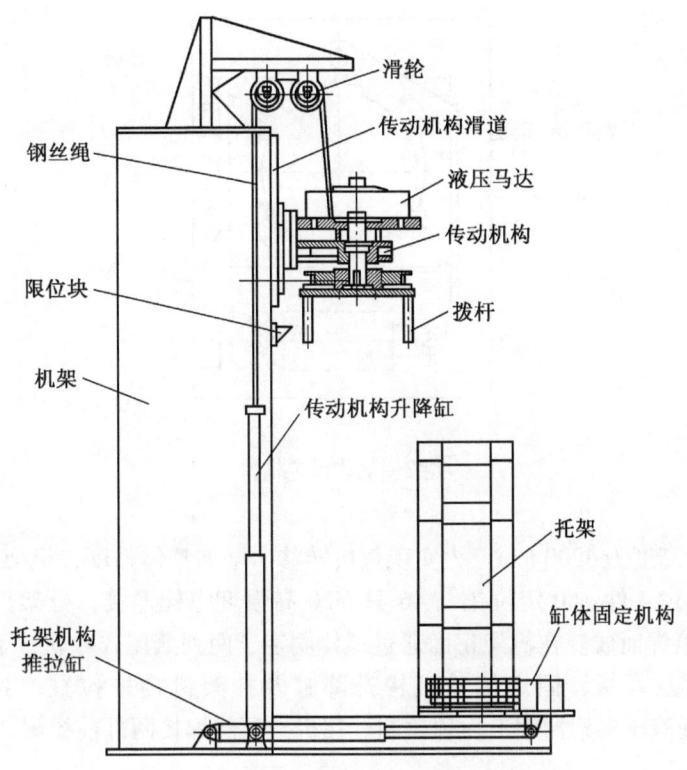

图1 立式拆缸机

后再操作控制阀组,左缸伸出、右缸缩进,如此往复,当立柱导向套旋转两扣左右后,拨出棘爪,即可通过液压马达提供拆卸动力。当装缸时,通过液压马达反向转动将导向套拧紧,其最大旋转扭矩通过安全阀进行控制,防止压毁密封圈。

液压马达选用ELMB-75型掘进机行走马达,输出轴在原有轴基础上进行改制,采用推力球轴承和深沟球轴承配合使用的方法有效支撑输出轴自重,并最大限度地降低输出轴与托架间的摩擦损失。为稳定、可靠地传递扭矩,输出轴与棘轮装置之间通过平键连接,棘轮装置与拨杆装置之间通过定位销、高强度螺栓连接。同时,为增加强力拆卸时输出扭矩,本拆缸机摆动缸选用ZZ7600/18/38型液压支架推移千斤顶进行改制。

2. 缸体固定机构

在本拆缸机的托架装置上还设置了缸体固定机构(图2),以限制在拆卸或装配导向套时缸体可能发生的转动。该缸体固定机构主要由夹板固定端、活动端、夹板缸、齿形块及组焊框架构成。两侧夹板采用不同厚度的钢板叠焊而成以增加其厚度,在两侧夹板上分别设计可更换式防滑齿形块,夹板缸选用ZZ7600/18/38型液压支架底调千斤顶进行改制。图2所示中所有不规则形状的板材均采用火焰切割机编程下料。

3. 机架

ZZ13000/27/60D液压支架立柱全部收回后,长度为2491 mm,为满足拆卸要求,本

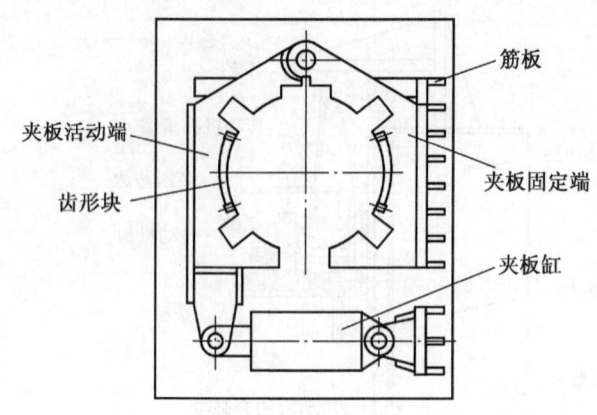

图 2　缸体固定机构

立式拆缸机设计高度为 4700 mm。为实现整机转移、增加整体强度，机架在高度方向共分成两段，之间通过 4 件 ϕ40 定位销与 46 只 M20 高强度螺栓连接，框架部分由 ϕ20、ϕ30 钢板（16Mn）组焊而成。在机架正面通过螺栓固定了两列燕尾式导轨，下方设置限位块。机架内部焊接油缸耳板，固定传动机构升降缸及托架机构推拉缸，其中升降缸选用 ZZ7600/18/38 型液压支架伸缩千斤顶改制。在机架顶部焊接两件前挑梁，4 件定滑轮通过销轴与其连接。

4. 托架

本拆缸机托架为可移动型，由导轨、推拉缸、1700 mm 护栏等构成，缸体固定装置就是坐于托架之上。托架导轨也是采用燕尾式，推拉缸选用 ZZ7600/18/38 型液压支架伸缩千斤顶，作用是实现托架的整体移动，1700 mm 护栏采用 175 型矿用工字钢组焊，作用是防止立柱缸体倾倒。

5. 液压泵站系统

本拆缸机液压系统共分为两路，所有千斤顶配有液压双向锁，由车间乳化泵供液；液压马达由独立液压泵站供液，整套泵站系统选用凯盛 EBZ160 型掘进机泵站，泵站液压系统图如图 3 所示。

（三）技术特点

（1）立式结构与传统的卧式比较，更容易找正，能有效避免装配过程中密封件的损坏现象，同时，立式结构整体更紧凑，占用面积相对于卧式而言要小很多。

（2）采用液压马达提供动力，有无级变速、过载保护、降低噪声、软连接等优点，特别说明的是，在此拆缸机中选用了变量轴向柱塞泵与负载敏感比例换向阀，实现以负载的需要来提供流量和压力，最大限度节省能耗，降低系统发热。

（3）传动机构导轨设计成燕尾式，在起到轨道作用的同时，能有效控制传动机构横向窜量，为安全、可靠拆装缸提供有力保障。

（4）传动机构中摆动缸选用 ZZ7600/18/38 型液压支架推移千斤顶改制，缸体增粗，

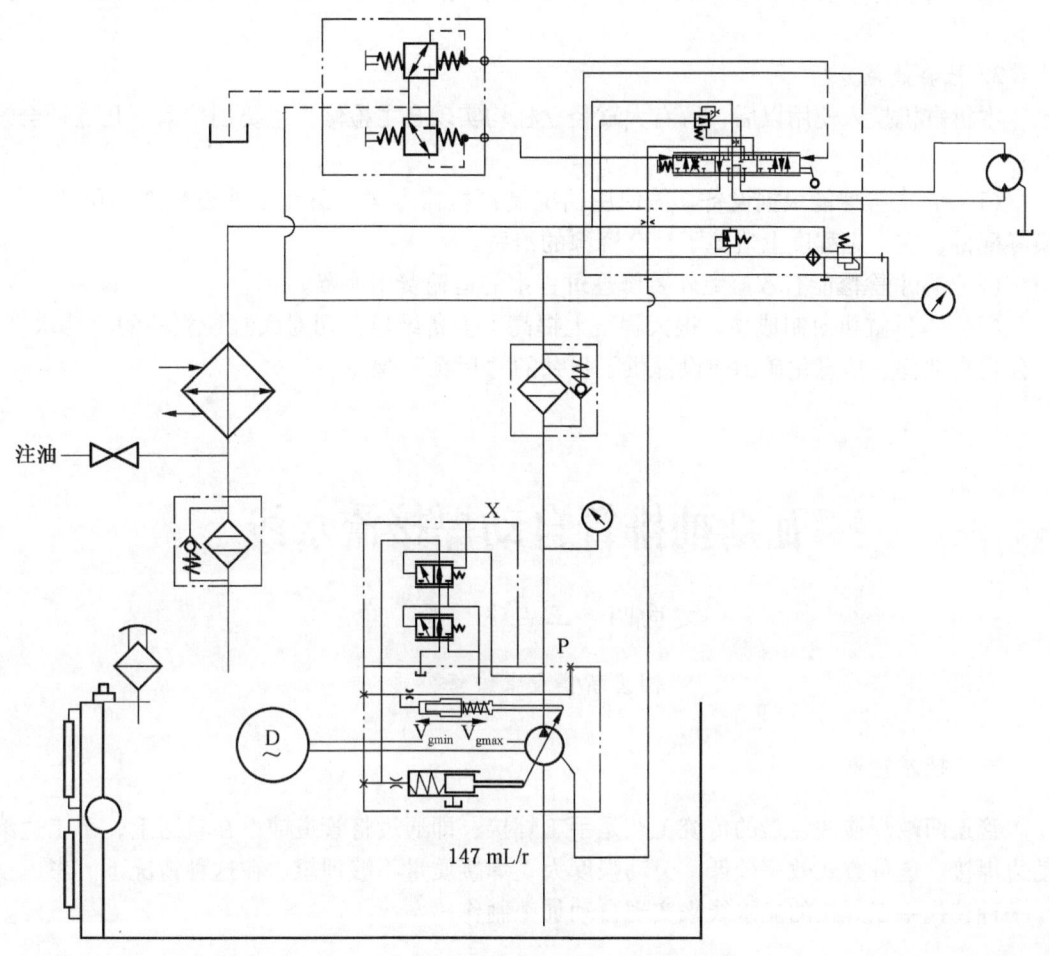

图3 泵站液压系统图

从而使推动力更大,能有效满足严重"锈死"缸体的拆卸要求。

(5)缸体固定机构中防滑齿形块设计成可拆卸式,为长期使用造成磨损后更换提供方便,也在很大程度上提高了整机的完整性。

三、应用情况

本拆缸机已于2012年10月研制成功,目前正在设备维修公司板集综修车间投入使用,效果良好。

1. 经济效益分析

自本拆缸机投入使用以来,设备维修公司共检修ZZ13000/27/60D及ZY8800/18/38D液压支架立柱共1933根,如果外委修复的话,每根的修理费用大概是8000元,那么总的修理费用即为$8000 \times 1933 = 1546.4$(万元)。

而借助本拆缸机进行自主修复,实际发生的费用为1119.1万元。

综上所述，本拆缸机投入使用三年以来，为公司节省 1546.4 – 1119.1 = 427.3（万元）。

2. 社会效益分析

本拆缸机投入使用以后，所有大缸径立柱均实现自主检修，主要创造以下几点社会效益：

（1）自主检修能根据设备具体使用情况制订检修方案，避免了外委修理单位 99% 更换零配件，在一定程度上避免了社会资源的浪费。

（2）自主检修能有效避免外委修理过程中的运输费用浪费。

（3）本拆缸机研制成功，很大程度上提高了设备维修公司对大缸径立柱的检修水平，为公司自动化、信息化矿山建设提供了强劲的"后勤"保障。

瓦斯抽排管自动焊接流水线

方向明　王占飞　李　争

国投新集设备维修公司

一、技术背景

管道两端焊接法兰盘的传统工艺是手工焊接：即通过将管道铺设在轨道上，手工边滚动边焊接。这种方式效率较低，劳动强度大，焊接质量不够理想。在这种情况下，考虑设计一种替代手工焊接的流水线来实现自动加工制作。

二、技术内容

1. 总体设计方案

1）驱动机构主体搭建

用两副托辊置于管道下方两侧夹持管道（图1），驱动单侧托辊，依靠托辊与法兰之间的摩擦实现管道旋转。在管道单侧需焊接位置通过支撑装置固定 CO_2 焊机焊钳，启动脚控开关启动焊机实现自动焊接。

考虑到 CO_2 焊机焊丝走丝的速度较低（约 2.5 r/min），驱动托辊动力选择为风动，以风源驱动风动马达旋转带动托辊旋转实现管道低速自动旋转，受小风量影响低速稳定性不高，所以提高风压以增加稳定性，为确保焊接速度能与管道旋转速度保持低速稳定同步，使用二级输送带轮减速。

2）翻转机构主体搭建

焊接完毕后，通过曲柄滑块机构（图2）来实现管道的

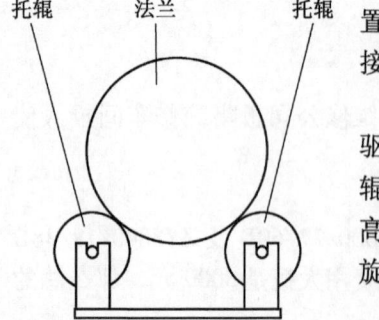

图1　驱动机构主体简图

翻转，利用置于管道一侧的气缸做直线运动推动管道下方的曲柄做旋转运动实现管道上升、翻转移动。

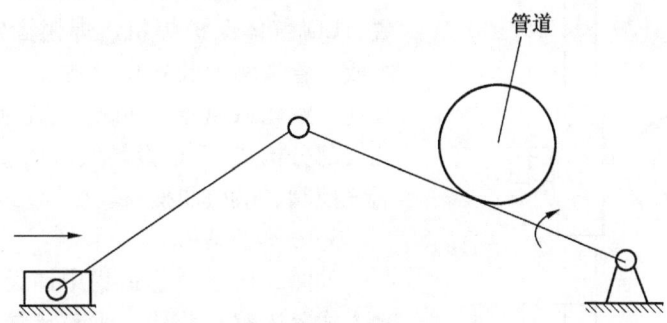

图 2　翻转机构主体简图

3）控制系统架设

运动主要有气缸的直线运动和马达的旋转运动，二者由一路气源供压，通过球阀作为总开关控制主干路的关停，经过球阀到达 Y 型三通分出两个支路，一路通过气源二联件供风动马达，另一路经气控三位四通阀控制气缸的伸缩（图3）。

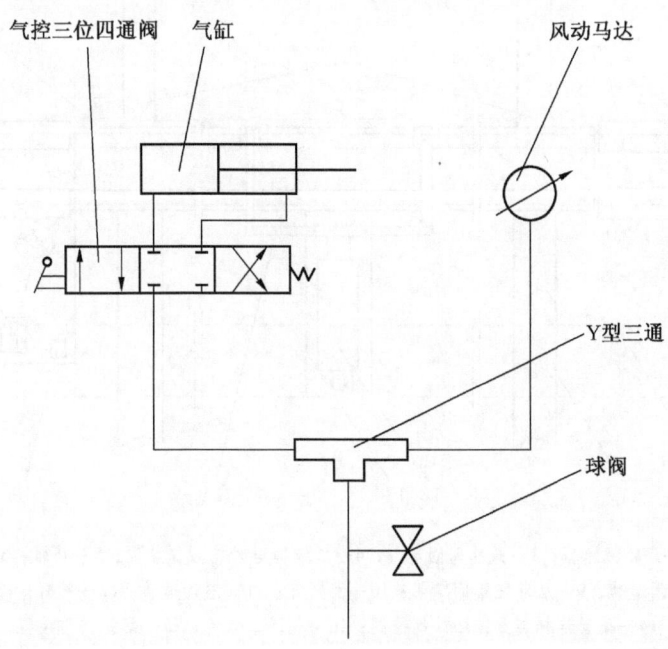

图 3　控制系统简图

4）系统优化

通过对轨道、CO_2 气体保护焊机焊钳固定支架（图4）、动力部分布置对系统整体进行优化处理。

2. 结构组成

流水线由轨道、管道驱动装置、管道翻转装置、CO_2气体保护焊机、焊钳固定装置几大主体组成。管道驱动装置由气源、气源二联件、风动马达、蜗轮减速器、两级输送带减速器、两副托辊几大部分构成；管道翻转装置由Y型三通、三位四通气控阀、气缸、曲柄滑块机构几大部分组成。

3. 工作原理

如图5所示，管道集中铺设在轨道上，以滚动方式落入驱动装置。驱动装置以置于管道下方两侧的夹持托辊为主体，由风动马达提供动力，通过两级输送带减速，促使减速后的单侧托辊与法兰摩擦旋转，实现管道自动旋转。

CO_2焊机焊钳通过支架装置固定在管道需焊接位置，调节支架螺栓，实现焊把前后、左右、上下范围内的焊接。

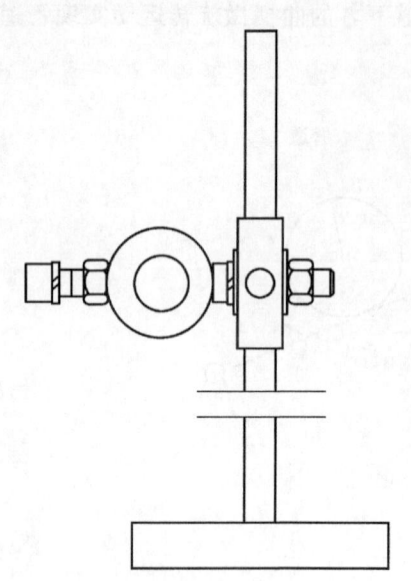

图4 CO_2气体保护焊机焊钳固定支架

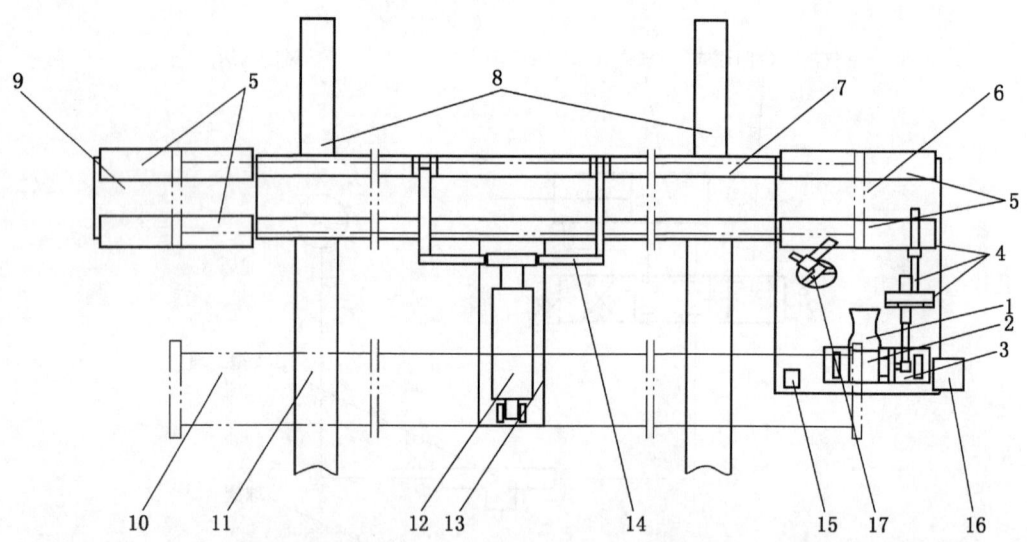

1—风动马达；2—蜗轮减速器；3—减速器固定架；4—二级输送带轮减速装置；5—托辊；6—主托辊固定架；7—机架；8—下滑道轨；9—从动托辊固定架；10—瓦斯管；11—滚动道轨；12—气缸；13—气缸固定架；14—撬动连杆装置；15—气控阀；16—气源二联件；17—焊把夹持装置

图5 工作原理简图

焊接后的管道通过翻转装置脱离滚落出去。翻转装置以曲柄滑块机构为机械主体，气缸推动置于管道下面的连杆做圆周运动，促使管道被"撬动"上升脱离驱动装置翻转到滑道上滚落下来。

翻转装置同样使用风压为动力,通过与驱动装置共用一套气源,以三位四通气控阀为控制装置,实现自动翻转。

4. 功能特点

(1) 效率高,焊接质量优良、稳定。根据管道旋转速度为2.5 r/min,内外四道焊缝,每天(8 h)大约可加工25~30根,较手工焊接每天6~8根效率有成倍提高,大大降低了劳动强度,节省了人力;焊缝质量较为均匀、美观,较手工质量有明显提升。

(2) 结构简单,自动化程度高。系统设计简单,使用较为方便,制造成本较低,可脱离对行车等设备的依赖,可批量加工制作管道。

三、应用情况

可以应用于一般管道法兰焊接自动化制作、管道自动翻转,能大大提高工作效率,节省人力资源,减轻劳动强度,节约购买专用设备费用。已在国投新集设备维修公司投入使用,较手工焊接,成倍提高了加工效率,焊缝也相当均匀、美观,质和量均有显著提升。为公司创造了可观的经济效益,提高了自动化加工水平。

链板机液压紧链器

贾 辉 张 献 赵善良

童亭煤矿掘进一区

一、技术背景

掘进煤锚巷道采用链板机出货,但在延车时多采用人工掐、接链条,操作复杂,同时需要多人合作,往往合车后链条松弛,需要多次掐链,存在安全隐患。

二、技术内容

液压紧链器是专为链板机设计的一种新型紧链器,由废旧张拉油泵、液压管路、1.0 m液压推杆、连接链环、紧链挂钩等组成,采用手动操作。液压推杆推力大,行程长,能够一次满足紧链要求,新铺设溜子可以分次进行拉紧。

三、应用情况

液压紧链器张紧力大,一次满足紧链要求,缩短了掐、接链的时间,操作简便,提高了操作安全性。

全断面喷雾反冲洗装置

魏秀江　李建博　王志强

神华国能（神东电力）集团

一、技术背景

以前全断面喷雾由于管路内壁生锈、水质问题，时常造成喷雾喷嘴堵塞，喷雾堵塞后不能有效地起到除尘和净化空气的作用，而且也给喷雾的日常维护带来了很大的困难，且胶运大巷喷雾维护时时常要到带式输送机上方作业也存在着很大的安全隐患，有时候同一道喷雾一个班就得维护好几次。为此通风队在连接喷雾的供水管路上加装了一个反冲洗过滤器，以此过滤水质里面存在的锈渣和泥砂，反冲洗过滤器安装以后，日常维护只需要定期将过滤器打开排放过滤器里面的杂质，喷头维护的次数也从以前一个班换好几次到每班清理一次过滤器即可。

二、应用情况

该装置的投入使用，提高了巷道全断面喷雾的日常使用效率，大大降低了日常维护的工作量和配件消耗量，净化了水质，提高了喷雾效果。

可拆卸移动式胶运大巷高空作业平台

魏秀江　霍昌波

神华国能（神东电力）集团

一、技术背景

针对胶运大巷登高作业的难度和高危情况，班组自行设计、加工了可拆卸移动式作业平台。该设施拆卸方便，牢固可靠，最突出的特点是支架脚部装有万向轮，可以顺着带式输送机两侧前后无干扰移动，轻巧灵活，而且停止时轮子可以直接卡死，防止滑动，对胶运大巷高空作业（比如安装隔爆水袋、维修净化水幕等）起到事半功倍的效果，极大地提高了安全系数和工作效率。该设施通用性强，如果加工时能调节支架高低，则可以适用于井下全部巷道。

二、应用情况

该平台的应用，大大提高了胶运大巷登高作业的安全性，使用、安装、移动简单，节省了工作量，提高了工作效率。

生活污水处理站水泵改造

王天奎　陈　光　李茂贤　冯宗伟　张连智

神华国能（神东电力）集团

一、技术内容

生活污水处理站深水池、中间池中的两台11 kW潜水泵因长期浸泡在水中，使得维修人员检修困难；水泵腐蚀严重且24 h长期运转，有过负荷、绝缘阻值不准等现象，这些现象容易产生电动机烧毁等不安全因素。

现将两台11 kW潜水泵更换成两台7.5 kW卧式自吸泵，有效地防止了污水腐蚀，提高了水泵使用寿命，降低了检修成本。

二、应用情况

项目实施后，使水泵检修、维护工作可以安全顺利进行，节约了检修成本，每年预计节约材料费及检修费用6840元，并且提高了排水效果，同时使检修工作的安全性得到了保证，排除了重大安全隐患，保证了安全生产。

胶运顺槽单体支护安全装置

张建伟　德巴特　陈小龙

神华国能（神东电力）集团

一、技术背景

综采工作面两顺槽顶板管理使用单体液压支柱进行超前支护，巷道净高在3.5 m时选用单体长度一般超过2 m、重量在90 kg左右，需要多人配合进行支设，费时费力且安全隐患较多，在坡度段时支设难度尤为突出。我单位顺槽巷道中12°至16°坡度段总长514 m，最大坡度达18°，安全支设单体液压支柱时为保证支护质量必须保持一定的迎山角，虽多人配合作业但无法消除作业过程中的安全隐患,经风险评估确定坡度段支设单体液压支柱的作业行为属于重大风险等级。

二、技术内容

该装置主要由废旧阀组、工字钢及液压油缸组成,是固定在转载机机身上的单体安全支护装置。该装置共计安装两处,分别安装在马蒂尔尾滚筒处及破碎机减速器侧,通过在转载机上伸出连接座,固定一根垂直于底板的升降槽身,将托举横梁及托举油缸(行程930 mm)通过限位块固定在升降槽上,利用片阀控制托举油缸升降,确保在托举油缸伸出时托举横梁垂直上升,同时不会因单油缸活柱发生旋转而导致托举横梁旋转。作业时将单体液压支柱运送至单体安全支护装置处,将待支护单体卡入单体液压支柱托举横梁上的活动卡块中并卡固可靠,操作片阀供液使托举油缸伸出,单体托举横梁升起使待支护单体离开地面,调整待支护单体至合适位置及角度后在底部安设柱靴,戴柱帽并操作单体液压支柱至完成状态。

使用单体安全支护装置可以有效保障作业人员的人身安全,在支护单体过程中使用单体托举横梁进行有效卡固,防止了在支护单体过程中因人员未扶稳、单体滑出柱靴等造成的单体液压支柱倒落,解决了坡度段支护时单体容易倒落伤人的安全隐患;同时因使用单体安全支护装置固定、调整单体液压支柱的支设位置,大大减轻了人员的作业强度和难度,原本需要5人的工作现在使用2人即可轻松完成,省时省力。

三、应用情况

(1) 使用单体安全支护装置可以有效保障作业人员的人身安全,尤其提高了大坡度段支设单体液压支柱时的安全系数,具有较大的安全效益。

(2) 若使用传统的方式进行单体支护,每支护一根单体需要使用4~5人进行搬运、调整及支护,用时约20 min;使用单体安全支护装置后,可以2人进行作业,且搬运、调整及支护共计用时10 min。按照每推进1刀胶运顺槽需回撤2根单体,每天推进6刀计算,全年共计可节约人工成本为

节约人工成本 = 1/3 h × 2 根 × 6 次 × 5 人 × 365 d × 500 元/24 h − 1/6 h × 2 根 × 6 次 × 2 人 × 365 d × 500 元/24 h = 152083 − 30417 = 121666(元)

快速可移动伸缩式输送带支撑装置

龚 青

神华神东大柳塔煤矿

一、技术背景

生产期间随着综合机械化采煤工作面的推进,需要停机进行人工拆输送带架子,输送

带架子笨重,拆卸过程中使用手锤拆卸并人工搬运,存在一定安全隐患,拆输送带架子用时一般在 30~50 min,影响生产效率。针对上述问题,发明设计了快速可移动伸缩式输送带支撑装置,该装置在自移机尾与小绞车之间的输送带悬空段工作,用于自动交替前移支撑输送带,该装置由主体、驱动装置、托辊架及控制阀组组成,驱动装置采用油缸全液压驱动,并采用分组集中顺序控制,顺序完成前移、支撑动作,实现了中、夜班连续生产不拆输送带架子的目的。

二、技术特点

(1) 全液压驱动,并采用分组集中顺序控制,完成前移、支撑动作。

(2) 工作原理首创迈步式循环交替前移支撑,主体结构相互嵌套,并可根据底板起伏变化来调节支撑高度,环境适应能力强。

(3) 采用液压电磁阀控制,增加无线接收模块实现遥控操作,操作方便,移动灵活。

三、应用情况

(1) 精简工序,提高工作效率。原来至少需要 3 名作业人员,现在只需 1 人不停机遥控操作即可,一年按 276 个工作日计算,每年可节约人工成本 2×300×276 = 165600 (元)。

(2) 提高原煤采出率。以 52505 综采工作面为例,采高为 7 m,工作面长为 300 m 计算:每个圆班可多产原煤 0.865×300×7×1.29×2 = 4687 t;一年可多产原煤 129 万 t。

该成果在大柳塔煤矿 3 个综采工作面推广使用,获公司科技创新一等奖,并已申请国家专利。

新型双复合防砸耐磨技术在主运系统落料点的应用

何广东 索智文 李定波 孙 超 贺国权 杨 蒙 杨佳兴

神华神东石圪台煤矿运转一队

一、技术背景

石圪台煤矿主运系统的主要落料点有 18 个,各落料点的漏煤斗、导料槽长期受煤流冲击,磨损快。原采用 12 mm 耐磨钢板加工的漏煤斗、导料槽,使用 3 个月后局部磨损、开焊,出现漏煤现象,且煤流冲击钢板时噪声大。维护修补时,需要连续使用电气焊作业,存在安全隐患,维护成本高,工人劳动强度大。针对此情况,石圪台煤矿落料点引用新型双金属复合耐磨材料,采用特殊工艺处理,对井下在用漏煤斗进行了改进,延长了漏煤斗的使用寿命,延长了检修周期,降低了噪声,减少了井下电气焊作业次数,降低了工人的劳动强度。

二、技术内容

该技术应用在主运系统落料点处,其主要性能是耐磨防砸,减少冲击噪声,且使用年限长达10年左右,大大缩减了井下电气焊修补次数,提高了漏煤斗安全性能。在钢板长期受煤流冲击区域设计耐磨工艺,对耐磨钢板起到缓冲效果,解决了钢板焊缝开焊、磨损快、噪声大的问题,使用寿命提高了近20倍。

为了延长主运系统漏煤斗及导料槽的使用寿命,降低现场噪声,降低维护成本,采取以下改进措施:引进了一种新型双复合金属层防砸耐磨材料,该新型耐磨材料的外观与其他耐磨钢板不同,采用了耐磨型BTW新型高锰高温材料堆焊复合而成。

采用新工艺,在漏煤斗受煤流冲击区域钢板表面加设网状耐磨隔板,每隔10 cm增设了一个耐磨棱与钢板形成了一个棱角的工艺(图1)。其主要工艺在于当棱角间隙内填满煤泥后,煤块、矸石砸落在钢板上,大部分冲击力都被棱角的煤泥所化解,对耐磨钢板起到缓冲效果。同时钢板网格内填充煤泥后,可以减小震动,降低噪声。

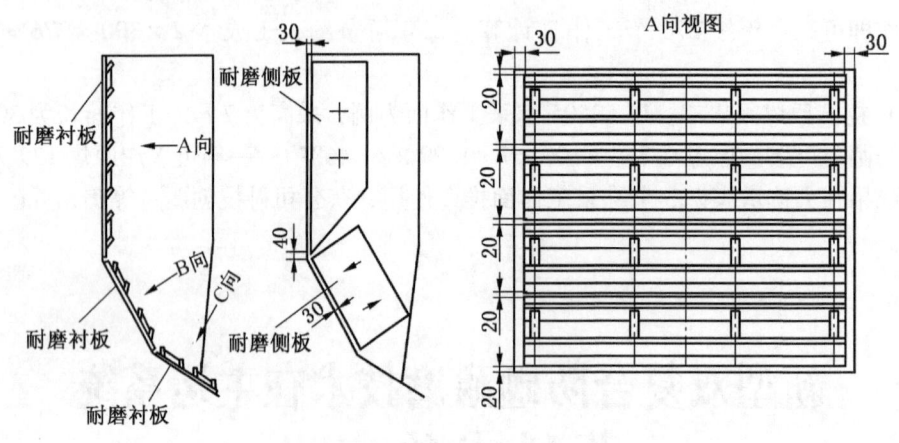

图1　焊接安装示意图

改造前,每月修补漏煤斗需要电气焊2次以上。使用新型防砸耐磨技术后,2014年修补漏煤斗使用电气焊3次,2015年修补漏煤斗使用电气焊4次,电气焊次数明显降低。

三、应用情况

石圪台煤矿主运系统的主要落料点有18个,每个落料点维护使用12 mm的16Mn优质耐磨钢板45 m^2,材料费用4万元/年,人工维护成本1.5万元/年。全矿每年使用材料72万元,人工维修费用27万元。使用新型防砸耐磨技术后,每个落料点投资费用4.5万元,使用年限可达10年左右,10年内可以节省材料费用720万元,节省人工成本270万元,共计990万元。

原煤配仓换带一体机

李定波　朱维利　贺国权　杨佳兴　孙　超　唐振鹏　张红利

神华神东石圪台煤矿运转一队

一、技术背景

石圪台煤矿原煤配仓安装三部带式输送机，由于带式输送机运输距离短，带面磨损量大，每部带式输送机带面最多运行3个月，更换频繁，且栈桥内空间狭小，更换极为不便。以往更换带面时，使用"人力拉拽"的笨拙方式进、出带，需要30多人站在带式输送机机架上拖拽，费时费力，工作效率低，且多人配合作业存在安全隐患。

二、技术内容

在配仓106带式输送机卸载滚筒正前方漏煤斗处开一检修口，并在开口处固定一个 $\phi 159\ mm \times 900\ mm$ 平托辊，用于穿入钢丝绳，漏煤斗顶部固定两个 $\phi 159\ mm \times 900\ mm$ 导向托辊。卸载部前方安设一台JD-11.4型调度慢速绞车，在靠近带式输送机机尾滚筒方向顶板横梁上固定1个滑轮，便可以实现快速换带。

回收旧带面时，在靠近卸载部处将输送带固定牢靠，从上带面断开，将绞车钢丝绳与靠近机尾方向断开带面接头连接牢固，启动绞车，慢速转动，依靠绞车动力，将带面从滚筒之间抽出，如图1a所示。

进新带面时，将新带面整卷吊起，可沿轴自由转动，绞车钢丝绳按照带面运行方向连接至新带面接头，并固定牢靠，启动绞车，慢速转动，依靠绞车动力，将新带面从滚筒之间穿入至机头卸载部后停止，如图1b所示。再将绞车钢丝绳穿过滑轮和新带面接头连接固定牢靠，启动绞车，将带面拉至上带面合适位置固定牢靠，如图1c所示。

该JD-11.4型调度慢速绞车在换带时仅能实现对新带进行快速穿入，而在对拉出旧带回收时还是需要依靠人力拉拽并卷起的笨拙方式，整个过程需要集中使用作业人员30人左右，工作效率低，费时费力，虽说相比以往更换输送带有所改进，却还是存在一定缺陷。检修人员开始对换带工艺进行优化改造，通过借鉴顺槽JY型液压卷带机工作原理，对原有绞车自主设计加装了一根卷轴。当出旧带时，该装置可通过卷轴水平旋转实现输送带快速卷出，实现更换带面过程的机械自动一体化。

三、技术特点

（1）改造漏煤斗，先在漏煤斗背面合适位置开孔便于穿钢丝绳，在漏煤斗的顶部固定两个 $\phi 159\ mm \times 900\ mm$ 导向托辊。

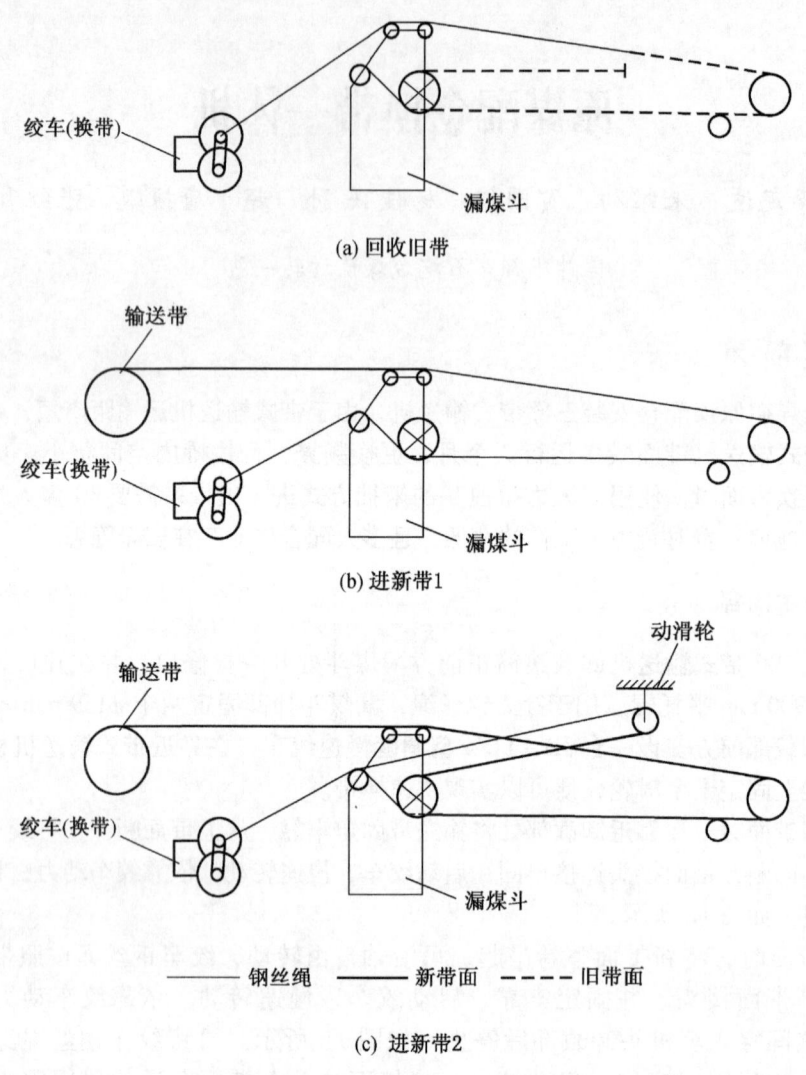

图 1 换带原理图

（2）在漏煤斗前方安设一台 JD-11.4 型调度慢速绞车，在靠近带式输送机机尾滚筒方向顶板横梁上固定 1 个滑轮，便于撤旧带、换新带。

（3）利用改造后的设备，利用绞车钢丝绳牵引输送带的方式，采用如图 1 所示新型工艺，回收旧带，更换新带。

（4）借鉴顺槽液压卷带机工作原理，对原有绞车自主设计加装了一根卷轴。出旧带时，可通过卷轴水平旋转实现输送带快速卷出，实现更换带面过程的机械自动一体化。

四、应用情况

石圪台煤矿原煤配仓的 3 部短距离运输带式输送机，每 4 月更换带面一次。未采用新工艺前，每次更换带面需要30人参与拖拽回收带面，连续作业10 h。改进工艺后，只需6人参与作业6 h即可完工。预计每年可节省人工成本10万元以上，每次更换带面节省4 h，按照2000 t/h计算，间接产生经济效益200万元以上。

创力采煤机自主大修

石 磊

同煤集团煤峪口矿

一、技术背景

2003年第一台电牵引采煤机引进煤峪口矿，此系列采煤机采用变频牵引调速技术，取代了传统的液压牵引，在电控部分以其精准的IGBT（交—直—交）变频调速、模块式的PLC数/模转换控制和串行式的单片机通信接口，完美地塑造了采煤机崭新形象，不仅运行平稳、维修方便、成本低，而且操作更加简单可靠。

同时，因其全新的控制方式和编程控制，在历次的搬家准备大修时，采煤机的电控部全部返厂或外委大修，矿电气维修人员一直未敢涉足，只是担负主回路部件的保养和更换。为节省搬家准备费用，减少预算，同时缩短大修周期，在矿领导的大力支持下，由供电科修组织力量成立了"煤机电控大修组"，首次尝试对创力MG2×125/560－WD型电牵引采煤机电控箱进行自主攻关大修。

二、技术内容

针对MG2×125/560－WD型电牵引采煤机启动时常常出现漏电越级跳闸至上级移动变电站，并且闭锁保护，待维修人员赶到现场复位移动变电站后故障现象自动解除，上电后移动变电站和采煤机全部运行正常，反复检测供电线路和设备都处于良好绝缘状态，并未有漏电现象，经观测发现在检修移车状态下或在不需要启动截割部，单独启动牵引部的情况下都会出现此种现象的问题进行电气控制改造。

为解决上述类型故障现象，首先对MG2×125/560－WD型变频电牵引采煤机左右截割、牵引部启动、漏电检测回路和移动变电站漏电检测工作原理进行分析：

（1）右截割启动工作原理：采煤机采用单根电源电缆供电，按下采煤机电控腔面板上主启按钮，采煤机先导回路形成，在左截割（第一启动）电机和电源电缆线路无漏电的状况下（绝缘状态没有下降到闭锁值）时，工作面顺槽真空磁力启动器上电吸合，采煤机左截割电机启动，内部控制变压器同时得电，内部PLC（西门子S7－300）控制器得电，内部漏电检测系统对右截割（第二启动）负载、牵引负载进行检测，如果绝缘良好的状态下，按下右截割启动按钮，PLC接收到右截割启动信号，PLC输出接点Q4首先闭合，GRL1和GRL2（内部漏电闭锁继电器）得电吸合，将右截割和牵引漏电检测解除

（漏电检测回路断开），经过3 s延时PLC输出接点Q6闭合，S+24 V—B1 手动/自动转换开关—Q6—（MJ6）右截割启动继电器—SOV，控制回路形成。MJ6得电吸合，其动合接点闭合，右截割接触器MCCB吸合，右截割启动。电控原理图1所示。

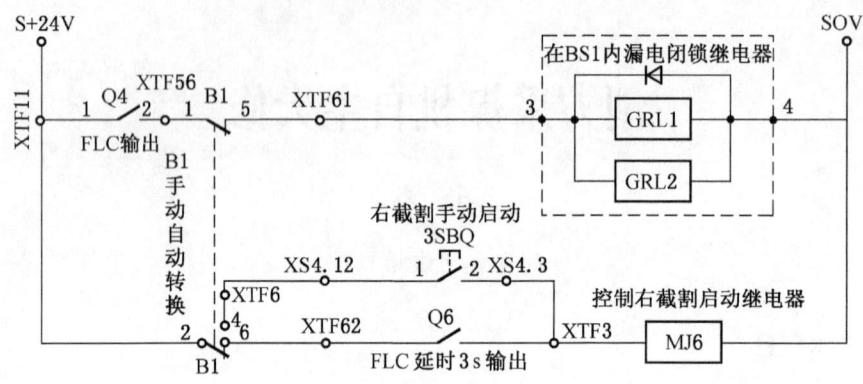

图1　MG2×125/560-WD型电牵引采煤机右截割启动控制原理

（2）牵引部启动工作原理：左截割电机启动同时，控制变压器T3得电，将AC1140 V/AC36 V作为牵引控制电源（AC36 V）—FS7熔断器—KM1牵引上电接触器—SQ（牵启按钮）—ST（牵停按钮）—变频器故障动断保护接点（XP15、XP16）/SF2（复位按钮2）—AC36 V另一端，回路形成，KM1得电吸合，牵引变压器得电。电控原理图2所示。

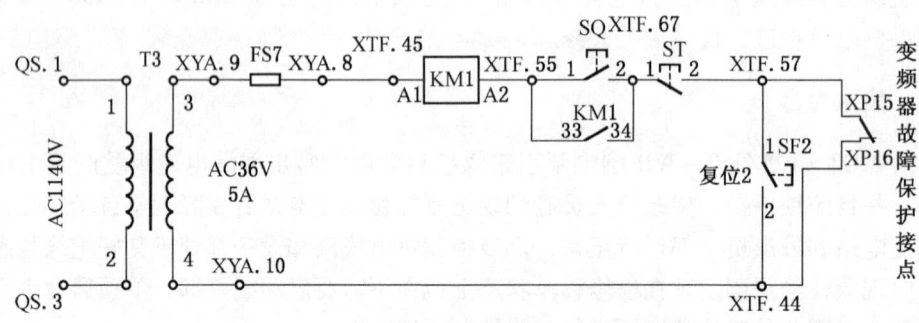

图2　MG2×125/560-WD型电牵引采煤机牵引启动控制原理

（3）漏电检测回路工作原理：如上所述可知，MG2×125/560-WD型电牵引采煤机采用一根电源电缆供电，顺槽真空磁力启动器漏电闭锁检测回路经采煤机隔离开关只能检测到左截割电机，如果左截割电机有漏电（绝缘电阻下降到闭锁值）时，真空磁力启动器闭锁，无法上电；而右截割电机和牵引负载漏电保护则采用采煤机内部附加直流漏电闭锁检测，如果右截割和牵引电源侧有接地或绝缘下降，附加直流产生检测回路形成，内部相应继电器动作并闭锁（PLC输入相应的漏电信号，同时漏电指示灯闪烁），右截割无法启动；同时如果牵引电机负载侧漏电或其他故障，变频器故障保护接点打开，牵引断路器失电断开，牵引电机无法上电（此时按下复位按钮 SF2，再次上电后，可通过机载显示屏查看变频器故障代码）。

（4）越级漏电跳闸漏电故障原因分析：移动变电站漏电保护系统全部采用附加直流（三相电抗器）在线检测，运行中的电气设备如果系统绝缘阻值下降到临界值时，断路器动作掉闸。漏电故障不解除，移动变电站一直处于漏电闭锁状态，无法上电；MG2×125/560－WD 型电牵引采煤机内部电控漏电保护也采用附加直流检测，依据原理执行未上电前的漏电检测和闭锁，上电运行过程中不执行检测功能，而是依靠上级配电装置（移动变电站）执行漏电检测。采煤机正常启动步骤为：首先解除右截割部和牵引部漏电闭锁—启动右截割电机—启动牵引部电机—采煤机正常运行。如果在检修情况下移车或在其他状况下不需要启动右截割必须移车的状况下，直接启动牵引部电机，依据以上原理叙述可见牵引部漏电闭锁没有解除处于检测状态，动力电源进入采煤机内部，漏电保护系统执行动作；同时上级移动变电站附加直流检测电流形成并通过供电线路进入采煤机内部，漏电保护检测形成回路，造成移动变电站漏电掉闸，给维修人员带来移动变电站漏电保护的错误信息。

（5）MG2×125/560－WD 型电牵引采煤机在运行过程中常常出现间歇性停车、主液晶显示屏黑屏牵引无法上电、牵引回路不自保等故障现象。频繁的此类故障现象耽误综采队正常生产，影响当日全矿产量。在抢修故障中发现 85% 以上的故障点都出现在控制电源千伏级熔断器瓷质底座上螺母松动，导致千伏级熔断器接触虚引起。

MG2×125/560－WD 型电牵引采煤机 1140 V 工作电源经隔离引入到瓷座—熔断器—控制变压器—左侧非本安电源模块（右侧隔离变压器－整流桥模块），如果在生产当中熔断器瓷帽松动致使熔断器与电源虚接直接致使控制变压器一次侧和二次侧电压电感性电流突变，突变的感性电流（过流）甚至烧毁控制变压器、非本安电源模块、隔离变压器、整流桥、电源侧隔离开关触头，当然烧毁熔断器保险管也就不足为奇了。

MG2×125/560－WD 型电牵引采煤机为矮机身制造，电源板隔爆腔所在的位置布置在采煤机机身电缆拖曳臂下面低于刮板输送机溜槽上的电缆槽，电缆槽与机身仅有不到 20 cm 的距离，并且由于是矮机身隔爆腔仅有 20 cm 见方，由于采煤机在生产当中震动较大，电源板组件极易松动，尤其是熔断器座螺旋瓷帽，因此在现场维修电源板的时候电源板由于无法回转和电缆槽阻挡、螺旋熔断器构件高于隔爆腔盖板口的原因根本无法抽离隔爆腔，只能深入手进行紧固电气组件和瓷帽，条件所限眼睛又看不见，所以起不到紧固效果，为了消除螺旋瓷帽松动的现象，只能使用绝缘输送带对螺旋瓷帽进行缠绕，来减轻瓷帽松动的概率，但最终消除不了隐患的存在。

（6）在采煤机漏电检测回路中分别串接入采煤机右截割部、牵引部接触器的动断辅助接点，此种连接状况下只要各自（右截部、牵引部）的接触器动作，其动断点打开，解除各自的漏电闭锁，避免了以上类型的故障现象。其电控原理图如图 3 所示。

（7）为了消除电源板千伏级熔断器瓷质底座上螺母松动的现象，经多方试验，最终采用塑料熔断器底座替代了瓷质螺旋底座，消除了此类隐患。塑料熔断器底座的使用使得电源板在维修过程中很容易就从隔爆腔抽离出来，便于维护和紧固。由于塑料熔断器底座

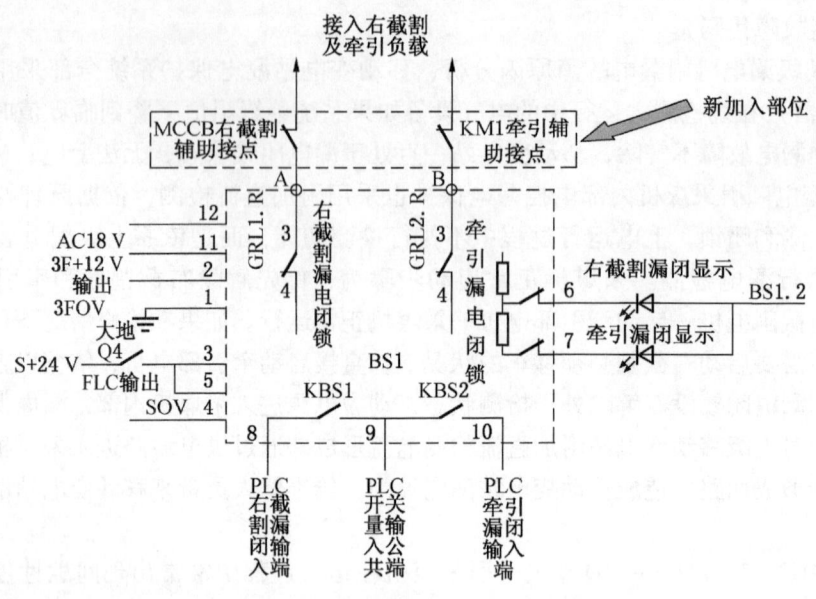

图 3 MG2×125/560－WD 型电牵引采煤机漏电闭锁保护原理

内熔断器采用弹性卡槽设计，避免了采煤机在运行当中机身震动导致熔断器松动虚接的现象。

三、应用情况

（1）填补了煤峪口矿自主大修采煤机电控部的空白，积累了宝贵的经验。大修完成的采煤机电控部在空载状态下，控制器回路一次性上电成功；轻载状态下主回路一次性上电成功；轻载操控状态下一次性试运转成功。在工作面安装完毕后，重载状态下一次性上电试运转成功，同时各部件运行正常，各类传感器监控运行正常，PLC 控制器数/模传输数据正常；实时显示数据正常。以前大修采煤机电控部（不包括更换变频器、PLC）约占整体大修费用的 1/3 以上，约 50 万元，此次自主大修更换和更新必要的配件费用只花了 5 万元，节省资金 45 万元。

（2）MG2×125/560－WD 型电牵引采煤机漏电保护控制回路的设计改进，在 8708 工作面成功应用，性能稳定，效果良好。改进后的采煤机不仅消除了移动变电站假态漏电故障现象，同时减少了不必要的截割电机的启动次数，延长了采煤机截割电机的使用寿命。改进后的采煤机漏电保护回路稳定了漏电保护元器件性能；延长了使用寿命，提高了采煤机工作效率，经济效益显著，直接经济效益在 150 万元以上。

（3）改造后的塑料熔断器底座选用了组合开关内千伏级熔断器塑料底座的同类产品，通过 3 kV 耐压实验和绝缘等级测试完全符合要求。至 2015 年 3 月 8708 工作面安装投入运行以来，改造后的采煤机电源板塑料底座从未出现熔断器烧毁和虚接现象；同时电源板组件也从未出现其他组件损坏现象。新型千伏级熔断器塑料底座的使用降低了 85% 以上的采煤机黑屏、不自保、偷停等故障现象，以前平均一周出现一次此类故障，至采煤机电源板塑料底座改造投入运行以来，从未出现过此类故障，大大提高了采煤机的工作效率。采煤机电源板塑料底座改造缩短了采煤机的维修保养时间，降低了员工的劳动强度，以前维修采煤机电源板从开防爆盖到结束最少需要 2 h，同时员工还得斜躺在溜槽电缆槽上伸手到隔爆腔内凭感觉紧固组件，改造后很容易就能抽出隔爆腔且能很直观、很轻松地对电源板进行组件紧固和更换，检修到位，维修质量高。间接经济效益在 100 万元以上。

（4）由于厂家在高端技术领域的垄断，该矿在变频器内部元器件、PLC 编程和电脑在线故障检测上存在无知和盲区，但采煤机电控自主大修技术手段，在集团公司属于较为领先水平，可以借鉴和推广应用。

输送带切割机装置的研制与应用

闫　宁　任五星

同煤集团雁崖煤业公司机掘二队

一、技术背景

煤矿井下输送带切割作业在大多数情况下均由人工手持刀片工具进行切割，这种方法不仅造成切割输送带的速度慢、劳动效益低、劳动强度大，而且切割输送带成形的效果差、质量差；在切割输送带时还容易造成伤手事故、损坏切割刀片等情况。

二、技术内容

本输送带切割机装置，是我队自行设计制造的一种简便型输送带切割装置，可用于在煤矿井上下任何安全的地点，进行各种规格类型的输送带切割作业。

输送带切割机装置（图 1）设有支撑台 1，支撑台 1 的台面一端设有转轴 2，台面另一端设有固定轴 3，转轴 2 的顶端固定有手动转轮 4，转轴 2 的底部紧邻台面的位置固定安装有第一链轮 5，固定轴 3 的底部紧邻台面的位置转动安装有第二链轮 6，第一链轮 5 和第二链轮 6 之间通过链条 7 连接，链条 7 上位于第一、第二链轮 5、6 之间的任意一个位置安装有切割刀片 8；支撑台 1 的台面上位于链条 7 两侧的位置固定有沿链条 7 长度方向设置的链条防护板 9；支撑台 1 台面的两端还分别设置有转动压杆 10，转动压杆 10 之间支撑有压带板 11。

三、应用情况

自从 2015 年在机掘二队研究制造此装置应用于实际生产过程中以来，使用效果良好，起到了安全可靠切割井下各类输送带的作用。与人工手持切割刀切割输送带相比，切割输送带更安全、更快速。每年在安全生产、节减人力、节省切割输送带的劳务输出、提高切

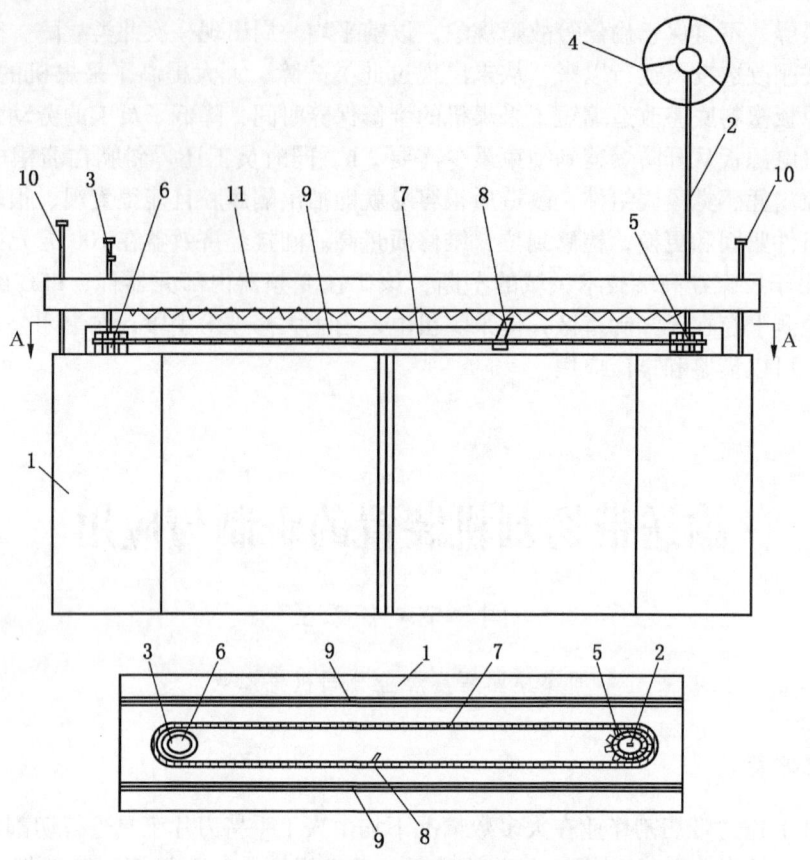

1—支撑台；2—转轴；3—固定轴；4—手动转轮；5—第一链轮；6—第二链轮；
7—链条；8—切割刀片；9—链条防护板；10—转动压杆；11—压带板

图1 新型输送带切割机结构示意图

割输送带的质量效益及安全效益等方面，为区队创造价值达人民币30万元。同时实现了修旧利废、节资降耗等要求，减少了员工切割输送带作业的劳动强度。

一种手持式大功率浆液搅拌装置

张 新 乔振长 孟 凯

山东能源新矿集团孙村煤矿

一、技术背景

自注浆锚索推广使用以来，浆液搅拌一直是困扰施工的一大难题，优质均匀的注浆液有利于注浆施工，也能够大幅度提高注浆效果。原注浆锚索搅拌机采用 ZQS-50/1.6 s 气动手持式搅拌装置，搅拌速度慢，浆液不均匀，影响注浆质量。经过改造后，更换为大功率搅拌装置，创新性地解决了此问题。

二、技术内容

一是采用矿上淘汰的 ZQS－30/2.5 s 大功率手持式装置，作为搅拌动力。二是将原有的一组的搅拌叶增加为上、下两组，实现多方位立体搅拌。三是实现叶片可调角度拆卸，能够根据注浆桶深度，以及注浆量进行调节。

三、应用情况

使用新型的注浆搅拌装置，实现快速、多方位立体搅拌，上下翻搅，使注浆液均匀，并且搅拌速度较原来提高4倍，具有较高的推广价值。

带式输送机组合式清扫器的设计与应用

杨 鹏

山东能源新矿集团孙村煤矿

一、技术背景

带式输送机清扫器作为井下日常清理输送带附着淤泥、颗粒、积水的一种不可或缺的工具，在井下带式输送机中被广泛应用，特别是在淤泥、水炭较多时清扫器的作用至关重要。而现有的清扫器与输送带的贴合受力不均匀，对不同介质的颗粒、淤泥在使用时清理效果也不尽相同，同时由于清扫器与输送带是一种线性接触，在清理块状物时容易造成对清扫器的磨损，降低使用寿命。

孙村煤矿原煤运输系统全部使用带式输送机，由于矿井产量高、带式输送机开机时间较长，不能保证清扫器及时更换，必然会造成清扫器磨损过快，也会缩短输送带的使用寿命，还会增加运输系统中的淤泥、浮煤、积水，为保证原煤系统的正常运输及采区系统的卫生面貌，经过不断的实践、改进与摸索，改进了输送带固有的清煤器。

二、技术内容

在保证卸载滚筒清扫器不动的原则下，在机头架的后端，新加了一组坠砣刀式清扫器，通过第二道坠砣刀式清扫器将卸载滚筒清扫器没有清理下的浮煤进行再一次清理，后面紧跟一组水冲式清扫器，通过井下高压水源将输送带上的浮泥进行冲刷，然后紧跟3组滚筒清扫器将输送带上附着的积水进行挤压清扫。组合式清扫器包含水冲管、刀式清扫器、固定架、托压滚筒、张紧坠砣等部件。固定架焊接在带式输送机的机头，固定架上安装有水冲清扫器、坠砣刀式清扫器、多组托压式滚筒清扫器。通过合理设计托压滚筒的安装间距，使得输送带通过多组滚筒时呈 S 行过渡，可以很好地起到清扫淤泥、积水的效果。通过使用组合式清扫器将输送带的浮泥完全清理在机头处，彻底地解决了输送带清理不干净的问题。

三、应用情况

通过对带式输送机安装组合式清扫器，清煤效果显著，对输送带及输送带接头无损伤，同时延长了输送带的使用寿命。将煤泥控制在机头，彻底解决了原煤使用带式输送机运输难以清理煤泥的问题，减少了工作量，节省了人工，提高了系统的安全生产标准化水平。同时带来较大的经济价值，目前累计经济效益 1881 万元。适用于井下所有带式输送机，应用前景广阔。

吊轨式远程遥控推车机的研究与应用

鲍庆伟

山东能源新矿集团孙村煤矿

一、技术背景

孙村煤矿副立井井口是 -800 至 -1100 水平物料运送的第一站，平均每天运送下井物料 300 车左右，每一辆物料车进入副立井井口地面料场环形通道时，必须经过通道内弯形地轨，车辆无法滑行至副立井井口进车侧，导致每一辆物料车必须安排 2~3 人将其拥至副立井井口进车侧（冬季天气寒冷时，需安排 4~6 人才能将车辆拥至井口）。如此一来每天至少要安排 6~9 人专门进行拥车工作，才能确保不影响下井物料正常运送。造成岗位人员体力消耗大，同时人员频繁拥车存在安全隐患，且严重制约井下各单位物料车下井效率和车辆装车循环率，不利于矿井安全生产。为较好地解决副立井地面料场物料车运输问题，决定在不影响物料车正常运输的情况下，在副立井地面料场环形通道自行研究安装一套吊轨式远程遥控推车机，解决了人工推车困难的问题，减少了员工体力消耗，创造了良好的工作环境。

二、技术内容

（1）驱动部设计方案：驱动装置结构采用落地驱动型式。推车机装置驱动部安装在副立井地面料场通道墙外北侧 1.2 m 处，采用混凝土浇筑基础固定，驱动部位外形尺寸（长×宽×高）1.9 m×0.7 m×0.5 m，驱动轮直径 0.5 m。

（2）推车机跑道设计安装方案：将单轨吊轨道焊接在顶板下层厚度 20 mm 铁板上，单轨吊轨道接头处使用电焊机进行焊接。

① 在副立井井口进车侧环形通道顶板每隔 3 m 钻 2 个 $\phi 22$ mm 孔在顶板上层安放长度

2 m 的 11 号工字钢共计 9 根。

② 使用 φ20 mm 锚杆穿过工字钢，将工字钢与顶板下层厚度 20 mm 铁板固定在一起。

③ 将 9 根单轨吊轨道焊接在顶板下层厚度 20 mm 铁板上，单轨吊轨道接头处使用电焊机进行焊接。

（3）导绳轮设计：将 20 个报废 1 t 矿车轮子进行焊接，加工成 10 个导绳轮。将 8 个导绳轮安装在环形通道外减速机位置前后方位置，在环形通道东面墙体上安装 2 个导绳轮。

（4）电控系统：在副立井井口环形通道外安装电机、减速机各 1 台；在环形通道门口安装单臂吊远程控制器 1 个；将远程控制器与推车机电机电源控制开关进行连接，实现远程控制器控制电机开停。

三、应用情况

（1）安装吊柜式远程遥控推车机，满足矿井物料车正常运输，以较小的经济投入达到较好的运输效果。

（2）通过安装吊柜式远程遥控推车机，从根本上杜绝人力推车，消除人力推车隐患，实现减人提效。

（3）提高了物料车下井效率和车辆装车循环率，利于矿井安全生产。

（4）实现远程遥控器推动车辆运行，人员操作方式简单、快捷。杜绝人工推车，消除人工推车车辆撞人安全隐患。

（5）减少岗位人员 9 人，为矿节约人工费 90 万元；减少材料投入 10 万元，共计节约费用 100 万元。

安装吊轨式远程遥控推车机，能从根源上消除因物料下井不及时导致影响物料供应的弊端，可在全国煤矿企业中推广应用，也可以在其他矿山企业中推广应用，具有较高的推广和应用价值。

高压管路蓄能减震装置的应用技术

徐 斌

山东能源新矿集团协庄煤矿

一、技术背景

工作面泵站进回液管路线路长，往往存在固定不牢固，导致液压管路大幅度振动，不仅导致磨损垫圈影响安全生产，而且威胁人员安全，高压管路及垫圈损坏大大增加了维修人员的工作量及工作强度。为了减小高压管路振动幅度，提高高压管路的使用寿命，研制应用了高压管路蓄能减震装置。

二、技术内容

蓄能减震装置的构成：采用钢制外壳，内置储存液压油的皮囊一副，将氮气充在皮囊与外壳之间。

原理：泵站供出的液压油是不可压缩液体，因此利用液压油是无法蓄积压力能的，必须依靠其他介质来转换、蓄积压力能。利用气体（氮气）的可压缩性质研制的蓄能减震装置，就是一种蓄积乳化液的装置。蓄能器由油液部分和带有气密封件的气体部分组成，位于皮囊周围的油液与油液回路接通。当压力升高时油液进入蓄能器，气体被压缩，直到系统管路压力不再上升；当管路压力下降时压缩空气膨胀，将油液压入回路，从而减缓管路压力的下降。

蓄能减震装置安装在高压管路中间，起到一个缓冲的作用，有效地降低了高压管路的振动幅度，降低了高压管路的损坏次数，切实起到了蓄能减震作用。

三、应用情况

在高压管路中间加设蓄能减震装置后，能够减少高压管路的损坏次数，降低因管路振动或磨损垫圈漏水伤及沿途人员的危险，确保工作面液压系统正常运作，降低维修、更换管路及垫圈的维修费用，减轻维修人员的劳动强度，提高工作面开机率，使得原煤产量得到有效的保障。

剪叉式液压蓬仓装置

栾光亮

山东能源新矿集团协庄煤矿

一、技术背景

井下煤仓因长期受到落煤和矸石的冲击、挤压作用，煤仓下口漏斗和给煤机腐蚀、磨损严重，需要检修人员定期对漏斗和给煤机进行维护。在检修人员对漏斗、给煤机进行维护前，必须由专业人员进入煤仓下口进行蓬仓，但由于煤仓放干后，仍有部分原煤矸石悬挂在煤仓壁上，人工蓬仓时，随时有被掉落矸石砸伤的危险。为解决这一问题，特研制了剪叉式液压蓬仓装置，确保检修时工作人员的安全。

二、技术内容

剪叉式液压蓬仓装置主要由防护板、剪叉杆、底盘、驱动油缸和液压系统组成，总体为多层结构。底座采用矩形框架结构，为便于搬运，在其下部安装有行走车轮和转向装置，同时在液压缸支撑板处安装了支腿（用以保证机器的工作稳定性），它们共同组成了机器的底盘；剪叉杆的长度根据升降高度要求确定，采用矩形截面的型钢，截面大小可根据受力分析确定；同层内、外侧剪叉杆在中心转动连接成剪叉，异层两端分别铰接；两侧剪叉杆的上、下端分别与工作平台和底盘成转动和滑动连接；液压缸通过横撑杆和剪叉杆连接，横撑与液压缸缸底和活塞杆端部采用转动连接。

使用时，直接将蓬仓装置推入煤仓下口，利用手压泵作为动力源，将蓬仓装置升起封堵煤仓下口，既降低了劳动强度，又确保了检修人员的安全，是一种经济、理想、安全的蓬仓设备。

蓬仓装置的升降由手压泵和液压缸来驱动，主要由方向控制回路组成，能够实现上升、下降、速度控制等功能，结构简单、效率高、运行平稳、工作可靠。

三、应用情况

剪叉式液压蓬仓装置是为检修给煤机而设计的专用设备，其机械部分结构简单、制作方便，液压系统附件取材广泛、操作简单。该设备可适用于井下带式给煤机内部检修，具有通用性、灵活性、经济性等。

剪叉式液压蓬仓装置的应用，成功地解决了矿井在煤仓下口进行蓬仓时矸石滑落对人员造成伤害的安全隐患，为矿井安全生产提供了重要保障。

采煤工作面顺槽运输快速移机配套装置的应用

刘仕磊

山东能源新矿集团翟镇煤矿

一、技术背景

采煤工作面正常出煤时，工作面转载机搭接的缓冲机尾架需每隔几天就要进行一次移机作业，传统的移机方式是先借助单体液压支柱将转载机机头顶起一定高度，使转载机与缓冲机尾架脱离，再借助手拉葫芦将机尾架反复牵引至适当位置，最后将转载机机头落下，完成整个移机作业。一次施工作业时间一般需要4 h，工人劳动强度较大，费时费力，存在安全隐患，同时转载机正常推进时经常出现重心偏移，无法在机尾架滑道上正常移动，经常出现顶坏上托辊架甚至掉道现象，给正常的工作面生产带来困扰。

二、技术内容

通过现场研究，在转载机机头行走部两侧加装调高油缸，通过供液管与操作阀进行连接，即可通过调高油缸的升降自动实现转载机头的升降，大大降低了工人劳动强度，提高了劳动效率。

对缓冲机尾上托辊架进行改造，将普通的三联铰接缓冲托辊改造为单联槽型托辊，缩短上托架的整体长度,将上托架与转载机行走轮滑道之间的距离由原来的 60 mm 增大至 95 mm,有效避免了转载机行走过程中撞坏托辊架现象,同时方便了托辊的维修更换工作。

在普通缓冲机尾架前端安设伸缩油缸,通过供液管与操作阀进行连接,在移机时,先借助调高油缸将转载机机头顶起,再通过控制机尾架前端油缸的伸缩实现机尾的整体前移,实现机尾架的自行移动。

三、应用情况

通过对装载机及配套机尾架的改造优化,实现了工作面运输系统快速移机要求,自动化程度高,大大降低了职工的劳动强度,提高了工作效率,消除了作业安全隐患,具有较好的现场实用性和创新性。

(1) 通过对转载机行走部进行改造,避免了正常推进过程中因转载机机头重心偏移出现的顶坏上托辊架及掉道现象,大大减少了对工作面生产造成的影响。

(2) 转载机行走部通过调高油缸完成起高,避免了施工时存在的安全隐患。

(3) 通过配套机尾架伸缩油缸,实现了机尾架自行前移,减轻了工人的劳动强度,缩机尾时间由原来的 4 h 降低为 1 h,大大提高了工作效率。

改良吊挂架在大倾角带式输送机中的应用

袁明亮　赵　伟　孙丰强　齐永春　耿瑞恒

山东能源新矿集团华泰矿业

一、技术背景

该矿地质条件复杂,采区运行环境差,现 315 采区上山带式输送机由 6 部设备组成,其中 SD-80 带式输送机 3 部,SD-150 带式输送机 3 部,平均倾角为 23°、运距长(最长设备 370 m,大坡度段总长 1600 m)。原使用的双弯梁多托辊式上输送带支撑架,增加了上输送带的兜抱角,大大减少了煤矸的下滑量。

但经过一段时间的使用,发现以下问题:因双弯梁吊架只针对上输送带使用,底输送带仍需配备普通吊挂架,材料成本较大;当小矸石进入弯梁架后,不易滚出,长时间对输送带进行磨损;同时弯梁架长时间使用后,托辊耳子磨损变形,易造成输送带撕裂;且弯梁架更换难度大,不易维护。双弯梁架的使用,使得采区运输存在较大的安全隐患,现双弯梁使用寿命即将结束,需要进行更换。

借此更换机会,矿创新小组针对以上问题,决定不再使用双弯梁架,而是对普通吊挂架进行改良后使用,将吊挂架上半部整体加高,下半部保持不变,改良后用于替换现有的弯梁架,可同时配合加长三节鞭及底托辊使用,既保持了简单的结构不变,又增加了输送带兜抱角，降低了设备投入，且同样适用于大运距、大坡度运输，同时不易对输送带造成磨损，也易于维护。

二、技术内容

（1）结构简单：改良吊挂架，在普通吊挂架基础上，将其上半部整体加高 10 cm，下半部保持不变，保持了简单的结构不变，搬运及更换工作量小，易于维护。

（2）增加兜抱角：现有三节鞭是配合普通吊架使用的，改良后吊挂架因上半部加高，受普通三节鞭长度限制，不能继续增大抱角。于是配合使用了加长三节鞭，使输送带兜抱角得到了增加，大大减少了煤矸的下滑量，且同样适用于大运距、大坡度运输。

（3）降低安全隐患：改良吊挂架，构造简约，空挡大，不易挤进矸石，减少了对输送带造成的磨损、甚至撕裂的可能性，大大减少了采区运输的安全隐患。

（4）减少了设备投入：双弯梁吊架只针对上输送带使用，下输送带仍需要配备普通吊挂架使用；改良吊挂架投用后，可同时配合三节鞭及底托辊使用，降低了设备投入。

（5）性能方面：相对于普通吊挂架来说，改良吊挂架同样具有简单的结构，但由于上半部高度的增加，投用后，较普通吊架来说，可使输送带兜抱角进一步增大，煤矸散落量减少，更加适用于大运距、大坡度运输使用。

（6）材料成本方面：因改良吊架高度增加，较普通吊架来说，制造成本有所增加；但因其投入使用后，煤矸散落量减少，使得卫生量减少，其节约的人工成本远超过增加的材料成本。

（7）安全成本方面：煤矸散落的减少不但减少了人工成本，更减少了砸伤人员的危险性，而安全就是最大的节约。

（8）相对于双弯梁吊架而言，改良吊挂架结构空挡大，不易挤进矸石，减少了对输送带的磨损，降低了撕裂输送带的可能，延长了输送带寿命，也减少了材料的投入。

三、应用情况

1. 材料投入减少

改良吊挂架不易造成输送带的磨损甚至撕裂，延长了输送带寿命，节约了材料成本。原更换周期为 5 个月，现平均延长了 1 个月，原使用双弯梁架时输送带共约 2360 m，则每年减少使用 $2360 \times (12/5 - 12/6) = 944$ m 输送带，折合每年输送带成本节省 $944 \times 215 = 202960$（元）。

使用改良吊挂架后，较之前每月少制作输送带接头约 15 个，每年合 180 个，使用输送带扣 3600 个，折合 90 盒，节约材料投入 $90 \times 116 = 10440$（元）。

共计节约材料投入：$202960 + 10440 = 213400$（元）。

2. 人工成本降低

节约更换输送带人工：按每班更换 200 m 计，每班 7 人，节约人工 $944/200 \times 7 = 33$（个），按每个工约 80 元计算，总工时费计 $33 \times 80 = 2640$（元）。

因卫生量清扫量减少，维护难度降低，每天节约 2 个人工，折合每年节约 $365 \times 2 \times 80 = 58400$（元）。

共计节约人工成本：2640 + 58400 = 61040（元）。

综上，每年可节约：213400 + 61040 = 274440（元）。

一种采煤机闭锁光电喷雾装置

周忠广

山东能源新矿集团新巨龙公司

一、技术背景

现在煤矿井下采煤机闭锁光电喷雾装置设计采用电力线载波装置，将控制信号通过采煤机供电线路传输到光电喷雾控制器上，经过控制器的驱动电路，控制光电喷雾电源的开启与关闭。有效地防止了因喷雾误动作造成采煤机维修时维修工与配件淋湿的事件发生，给安全检修提供了保障，间接地创造了价值。

二、技术内容

本装置采用电力线载波技术，能减少控制电缆的使用，节约材料，具有较高的可靠性。采煤机闭锁光电喷雾系统体现了井下设备的集中控制的思想，增加了井下设备的智能特性和安全特性，使系统更人性化。保证在检修期间采煤机电控箱不会被喷雾淋湿，防止某些怕潮湿且较昂贵的元件被淋湿后就有可能报废的现象发生，间接地创造了经济价值。

三、应用情况

本装置提高了采煤机维修时的环境可靠性，间接地缩短了故障处理时间，节约了维修费用，增加了井下检修的安全性，符合煤矿的各项要求，而且能达到很好的使用效果，具有很大的发展潜力和经济价值。

综掘机整体移动搬迁优化

王同德

山东能源新矿集团黑沟煤矿

一、技术背景

原巷道采用综掘机掘到规程设计位置后，将后路输送带运输系统拆除，把综掘机分解，用单轨吊分件运出，再组装起来，此方法占用时间约 20 d，占用人工 80 人，沿途运输设备多，环节复杂，综掘机拆除后再组装起来，液压系统各管接头密封差、易漏油，电控系统易失爆，故障率高，使用寿命降低，影响了矿井正常生产。

二、技术内容

待掘进工作面贯通后，将后路输送带运输系统拆除掉，将巷道高低不平处找平，高度、宽度能够满足综掘机开出的需要，综掘机不拆除，综掘机整机开出至下一个掘进工作面，能够提高工作效率，节约人工费用，减少设备故障率，延长综掘机的使用寿命。

三、应用情况

通过以上整体搬迁综掘机技术的优化，加快了综掘机整体移动搬迁速度，缩短了安装时间，减少了人员消耗，故障率低，延长了综掘机使用寿命，从而加快了掘进速度。

井下运输系统转载点滑动式多喷雾装置

崔 雨

山东能源新矿集团黑沟煤矿

一、技术背景

目前黑沟煤矿运煤系统各转载点喷雾装置大多采用吊挂式，即在一根内径为 10 mm 的橡胶软管上一头安装上一个喷雾头，另一头与防尘水管管路相连，然后用铁丝将橡胶软管固定在顶板上，使喷雾头悬在转载点上方以此来对转载点进行降尘除尘。这种转载点喷雾虽然简单，但存在着诸多缺点：固定不牢靠。这种吊挂式的喷雾采用铁丝固定，当开启喷雾降尘除尘时，喷雾管路常因水压作用左右摆动。降尘除尘效果差。该喷雾只有一个喷雾头，降尘除尘区域有限，无法覆盖整个转载点。整体标准不高、不美观。

二、技术内容

1. 技术方案

结合生产实际，该矿自行研制了一种能够安装在转载点上方的滑动式多喷雾装置，该装置既能很牢固地安装在各转载点（带式输送机或刮板输送机机头）上方，又不受现场情况的限制，可适时地根据各转载点现场情况调节喷雾喷洒区域，并且该装置上安装有 2~3 个喷雾头，可以完全覆盖整个转载点，降尘除尘效果极佳，标准高、实用性好。

技术参数：焊接在喷雾杆上的喷雾头（2~3 个）。固定销采用 12 号螺钉通过其松紧来控制喷雾杆的滑动与卡死，起到固定喷雾杆的作用。ϕ10 mm 接头采用 ϕ10 mm 直通，从中间切割开然后焊接到喷雾杆上，通过此接头向喷雾杆中灌输防尘水。喷雾支架固定板

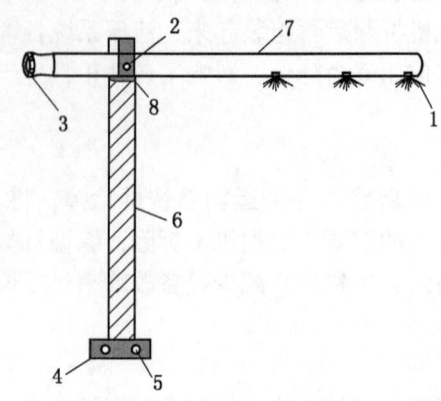

1—喷雾头；2—固定销；3—φ10 mm 接头；4—喷雾支架固定板；5—固定螺钉孔；
6—喷雾支架；7—喷雾杆；8—喷雾杆滑动平台

图 1　井下运输系统转载点滑动式多喷雾装置

采用扁铁加工制成，然后焊接在喷雾支架下端。固定螺钉孔是在喷雾支架固定板上钻两个 8 号或 10 号螺钉孔，通过喷雾支架固定板上的两个螺钉孔与各转载点所设的特定部位相连接，从而使整个喷雾装置牢牢固定在各转载点上方。喷雾支架采用长 500 mm 的扁铁或 4 分钢管加工，喷雾支架是整个装置的支撑构件。喷雾杆采用长 600 mm 的 4 分钢管加工而成，加工时将 4 分钢管一头堵死，并在堵死的一头钢管下方钻上 2～3 个孔，然后将喷雾头焊接在孔上；钢管另一头则焊接一个 φ10 mm 的橡胶软管接头。喷雾杆滑动平台采用扁铁加工成长×高＝40 mm×50 mm 的 U 型卡槽将此焊接在喷雾支架上端，该部件既是喷雾杆的承载部位，又是喷雾杆调节降尘除尘区域的滑动平台。

2. 具体实施方式

将喷雾支架组合体通过喷雾支架固定板上的固定螺钉孔与各转载点上设计的特定部位用螺钉连接固定在一起；将喷雾杆上的喷雾头垂直向下安放在喷雾支架滑动平台上，然后根据转载点现场情况通过前后滑动喷雾杆将喷雾头调整到合适位置，用固定销将喷雾杆卡死卡牢。最后通过一根内径为 10 mm 的橡胶软管一头连接到喷雾装置 φ10 mm 接头上面，另一头与防尘水主管路上的高压球阀相连，连接好后打开高压球阀阀门，该喷雾装置即可正常使用。若使用后发现喷雾头喷洒区域没有调整到最佳位置，可以关闭阀门将固定销螺钉松开，通过滑动喷雾杆将喷洒区域调整到最佳位置，拧紧固定销即可。

三、应用情况

井下运煤系统转载点滑动式多喷雾装置，经井下现场实验效果良好，该产品结构紧凑、安装方面快捷、固定牢靠，并可适时地根据各转载点现场情况调节喷雾喷洒区域，该产品降尘除尘效果好，实用可靠，适用于矿井运煤系统中各转载点降尘除尘，有较好的推广前景。

斜巷常闭式机械联动防跑车器

李灿刚

山东能源新矿集团裕兴煤矿

一、技术背景

煤矿井下生产提升运输中，存在断绳跑车、未送电跑车、未挂绳跑车、超速跑车等事故，严重危害着矿井安全生产。为避免诸多跑车事故，在实际生产提升运输中研究了该套斜巷常闭式机械联动防跑车器。该防跑车装置经现场多次实验，挡车性能良好，适合在斜巷运输中使用。

二、技术内容

型号为：FPG-20-Ⅱ，防跑车机械阻车器有前、后两道挡车装置，前道挡车装置为机械碰头防护结构，挡车碰头竖立时呈阻挡状态，倾斜是为放行状态，防跑车装置为钩轴结构，主要由挡轴钩、左右加框、转轴、扭力弹簧、闭锁绳、解锁钢丝绳、翻板等组成。

主要参数如下：

适用轨型：18~30 kg/m；

最大允许巷道倾角：20°；

两挡轴间距：1970 mm（可根据使用矿车的轴间距、吨位调节）；

当铁碰头转动角度：60°~90°；

碰头最大净承载力：38.5 t；

钩头最大静承载力：118 t。

三、应用情况

当跑车时，矿车碰头后，挡车碰头被缓冲前行一段距离，让其解锁装置反应，在扭力弹簧的作用下，启动闭锁钩，其钩头将预加速的矿车钩住，起到阻挡跑车的作用。具有不造成翻车、掉道、损坏矿车和轨道等优点。加工制作简单，安装易操作，安全、经济效益很大，具有较好的推广前景。

电缆助缠机

尹训浩 陈 斌 韩 龙 孟祥波 周 斌 常 栋

新汶矿业集团伊犁能源永新矿业有限责任公司

一、技术背景

目前煤矿井下使用的电缆升井后基本都依靠人力去盘绕，由于电缆直径越大所需要的人力就越多，而且还不一定能缠绕好，经常是浪费大量的人力物力，为了解决这个问题，该矿发明了电缆助缠机。

二、技术内容

电缆助缠机由压线助缠盘、减速器、4 kW 三相异步电动机和行走部组成。4 kW 三相异步电动机由原井下使用的 80 mm 带式输送机电机组成（原电压为 660/1140 V，在井下使用过程中烧坏，在技术革新时该矿机电运输部根据需要，重新买线对该电机进行绕制，绕后电压为 380/660 V，以便于使用），配套减速器也为井下涨紧车用减速器，总减速比为 275，最大速度为 0.117 m/s，压线助缠盘直径 1 m，行走部为驱动轮（马车用轮）。压线助缠盘上由电缆导向槽、电缆腰鼓型压轮组成。在需要盘绕电缆时，先将电缆一端压进压线助缠盘，然后启动电机，电机经减速器带动压线助缠盘转动，当压进助缠盘的一端电缆转动到另外一边时，将电机停掉，取出压在助缠盘上的电缆头，再次启动电机，助缠盘边转动，另外一侧等待缠电缆的人顺势拉动电缆，进行缠绕。当电缆缠绕完后将电缆助缠机电源关闭。根据电缆盘绕需要，可随时移动电缆助缠机，移动使用方便。

三、应用情况

此项目将需要依靠大量人力物力所能完成的工作，变为只需少量人力即可快速完成的工作，节省了人力财力，大幅度提高了工作效率，值得推广使用。

风水清扫器

尹训浩　陈　斌　韩　龙　孟祥波　杨洪军

新汶矿业集团伊犁能源永新矿业有限责任公司

一、技术背景

煤矿原煤运输主运系统一般采用带式输送机，而在原煤运输过程中会产生大量的煤尘，吸入大量的煤尘会对职工的身体健康造成重大影响，同时带式输送机输送带上黏着的煤泥颗粒太多，也会大大降低输送带的使用寿命。治理矿井运输煤尘（粉尘）关系着职工的身体健康，关系着原煤运输设备长久安全运转，为此该矿根据生产实际自行研制风水清扫器。

二、技术内容

风水清扫器由鸭嘴喷头、风水混合管、控风、控水阀门、电磁阀、水管、风管、压带托辊组及清扫器支架组成。使用方法：将电磁阀控制回路介入带式输送机启动控制回路，启动后，电磁阀得电打开，水和风经过混合后经风水混合管（6寸镀锌钢管）通过鸭嘴喷头喷出，由于喷出的水雾化效果好且压力大，容易将粘连在输送带上的粉尘冲洗掉，且雾化后的水降尘效果非常好，既清除了输送带上的粉尘，提高了输送带的使用寿命，又使运输巷道粉尘浓度降低。风水清扫器安装在底输送带上方，在风水清扫器下部安装一组压带托辊组，使清扫输送带煤尘后的煤泥水及时流淌掉。

三、应用情况

本项目已在我矿推广使用，加工制作所用材料少，安装使用方便可靠，此项革新巧妙使用风水组合，大大降低了输送带粘连的煤泥颗粒和粉尘的产生，提高了输送带的使用寿命，使用周期长且不容易损坏。

镀锌铁丝退火工艺改进及余热利用

泰安力达凿岩机具有限责任公司

一、技术背景

泰安力达凿岩机具有限责任公司镀锌车间，现有镀锌铁丝生产线一条，产品主要有：一是煤矿巷道支护防护网用镀锌软铁丝，二是房地产CL网架板用镀锌硬铁丝。两种镀锌铁丝抗拉强度均符合YB/T 5294—2009标准要求，但煤矿巷道支护编网用镀锌铁丝要求较高，抗拉强度为350~370 MPa，铁丝抗拉强度过高对编网设备及编网效率影响较大。前期，受镀锌铁丝生产线退火炉制约，成品镀锌软铁丝抗拉强度偏高。虽符合标准，但不能满足支护网编网用户使用要求。在当前经济新常态下，投资更换新退火炉，前期投资大，镀锌铁丝生产成本增加，不利于市场竞争。

镀锌车间退火炉改造前，铁丝经放线工字轮放线，由退火炉头进入退火不锈钢保护管，铁丝经退火炉退火，进缓冷管冷却降温，完成铁丝退火。原铁丝退火工艺时间短，热能利用率低，退火后铁丝抗拉强度在400~420 MPa，编网时成型差，模具磨损消耗快，无法满足用户编网使用要求。

二、技术内容

针对生产线退火炉退火效果差的现状，力达公司技术攻关小组从退火工艺及设备入手，提出了多项技改方案。从退火工艺上分析，造成铁丝退火后抗拉强度偏高的主要因素是：退火炉长度决定了铁丝在炉内退火时间短，达不到退火工艺时间要求。根据分析出的原因，技术攻关小组制订了以下技改创新方案：

（1）在放线工字轮与退火炉头区域内增加铁丝导线架，在退火炉顶部敷设走丝导向套管，将原来冷丝由炉头直接进退火不锈钢保护管，改为经退火炉顶部走丝导向套管，经炉尾助力导向装置进退火炉不锈钢保护管，冷丝进炉前利用退火炉顶部余热进行预热。

（2）改进炉膛内部结构，将退火不锈钢保护管改为双层设计，设计免烧耐热异型砖，用于支撑、隔离双层退火不锈钢保护管，延长铁丝在炉内退火行程，提高退火炉热能利用率。

（3）优化电炉丝布局，在确保电炉丝与保护管安全间距的前提下，提高炉温加热均匀性。

（4）铁丝在退火炉内两次走丝距离加长，会给生产线收线机增加收线阻力，在退火炉炉尾处增加一套助力导向装置，驱动为MB行星无级变速调速器，此调速器可根据收线机收线速度对铁丝在炉内退火时间进行调整，确保助力、回转、收线三套装置同步运行。

(5) 设计制作铁丝回转助力装置，为使铁丝二次进炉，在退火炉炉头处增加回转助力装置，考虑到高温退火铁丝对回转轴、轴承座及回转驱动电机的影响，在回转轮与驱动电机连接的对轮中间加装隔热石棉板，对驱动电机进行有效隔热。轴承座采用耐高温 800 ℃ 免维护轴承座，同时对回转装置进行分体式设计，回转轴与回转轮中间留有合理间隙，降低热量传导，有效保护回转轴轴承座和驱动电机。

技改方案确定后，技改攻关小组进行在线试验，铁丝退火后抗拉强度由原来 400 ~ 420 MPa 降为 350 ~ 370 MPa，满足了客户使用要求。

三、应用情况

铁丝经退火炉退火后，为防止铁丝表面氧化，需经缓冷管缓冷降温，缓冷管温度在 400 ~ 500 ℃，这部分余温热量未得到有效利用。针对这一现状，技术攻关小组制订技改方案，利用镀丝生产线缓冷管余热，在缓冷管上部增加不锈钢循环加热水箱，通过循环热泵将热水送至污泥压滤机房，在压滤机房增加污泥烘干水箱。为确保污泥烘干箱烘干温度均匀性，烘干水箱循环水道采用均压设计，利用缓冷管余热通过烘干水箱对污泥进行烘干，降低污泥含水量，降低污泥环保处置费用。

镀锌铁丝退火工艺改造后，在不增加大的设备投入的前提下，通过技改创新，改善了铁丝退火后抗拉强度，满足支护编网用户使用要求，提高了产品市场竞争力，全年增加铁丝市场销售份额 600 余万元。镀丝生产线余热利用改造完成后，烘干后的污泥含水量降低 40% ~ 50%，全年减少污泥处置总量 40 t，节约污泥环保处置费 15 万元。

一种新型的掘进机内喷雾系统

郑长顺　秦保国　史学嵩　续新明

山东能源新矿集团矿管集团天元安装公司

一、技术背景

在悬臂式掘进机中，截割系统担负着截割进给以及内喷降尘的作用，掘进机内喷雾水密封问题是世界性课题，目前并没有很好的办法。如果长时间使用易造成截割内部窜液，使用周期一般只有 1 个月左右。为此，公司研发并应用了一种新的阶段性补偿式装置，该装置是一种承压能力高、具有密封阶段性补偿功能的水密封装置，在悬臂式掘进机内喷系统出现泄漏的情况下，可通过手工操作阶段性补偿装置实现水密封状态可逆，从而使整个悬臂段水密封系统实现长效使用，为掘进工作面的灭尘提供了可靠保障。

二、技术内容

该技术适用于全部悬臂式掘进机，主要创新点有：

（1）提供的技术资料齐全完整，符合鉴定验收要求。

（2）该项目针对掘进机截割机构水密封系统，研制了密闭壳体密封自动内喷雾装置，在掘进机截割臂内的主轴上，采用高水基复合密封填料作为密封件，两端加设两个环形油缸活塞，可对密封材料进行磨损补偿，具有摩擦系数低、耐腐蚀、实现水密封状态可逆等优点。

（3）该装置延长了掘进机截割机构水密封寿命，降低了整个截割部因水密封串液导致的事故率，取得了良好的经济效益和社会效益，具有广泛的推广应用价值。

三、应用情况

公司在山能机械再制造车间大修掘进机中，进行了掘进机截割机构水密封的改造。该水密封技术方案合理可靠，掘进机运行稳定，掘进机截割机构水密封密封效果安全可靠。

该技术适用于各型号悬臂式掘进机，具有很高的推广价值。该装置可实现自动补偿，保证内喷雾连续使用的降尘效果。该技术使内喷水密封有效时间从原来的1个月左右延长到3个月以上，在悬臂段内喷密封领域处于国内领先水平。

一种新型综掘机外喷雾装置

郑长顺　高　阳　王　峰　郭　林

山东矿业管理集团天元安装公司

一、技术背景

随着矿井作业向高产高效发展，掘进迎头的粉尘浓度也越来越高，不仅给综采工作人员的身心健康带来严重危害，而且使设备的工作环境遭到破坏，加速了掘进机的磨损度，增加了各类事故的发生概率。

目前，掘进机采用的降尘方式一般分为内喷雾降尘与外喷雾降尘两种，内喷雾喷嘴由于喷射距离短，扩散角不大，多采用束形或扇形，主要用于冷却截齿，抑制截齿与煤岩碰撞引起的粉尘，对扬尘控制有限。外喷雾喷嘴架一般安设在截割部的两耳部，喷嘴采用引射型或伞形喷射，主要用以捕集飞扬的粉尘。由于粉尘具有一定的疏水性，致使外喷雾形成的水雾幕也很难将全部粉尘沉降，部分粉尘逃逸出水雾幕向外扩散。针对这一问题，通过讨论调研，公司特研制了一种新型综掘机外喷雾装置，大幅度提高了喷雾降尘能力。该成果荣获国家实用新型专利。

二、技术内容

天元公司设计并应用了一套气流引射装置，其工作原理是：在外喷雾外加设一外壳，当喷嘴经气流引射装置的喷管向外喷雾时，水雾直径不小于喷管内径，便形成了水雾活塞，前方的空气被水雾源源不断地推出，后方箱体内形成真空，从而在气流引射装置吸气处形成负压，使含尘气流吸入气流引射装置后经喷管喷出，由于吸入的粉尘在喷管内受到水雾的反复撞击，与雾滴凝结，喷出后，失去了在空中的悬浮能力，很快沉降下来，从而达到降尘的效果。

具体改造办法为：将悬臂段叉形架前段改为密闭结构，然后在叉形架两侧开窗并加设喇叭口，叉形架前面与外喷雾接通并加设喇叭口，将悬臂段变为气流引射装置，从而实现整个外喷雾系统负压降尘的目的。

三、应用情况

与普通的外喷雾系统相比，解决了部分粉尘不能被水幕沉降的问题，大幅提高了外喷雾的降尘能力。通过气流引射装置实现外喷雾的负压二次降尘，大幅度提高了外喷雾的降尘能力，极大地降低了降尘单位耗水量，改善了员工的工作环境，提高了工作效率，具有极高的推广和应用价值。

矿用推车机改造

何雨生　吕迎春

兖矿集团兴隆庄煤矿

一、技术内容

（1）改造推车机过弯装置，实现推车机过弯道推车功能。

① 改造推车头，在推车头的内侧两端设计专门的导向装置，如图1所示。

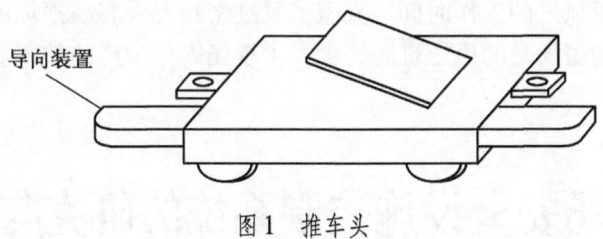

图1　推车头

② 设计一种可旋转托绳轮，如图2所示。

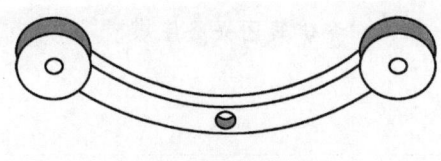

图2　托绳轮

（2）改造推车机自动张紧装置，实现推车机自动张紧限位功能。设计一种能够固定张紧托绳轮的游车，游车轨道具有限位功能，如图3所示。

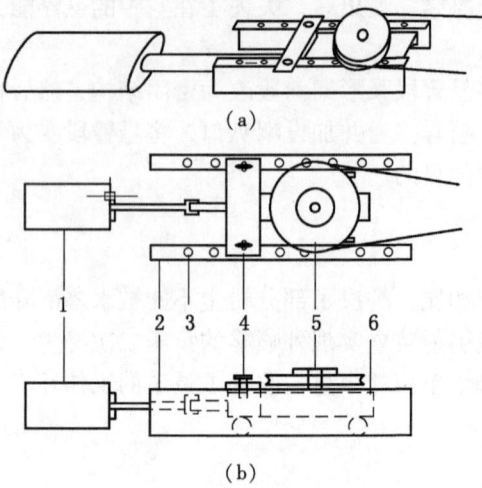

1—张紧千斤顶；2—张紧游车轨道；3—定位孔；4—定位销；5—托绳轮；6—张紧游车

图3　自动张紧装置

二、应用情况

（1）过弯装置使用了可旋转托绳轮，当推车头的导向装置接触可旋转托绳轮时，受导向装置作用，两托绳轮之间的相对位置发生改变，牵引钢丝绳的运行线路发生改变，避免牵引钢丝绳因与弯轨磨损造成弯轨损坏和钢丝绳断绳，增加了推车机推车过弯的稳定性和可靠性，增强了车场的运输能力，提高了现场安全生产的效率。

（2）自动张紧装置采用了带定位功能的张紧游车。张紧动作完成后，在对应的定位孔处插上定位销限制张紧游车移动，此时可以关闭风缸进风管路上的截止阀。改造后的张紧装置大大降低了张紧风缸的工作时间，克服了风缸密封元件容易损坏的问题，延长风缸使用寿命的同时，节约了大量的风压资源，提高了现场安全生产的效率。

上车场安全设施控制系统的研究与应用

何雨生　吕迎春

兖矿集团兴隆庄煤矿

一、技术内容

新设计的上车场气动三控三闭锁控制箱，一个按钮进风时，其他按钮闭锁，从而实现了两组挡车器与挡车栏的相互闭锁,提高了现场生产的安全系数。

新式捕车网(图1)采用绳、梁结合,即把吊挂钢丝绳的细绳改成用10号槽钢作的框架梁,把钢丝绳固定在框架梁上,不但可以把钢丝绳整齐地稳定在理想的位置,而且由于槽钢框架较轻,使得安装、维护、更换更加方便,跑车防护效果好。

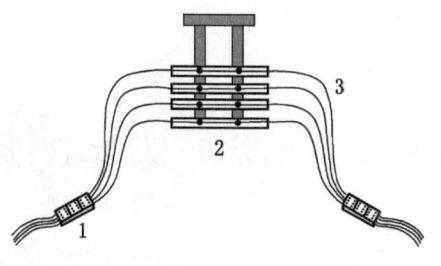

1—吸能盒;2—槽钢框架;3—柔性钢丝绳

图1 捕车网

二、应用情况

新的闭锁控制系统,将斜巷防跑车装置中的"一坡三挡"的控制阀都集中在一个控制箱内,并且实现了相互之间的联锁,具有节约人工、简化作业程序、降低劳动强度、提高生产效率、降低跑车事故的优点。

新式捕车网具有自重轻、动作灵敏、制作周期短、安装维护方便等优点,且斜巷跑车防护效果可靠,使职工的安全得到了保证,提高了现场安全生产效率,是一种安全有效且实用的斜巷跑车防护装置。

单轨吊机车在兴隆庄煤矿的研究与应用

何雨生　吕迎春

兖矿集团兴隆庄煤矿

一、技术内容

(1) 研制单轨吊安装工具车(图1)及吊篮(图2),改变现有的单轨吊机车轨道安装方法。

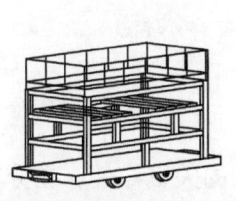　　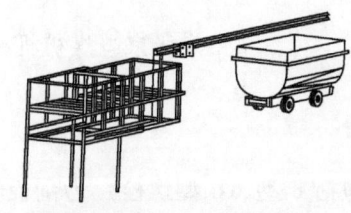

图1 工具车　　　　　图2 吊篮

(2) 研制单轨吊换电专用车(图3),改变现有的单轨吊机车换电工艺。

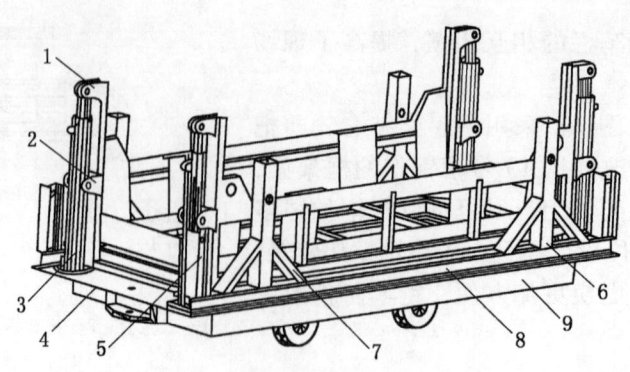

1—电池架二级升降耳；2—电池架一级升降耳；3—单机油缸；4—底板加强筋；5—防歪梁；
6—承重腿；7—支撑腿；8—承重梁；9—矿用平板车

图3 换电专用车

二、应用情况

安装过程中，工具车随着单轨吊轨道安装同步移动，省去了运输配件的时间，人员站在架子车上可以直接作业，解决了登高作业的问题，同时避免了登高作业带来的安全隐患问题。

传统的蓄电池单轨吊换电，需要设置4个专用的换电硐室，并在换电硐室内布置充电机和相应监测设备。一个换电硐室的体积大约在 20 m^3，按照 1 万元/m^3 的成本计算，需要投入资金80万元左右。通过单轨吊换电专用车实现了蓄电池单轨吊在任意地点的换电作业，不用设置专用的换电硐室，将电池直接运至充电室由专业充电工进行充电，既节省了材料费，也加强了电池充放电的管理。

异型螺栓螺柱外圆加工专用刀具及方法

刘 彪 张志斌 刘海江 刘 青 吴剑斌 武向升

中煤张家口煤矿机械有限责任公司

一、技术背景

异型螺栓（包括E型、U型螺栓）为刮板输送机的关键零件，在分厂加工的共有14种，此类零件由于设备能力等生产条件，螺栓一直在用C620及C630型普通车床车外圆及螺纹。由于其形状特殊，在车削时，用固定顶尖、活顶尖定位及夹紧，螺栓随主轴旋转。在加工过程中，存在较大安全隐患。在分厂已经出现过由于顶尖断裂致使工件飞出的事故，侥幸未伤及人。近年来螺栓在向大规格方向发展，最大规格的E形螺栓两螺柱中心距离达到 260 mm，在普通车床上加工，最大旋转直径达到 1180 mm 以上，安全性极差，且工件锻造毛坯不规则，造成废品率较高。因此为了提高生产的安全性，降低废品率，特对异型螺栓的加工工艺进行改进，以满足大规格 E 形螺栓生产及安全的要求。

二、技术内容

（1）通过多次工艺研试，实现了异型螺栓在加工中心上的加工，采用一次装夹实现端面、外圆、螺纹的全部的加工，解决了大规格异型螺栓的加工难题，提高了安全性。

（2）采用刀具旋转半径与加工件外径相同，实现刀具连续切削。

（3）根据加工余量推算将道具设计成两把直径大小不同的刀具；每把刀设置两个高低不同、直径不同的刀刃，保证分层切削，一方面减小刀具阻力，另一方面可使刀具受力平衡，从而保证螺栓的加工精度，将套刀用 BT40 锥柄与机床主轴连接。

（4）一次加工完成螺柱外圆与根部圆弧及根部的加工。

（5）对于锻造毛坯不规则的工件也可实现正常加工，基本上实现了零废品率。

三、应用情况

采用加工中心加工，工件通过专用工装固定在工作台上，不发生旋转，采用自主设计的异型螺栓螺柱外圆加工专用刀具加工外圆，通过内圆与工件同轴旋转过程中的内切运动实现切削加工，并将切削刀片圆角大小设计成与螺柱根部圆弧一致，一次加工完成螺柱外圆与根部圆弧及根部的加工，保证了安全性，提高了生产率，降低了废品率。

用普车顶尖加工和钻床梳齿加工外螺纹，废品损失年约 1.5%，自项目实施以来，累计生产大规程 E 型螺栓 195575 条，锻件毛坯平均成本费用每条 150.635 元，每年共降低废品损失 195575 × 150.635 × 1.5% = 44.1906（万元）。

所有异型件的螺柱外圆都可在加工中心上采用此方法实现加工，从而降低了工件旋转所带来的安全隐患，提高了加工效率。

铸件预备热处理正火替代退火工艺试验

任向前　李　海　付胜敏　刘志成

中煤张家口煤矿机械有限责任公司

一、技术背景

铸件的铸态组织晶粒粗大，易出现枝晶偏析，合金铸钢件更为明显，铸造过程的冷却、凝固、收缩会产生相当大的应力残留，因此，铸件（尤其是合金铸钢件）必须经过适当的热处理来改善其显微组织，消除应力，从而获得良好的机械性能。

ZG30MnSi 和 ZG30MnSiMo 槽帮铸件的热处理，一直采用退火预备热处理 + 调质终处理的工艺，产品力学性能能满足使用要求，且质量稳定。预备热处理作为槽帮铸件热处理工艺中必不可少的一道工序，能细化铸态晶粒，均匀组织，为最终热处理准备良好的金相组织，消除铸造应力，有效减小调质变形，有利于产品力学性能的提高。但现行工艺中退火工序生产周期长，过长的周期给生产组织、衔接带来了不便，并带来其他方面的诸多问题，如新产品工艺验证时间较长、热处理炉维护费用高等。

试验槽帮预备热处理以正火替代退火，掌握不同预处理工艺中的产品性能数据、变形情况，制定合适的正火预处理工艺，对缩短公司槽帮生产周期、保证产品质量、提高生产效率意义重大。

二、技术内容

（1）以 ZG30MnSi 和 ZG30MnSiMo 两种材质槽帮为试验对象，采用正火预处理工艺替代退火，进行机械性能、变形、金相组织等方面的比对试验，制定合理的正火预处理的工艺参数。

（2）调质工艺：淬火过程工艺路线：升温速率 80～100 ℃/h，淬火温度 900～920 ℃，淬火炉内保温时间 4 h；淬火介质为水；淬火介质温度 15～35 ℃；淬火介质中冷却时间 10～15 min。

（3）回火工艺：升温速率 80～100 ℃/h，回火炉内保温时间 6～7 h。回火冷却方式：按要求选择空冷与水冷。

（4）对 ZG30MnSi、ZG30MnSiMo 两种不同材质槽帮正火与退火预处理调质后的最终变形量、总长伸长量进行统计，数值无明显差别，均在生产要求范围之内。

（5）通过对 ZG30MnSi、ZG30MnSiMo 两种不同材质槽帮随炉试棒金相比较分析可知，预处理后正火态与退火态晶粒度无差别，但正火态组织明显较退火态细；经不同预处理后采用相同调质工艺，材料的最终晶粒度无差别，组织粗细也无明显差别。

三、应用情况

（1）槽帮采用正火预处理工艺替代退火，其各项性能数据值与退火预处理相比无明显差别，产品的最终力学性能稳定，可满足使用要求。

（2）生产效率提高。调质预处理退火工序占用电阻炉时间约为 36 h，改正火后占用时间为 12 h，仅为退火工序的 1/3，生产效率大幅提高。

（3）生产成本降低。退火热处理与正火相比，热处理设备损耗、维护费用高，人工工时高，退火成本为 598 元/t，正火成本 564 元/t。2014 年铸造分厂全年铸件产量 12035.322 t，其中调质件 10600.536 t，调质预处理采用正火替代退火，节约的成本为：10600.536 t×(598－564)＝36.04（万元）。

（4）采用正火预处理热处理设备的维护成本较低，可通过合理安排生产时段实现的峰谷电价差减少的用电费用。铸件预处理正火的耗电量与退火基本持平。按峰谷电价计算耗电量,电量价格高峰时段是 8：00—11：00、18：00—23：00，电价为 0.7639 元/kW·h；低谷时段是 23：00—7：00，电价为 0.3150 元/kW·h。因退火预处理占炉时间长，实际生产安排中至少有 50% 的槽帮退火是在用电高峰时装炉加热，改正火预处理后可完全避

免这一现象。以 2014 年调质铸件吨位 10600.536 t 计算,可减少的用电费用约为:
10600.536 t×299.42×(0.7639 - 0.3150)×50% = 71.24(万元)。

以材质 ZG30MnSi 和 ZG30MnSiMo 为试验对象,调质预备热处理以正火替代退火首次成功,缩短铸件生产周期,提高生产效率;产品热处理时间减少,热处理设备损耗降低,设备利用率提升;产品热处理保温时间缩短,用电量减少,节约了能耗。

MH620 全岩掘进机截割头护罩与支护平台一体装置的设计与应用

王家行　崔国岗　张乐强

淄矿集团唐口煤业公司

一、技术背景

630 回风大巷采用 MH620 掘进机施工,该掘进机为横轴式双截割头结构,以往掘进机(纵轴式单截割头)截割头护罩在 MH620 掘进机上已不再适用。考虑到截割头长期暴露在外,直接威胁作业人员安全的实际情况,在实地调研、充分论证的基础上,设计制作了 MH620 全岩掘进机截割头护罩与支护平台一体装置。该装置由掘进机液压泵站提供动力,接入掘进机备用接口,通过遥控操作,控制电磁阀驱动液压阀,进而控制油缸伸缩,实现舌板与翼板自动伸缩扩展动作。

二、技术内容

该项目技术关键在于翼板稳定扩展与扩展后可靠支撑的实现。采用 $\phi 10$ mm 钢板作为翼板主板,每块翼板下方及两侧分别设计两组直线导轨和卡槽,导轨保证了翼板稳定扩展,导轨滑条同时作为筋板与两侧卡槽共同保证了翼板扩展后的抗折性,为支护平台提供可靠支撑。

该装置主要为停机后掘进机截割头提供安全防护,同时为迎头支护提供作业平台,适用高 2.5~5.8 m、宽 4.7~8.8 m 的煤岩巷道。

该装置整体尺寸为:长×宽×高 = 4250 mm×1980 mm×260 mm,主要由箱形主体、舌板、翼板、伸缩油缸、扩展油缸及其附件等组成。主体结构采用 $\phi 25$ mm 钢板焊接制作,泵站可提供 28 MPa 系统压力,底部两条 Y - HG1 - C63/45×2000 LJL1 型油缸控制舌板伸缩,左右两条 Y - HG1 - C50/36×500 LJL1 型油缸控制翼板扩展,系统动力及结构强度满足安全生产要求,油缸完全打开后,可提供约 9 m² 的有效支撑面积,完全满足迎头支护需要。

三、应用情况

通过在 630 回风大巷投入运行,现场效果反应良好,使用前支护上台平均用时约 50~

60 min，使用后用时约 35~40 min，大幅度缩短了作业时间，减轻了工人的劳动强度，提高生产效率 30% 左右，按以往月均进尺 120 m 计算，使用后月进尺可达 156 m。该装置可在其他同型号掘进机上推广使用。

ZDY6000L 深孔定向千米钻机捞钻技术研究与应用

张宝第　王吉斋　李富裕　李化彬　尹智勇

淄矿集团亭南煤业公司

一、技术内容

千米钻机随钻测量系统主要用于煤矿井下近水平定向钻孔施工过程中的随钻监测，可实时测量钻孔的倾角、方位角、工具面等主要参数，并可同时实现钻孔参数、钻孔轨迹的即时显示。便于施钻人员随时了解钻孔施工情况，并根据测量结果及时调整钻具组合方式和钻进工艺参数，使钻孔尽可能地按照预定方向延伸。钻孔轨迹的测量是定向钻进技术的关键部分。随钻测量系统由测量探管、通缆式钻杆、通缆式送水器、孔口监视器等部分组成。在随钻测量系统中，随钻测量探管连接在孔底马达后面，随钻测量探管采集钻孔倾角、方位角、工具面向角等数据通过通缆式钻杆和通缆式送水器传送到孔口监视器，在孔口监视器上显示钻孔参数和钻孔轨迹等信息。

ZDY6000L 型千米钻机有别于传统意义上的钻机，主要由机身、泥浆泵、随钻测量系统构成，钻机钻进的过程是由泥浆泵将打钻液加压后由水泵经由通缆钻杆将高压水传输给驱动螺杆马达，进而带动钻头转动来切削钻孔中的煤，同时流出螺杆马达的高压水再将把切削下来的煤屑冲出孔外。钻杆本身并不转动，钻机在钻进的过程中，安在螺杆马达后面的随钻测量装置每隔 6 m 便会将它所处位置的相对坐标传输到与之匹配的计算机上，这样钻孔的轨迹便会呈现出来供钻机司机参考。可是钻机在钻进的过程中由于速度过快或水压过低、水量过小极易造成孔内煤屑不能被及时冲出，甚至有埋钻的风险。2013 年 6 月，在三盘区施工泄水孔时，由于供给的水压不足，钻进速度又太快，煤屑未能及时冲出，越堵越多，最后导致埋钻事故，将价值 85 万元的随钻测量探管监测装置、价值 48 万元的螺杆马达和价值 37 万元的 100 条通缆钻杆埋入孔内。

二、应用情况

通过分析监测装置测量出来的钻孔坐标轨迹图，在事故孔周边施工 3 个平行卸压钻孔，孔间距控制在 500 mm，成功地捞出了被埋螺杆马达、随钻测量装置及 100 条钻杆，为公司挽回了 170 万元的损失，效果良好，可在此类埋钻事故中推广应用。

钢丝绳输送带快速换带工艺研究与应用

杨绍伟　高树忠　苏守洪　张显义　沈滋举　李　通　刘永亮

淄矿集团许厂煤矿

一、技术背景

井下带式输送机由于运输量大、运行时间长，输送带容易出现大面积钢丝绳裸露，需要及时更换。由于钢丝绳芯输送带要采用硫化接头，时间长、工艺复杂，每次停产检修 48 h 只能完成 2 条输送带更换，要更换完全部输送带（4800 m）需要 4 年多时间，这样肯定会影响生产。为此，机电队采取措施，研究快速换带新工艺。

二、技术内容

新工艺换带所需主要设备包括两套硫化设备、一套缠带机、一套拖带机等。换带流程为：找到所需更换输送带，将输送带接头停在指定位置，松开输送带张紧装置，锁好输送带，用大锤和手锤将接头截开，之后用缠带机将旧带缠好，将新带的另一接头固定在拖带机上，然后用拖带机拖动新带，直到新带平铺到原来旧带所在位置，将输送带接头放置于搭建的硫化工作平台上，进行硫化，硫化完成后，重复上面步骤可以完成第二条输送带的更换。新旧换带工艺、工序流程对比如图1、图2所示。

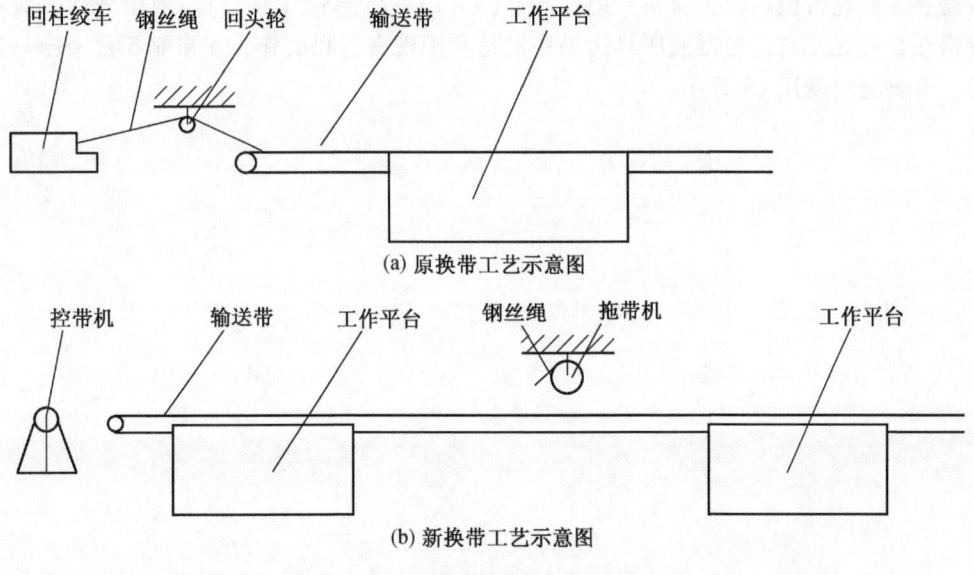

图 1　新旧换带工艺对比

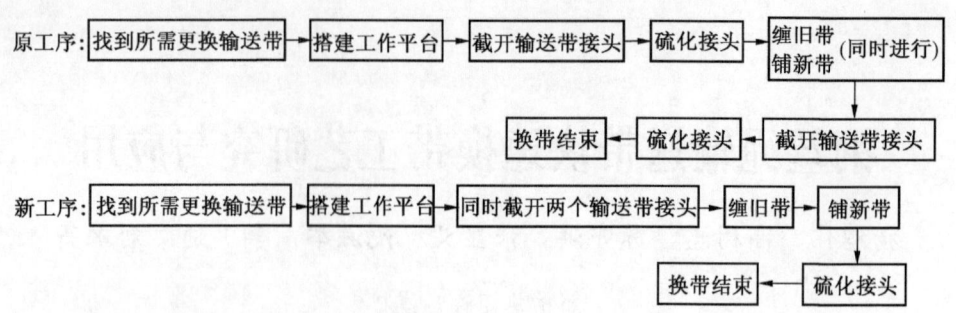

图 2 新旧换带工序流程对比

三、应用情况

（1）在工作效率上，整个换带过程由原来换 200 m 需要 36 h 变成只需 12 h，具有用时少、速度快的特点。

（2）在人工投入方面，工作效率提高的同时也降低了工人的劳动强度，并节约了一部分人工。原来井下废旧输送带卷带过程需要 15 个人工，现在电动滚筒缠带机只需要 3 个人就可以完成，省下 12 个人工。同时，工艺的创新使得硫化带人工所耗费时间减少，16 个人硫化输送带由 3 d 减少为 1 d。液压缠带机可实现地面叠带工艺的替代，减少人工数量至少 20 人次，并且节省人力 20 人/d。每年可省人工效益为 103400 元。

（3）在快速换带工艺中，自制的电动滚筒卷带机与液压卷带机、液压马达扒头机，通过材料费用查对，购进一台卷带机费用在 13 万元左右，自制的电动滚筒卷带机仅需花费 2 万元购进两个滚筒、减速机、轴枕等，其余部分利用现有的废旧材料，现已制作完成 1 台电动滚筒卷带机、2 台液压卷带机。在本项目中，如要实现快速换带，效率提升，则至少需要 3 台卷带机。减少材料费用投入：(3×13−2)=37（万元）。液压马达扒头机一台价格在 6 万元左右，自制液压马达扒头机是利用现有材料制作，现自制 3 台液压马达扒头机，节省材料费用 18 万元。

电气自动化

使用抗干扰铁氧体磁环减少探头误报警

张 炜 赵江平 邵 鑫 辛利德 潘 攀

晋煤集团长平公司

一、技术背景

KJ86型监测监控系统2003年安装完成并投入运行，系统于2007年升级为KJ86N型并运行至今。系统升级为CAN总线传输后，整体运行更为稳定。长平洗煤厂分山上和山下两部分，共计安装36台瓦斯传感器，分两条干线向机房传输。洗煤厂调度有一台图形机便于洗煤厂了解煤仓瓦斯情况。在洗煤厂监测系统运行过程中发现传感器总有误报警现象，经过排查后发现在人员作业密集区域误报警率很高。通过长期不断的观察发现，洗煤厂职工佩戴的对讲机工作时探头就会产生一个传感器误报警，尤其是对讲机天线对准黑白原件时，干扰尤其明显。

二、技术内容

针对上述问题，在黑白原件的引线上加装抗干扰铁氧体磁环，对电磁信号进行损耗。电磁干扰抑制铁氧体与普通铁氧体的最大区别在于它具有很大的损耗，用这种铁氧体做磁芯制作的电感，其特性更接近电阻。它是一个电阻值随着频率增加而增加的电阻，当高频信号通过铁氧体时，电磁能量以热的形式耗散掉。

铁氧体磁环的效果与电路阻抗有关：电路的阻抗越低，则铁氧体磁环的滤波效果越好。当穿过铁氧体的导线中流过较大的电流时，滤波器的低频插进损耗会变小，高频插进损耗变化不大。要避免这种情况发生，在电源线上使用时，可以将电源线与电源回流线同时穿过铁氧体。

三、应用情况

铁氧体磁环使用非常方便，直接套在需要滤波的电缆上即可。不像其他滤波方式那样需要接地，因此对结构设计、线路板设计没有特殊的要求。作为共模扼流圈使用时，不会造成信号失真，这对于内部空间小、导线短的设备而言非常可贵。

该革新项目经过半年多的运行，探头受干扰的情况减少，在现场没有出现过对讲机影响产生误报警的情况。

1020采煤机程序编写调试专用PLC功能测试台

崔庆阳　谭永伟　牛建兵　畅金库

晋煤集团长平公司

一、技术背景

长平公司综放采煤工作面使用的是上海煤科院生产的1020型采煤机，该采煤机经过在集团公司多个煤矿井下使用，性能优良，该设备供电均采用3300 V供电，牵引采用变频器调频调压后驱动牵引电动机。众多先进控制方式可以适应煤矿多变采煤环境，所有这些先进控制方式，集中在PLC内由PLC程序得以实现。而此PLC采用的是美国GE生产的PLC，使用多年的情况显示，其内部程序容易丢失，偶有程序错乱现象。每次出现程序问题，当班电工都束手无策，只能请采煤机生产厂家的服务人员到现场帮忙解决程序问题，或将PLC拿回厂家服务部门重新灌输程序。因此造成井下工作面停产的情况时有发生，也产生了昂贵的费用，影响生产工作效率。

在公司进行多年的"设备软件构建工程"后，1020采煤机的程序也由公司内部专人编写灌输。而编写灌输好程序的PLC由本采煤队人员带到井下更换，更换时可能因为存留有别的问题，而判断不清是PLC的问题还是其他方面的问题，采煤机运行中突然故障时，也存在不好判断问题所在的情况，所以有必要做一台"1020采煤机程序编写调试专用PLC功能测试台"，来迅速判断PLC程序是否有问题。

二、技术内容

该测试台由14个输入按键和1块显示屏组成。14个按键分别对应采煤机面板上的14个控制按键，此14个按键旁标示有和采煤机同样的功能字样。显示屏显示采煤机动作部位的运转情况。此专用PLC功能测试台通过连有线的插头与GE公司生产的PLC连接进行PLC功能测试，扳动相应的功能键，PLC面板上的功能输出指示灯做对应动作的显示，相应的专用PLC功能测试台上屏幕也显示采煤机动作部位的运转。

三、应用情况

该测试台不需外接电源同样也可以通过PLC面板输出指示灯的显示完成PLC功能测试，可以一步判断故障所在，提高了电工处理故障的效率，也为编程人员调试程序提供了方便，取得的效益或预期取得的效果可观。该项发明已成为"创新工作室"的常用设备，在长平公司综采三队、综掘准备队的多个工作面PLC上得到应用。

液压绞车新式示警装置的应用

闫恪想

淄矿集团岱庄煤矿

一、技术背景

目前在带式输送机运输巷和提升机运输巷使用的信号装置大致分为两类：一类是传统式隔爆型电磁式电铃；另一类是组合式声光信号电铃，其中有一些具有单工对讲功能。虽然后者在技术和功能上都有了较大发展，但要实现多水平信号区分、二级传送、安全灯自动转换等功能，仍需要增设大量电缆及隔爆型三通、四通等，这样投资大、故障率高。针对岱庄煤矿井下各运输巷的实际情况，经过研究分析，用通信声光信号装置作为液压绞车的语音信号装置，增强了绞车司机的安全操作性，便于区分信号。

二、技术内容

该语音信号装置采用先进的单片机微控制器及调制解调技术，仅需一条四芯信号电缆，即能实现发出声光信号、单工对讲、自动区分多水平、二级传送、红绿灯转换等功能。该装置技术领先、设计合理、一机多用，可应用于带式输送机运输巷和轨道运输巷，是目前声光信号装置中的最佳产品。

1. 主要功能

（1）发出声光信号、数显打点数功能。当液压绞车在待机状态下，按下信号装置的信号按钮，联线上的各装置均能发现声光信号，并数字显示打点数（二级传送除外）。

（2）自动实现二级传送功能。将液压绞车房内的信号装置设置为二级传送状态（将DIP2开关中"1"拨到数字侧，"2"拨到ON侧），当司机发出打点信号时，在绞车房及其他水平地点就会发出声光信号，并显示打点数，当其他水平地点打点时，信号装置只有灯光及数字显示，而不发出打点声，也无127 V电压输出，无须使用双联按钮，可以实现二级传送。

（3）对讲呼叫功能。在待机状态下，可实现单工对讲及呼叫功能。按下信号装置对讲按钮，联线的所有信号装置，均能听到讲话及呼叫，松开对讲按钮，信号装置均处于接收呼叫状态。

（4）多水平数显功能。将每台信号装置设置一个编码（如井口为1，水平设为2，车房不设置等），按下信号装置"信号"按钮后，其他所有联机装置都数显打点位置的编码，同时根据编码的不同而发出不同的音调，无须增加任何电缆及设备，自动实现多水平的信号区分。

(5) 安全灯自动转换功能。在轨道运输中当绞车启动时，可对车房内信号装置输入36 V 电压信号或工作闸继电器常开触点信号，每个水平都可自动实现安全灯转换。而无须重新敷设电缆。

(6) 打点信号电压输出功能。此装置可输出与打点信号同步的电压信号，当设置为二级传送状态时，只有 DIP8 编码为 1 的信号装置发出的信号，H、I 端子才有 127 V 电压输出，编码不为 1 时的信号装置发出的信号，H、I 端子无 127 V 电压输出，当不用二级传送时，任意位置发出信号，H、I 端子均有 127 V 电压输出。

2. 结构原理

该装置为隔爆兼本安型设计，由隔爆腔、本安腔、电源板、主机板构成。采用单片机微控制器及调制解调技术，以实现声音、数字信号的传输及各种控制功能。对讲声音，由送话器经过放大电路传送至主处理器 CPU，然后通过调制解调器加到电源线上，接收机把电源线上的信号经调制解调器，通过主处理器把声音信号还原出来。经功率放大后，驱动扬声器发声。位置数据信号通过打点控制，使主处理器经调制解调器把信号送入电源线上，接收机则把信号经调制解调器送入主处理器 CPU，主处理器 CPU 经过运算后送入位置数据显示和信号计数显示电路。其结构原理图如图 1 所示。

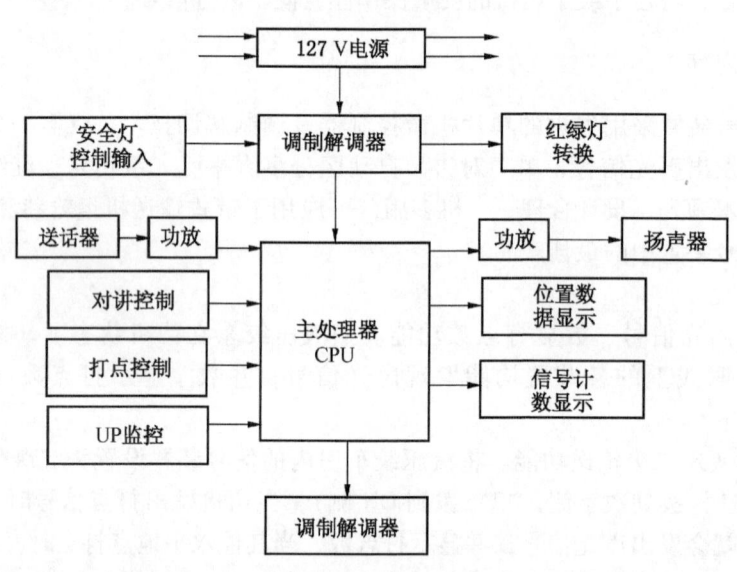

图 1 示警装置原理图

当信号司机在打点时，按下"信号"按钮，即是本系统的所有信号装置，均数字显示发出打点信号的位置编码及打点数，两上发光二极管会发出红光，扬声器发出铃声。发出信号时，两次信号的间隔时间不大于 0.8 s 时，信号将累加计数，如果大于 0.8 s，则信号数重新从 1 开始计算，视为另一组打点。要求两次按下"信号"按钮的时间间隔不小于 0.1 s。

液压绞车轨道信号装置安装示意图如图 2 所示。

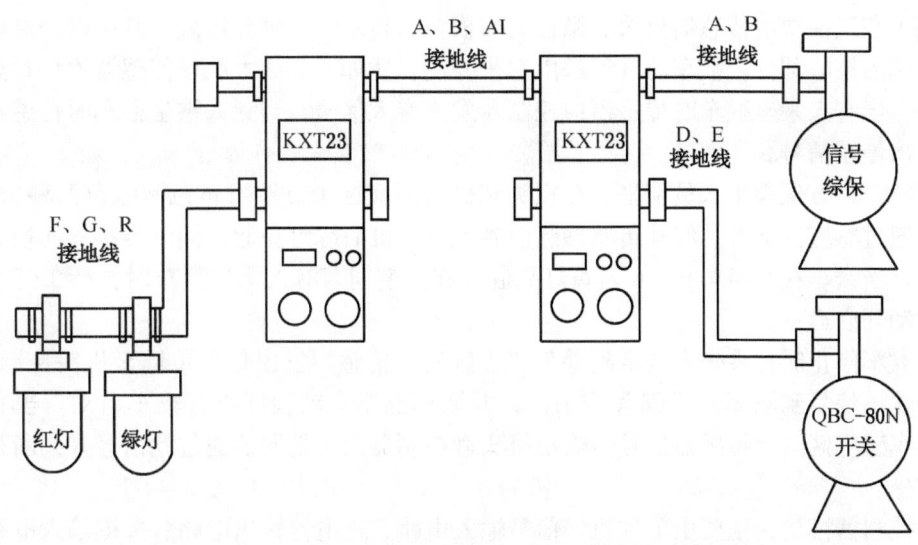

图 2　液压绞车轨道信号装置安装示意图

三、应用效果

经过长期的应用与实践，这套声光信号装置在液压绞车上起到良好的作用，有效杜绝了事故的发生，解决了信号混淆控制的难题，提高了轨道运输的安全系数，保证了人身安全。同时也促进了岱庄煤矿企业安全文化的发展，具有广泛的推广与应用价值。

新式绞车示警装置引用后，故障率明显降低，事故也减少了，每年可为矿节省 6.5 万元经济效益。

此套方案运行以来，为该矿节约了不少的费用支出，提高了液压绞车提升的安全系数，保证了矿井的正常提升。经过近几个月的长期实践，在社会上产生了一定的影响，具有广泛的推广应用价值，为企业树立了良好的形象。

井下猴车自动开停装置

王斌俊　王晓东　毕钟杰　刘　星　谢乐乐

山西汾西矿业（集团）有限责任公司高阳煤矿

猴车自动开停装置是由自主研发制作的微控制器和感应器组成无须专人看管的自动化装置。本装置是在不改变原猴车电控系统上进行改进革新，在原手动控制猴车开停的基础上增加猴车的自动开停功能（兼容原控制按钮），若自动开停装置发生故障可通过原控制按钮开停设备或通过操作台切换按钮切换至原控制状态。

整个装置主要由传感器模块、微控制器模块、指示灯三部分组成。其中微控模块是整个系统的核心部分，猴车的开停都由它来控制，犹如人类的大脑；传感器模块犹如人类的眼睛，当有人乘坐猴车时传感器向控制器发出有人信号，当无人乘坐猴车时传感器向控制器发出停车信号。

同时，为方便乘坐人员乘坐，在机头和机尾感应区上方装有黄色和绿色两种指示灯。当人员通过感应区下方，红外传感器感应到人体温度后绿灯亮起，同时传感器向控制器发出信号。当猴车在刚停车 6 min 内黄灯亮起，在此期间若有人乘坐猴车时，待黄灯熄灭后猴车自动开启运行。

当猴车停止时，乘坐人员走到乘车感应区后，传感器发出信号传输至机头控制器内，控制器输出信号到原 PLC 可编程控制器，并调用猴车启动程序进行猴车启动。当有人员通过乘车感应区时，传感器信号传输至机头微控制器内，控制器通过此信号来判断是否有人员乘坐。

微控制器模块：主要由单片机、信号输入电路、继电器输出电路、按键输入电路、显示电路等组成。本模块是整个装置的核心部分，所有的动作都由它来控制。本模块微控制器使用的是 AVR 单片机，AVR 单片机是一种新型、大容量、高速的基于增强型 RISC 结构的单片机，通过对单片机的编程实现控制猴车的自动开停。当巷道两端的传感器信号传送到单片机控制器后，单片机控制器通过对此信号的接收处理，判断是否开、停车。当微控制器在 5 min 内没有再接收到传感器发出的信号时，猴车便会自动停止。同时，为防止猴车开停和电动机的频繁启动，当猴车在刚停车 6 min 内，控制器不会对猴车进行启动，在此时期间若有人员乘坐，走到感应区后最多等待 6 min 猴车便能自动启动。

副立井提升机闸间隙保护改造

高宝柱　张全胜　崔建忠　董晋国　张旭卿

华晋焦煤有限责任公司沙曲一矿

一、技术背景

华晋焦煤有限责任公司沙曲一矿副立井提升机，由于投入使用时间较早，未能满足新版《煤矿安全规程》第四百二十三条第（六）项规定要求：当闸瓦间隙超过规定值时，能报警并闭锁下次开车。

闸瓦间隙保护是提升机最重要的一道保护。在提升机运行过程中正常开、停车以及在故障情况下的紧急制动，闸瓦是最终执行机构，闸瓦失效就意味着所有各种保护的最终执行都失效，可能造成坠罐、大过卷等非常严重的后果，对人员以及设备造成极大的危害。

二、技术内容

该保护设计线路如图1所示。

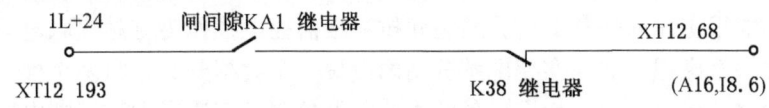

图1 副立井提升机闸间隙保护设计线路

闸瓦间隙保护（盘形闸在线监测保护），当检测到闸间隙超标时，闸间隙传感器1L+24输入闸间隙保护装置继电器KA1，该继电器接收到信号后吸合，信号传入到K38继电器。

当提升机运行时K38继电器吸合，此时常闭点处于断开状态，其闸间隙超标信号不能输入PLC（A16，I8.6），安全回路接收不到故障信号，提升机正常完成此次运输任务；当提升机停车后，K38继电器释放，此时常闭点处于闭合状态，闸间隙超标信号输入PLC（A16，I8.6）中，安全回路接收到故障信号并断开，闭锁提升系统，使得提升机在未处理故障前不能启动运行。

这样可以有效地实现提升机在运行过程中不能接收闸间隙超标故障信号，继续保持本次运输任务的正常运行。在提升机停车后方可接收该故障信号，闭锁提升系统。待故障检修后，方可正常开车。

三、应用情况

投用一套成品设备的费用大概需要15万~20万元，且还需要与原提升机电控厂家进行配合，发生相关服务费用。此改造项目，仅对原设备的线路进行了改造，不需要另外投入新设备及新配件。在节约改造成本的基础上很好地达到了《煤矿安全规程》的要求。可大力推广到其他提升设备上，对不符合该条件的提升系统改造具有重要的借鉴意义。

监控分站直联

陈振江 胡福昌 杨博 赵建华 姚豹
元继华 王勇 杨柏涛 梁朝

华晋焦煤有限责任公司沙曲一矿

一、技术内容

由于沙曲一矿综采工作面监控设备安装种类多、数量大，往往需要多台分站才能完成系统需求，再加之高开在采区变电站，本地断电加设远程控制开关需要大量的监控电缆。因此，不少地点采用异地断电，断电时间长，影响监控系统的断电可靠。为解决此问题，监控队队长提出使用虚拟开关将2台甚至3台分站连接，实现各自本地断电，来达到减少监控电缆使用和缩短断电时间的目的。经过科、队领导和技术组相关人员的研究，在采区变电站分站和综采工作面任意1台分站之间拉一根监控电缆作为分站直联电缆，在综采工作面分站设置一个虚拟开关，在变电站分站内设置一个虚拟开关，将两个虚拟开关用监控电缆连接。同时，各分站设置相应设备的本地断电控制，解决了因异地断电造成的断电时间长的问题。

二、应用情况

本技术节约了监控电缆的使用，缩短了断电控制时间，提高了安全保障。

超前支架实现电液控操作

胡宏斌　秦书明　李卫东

山西长治王庄煤业有限责任公司

一、技术背景

电液控制操作具有单台或成组支架"降、移、升"工作循环自动控制，可实现成组自动移架和推刮板输送机，又可实现本架、邻架的手动、自动操作，并具有工作面支架集中控制功能。电液主控阀组在电气故障处于修理状态时，可以直接手动操作阀组，实现支架的各种单动作操作。数据监测和传输方式：通过压力传感器和位移传感器监测支架的立柱压力。

现阶段，综采工作面液压支架已实现电液控制，然而超前支架还未实现，经过研究，决定对超前支架使用电液控制，综采队与机电科针对超前支架的动作，制订出相应方案，经公司批准，与厂家联系对超前支架进行改造，采用电液控制。

二、技术内容

超前支架主要维护工作面的超前区域，综采工作面超前支护段压力相对集中，为综采工作面管控的重点，超前支架的使用有效地改进了以往架棚支护，然而超前支护存在移架时空顶面积大等弊端，如果采用本架操作，一方面落架时上部容易掉矸，另一方面人员将短时间处于空顶区域操作，给安全工作带来较大隐患。使用电液控制后，采用邻架操作，人员操作时将站立在邻近支护完好区域，从而有效避免了上述安全隐患。另外，超前支架电液控制使用后，综采工作面范围内所有支架均实现电液控制，便于实现工作面自动化操作。

（1）用电磁阀控制来精确控制支架的各种动作，可以保证成组动作，即邻架操作，不需要本架操作，从而避免了操作时站立在空顶区域。操作简单，控制性较强，提高了超前支架移架期间人员的安全系数。

（2）实现了超前支架电液控制，与自动化工作面接轨。

（3）操作界面简单明了，每个动作均用图示标明，有效地避免了误操作，操作相对简单，另外立柱压力等数值均可以显示在操作界面上部，清晰明了。

三、应用情况

本产品是基于自动化工作面的总体要求，针对综采工作面超前支架移架方式，人员通过邻架操作，安全系数得到明显提升，避免了瞬时空顶操作的危险，而且操作界面简单明了，每个动作均用图示标明，有效地避免了误操作。升架时也可以根据操作界面上部显示压力值直接判断出支架是否升紧、达到初撑力要求；另外，超前支架实现电液控制，也与公司提出的"两化融合"工作接轨，可以实现综采工作面自动化作业。

带遥控的泵站设备集中控制

张志豪　王雷雨

同煤集团马脊梁矿

一、技术背景

为了加强管理，提高工作效率，在综采工作面设备控制上，加装了一套集中控制系统，可以减少工作人员在工作面和设备车之间来回穿插行走，消除安全隐患，同时加强了设备的开停时间，提高了生产效率。

二、技术内容

发射器通过高频信号控制接收板上的单片机 O/I 接口控制继电器，继电器控制开关的先导回路，达到控制设备的目的。

技术要求：

遥控器、接收器、控制箱要符合煤安防爆要求。

遥控距离大于 30 m，各按键要灵敏可靠。

工作电压要求采用本质安全型电源。

技术参数：

工作电压：DC9 V～DC12 V。

工作电流：≤200 mA。

断电灵敏度：≤0.3 s。

工作频率：>10 M。

装置特点：

(1) 使用进口 5101 贴片 V 段高频发射器，M430F1101A 编码器。

(2) 利用 V 高频段频率性能稳定、灵敏可靠、零漂移、抗干扰能力强，可长期连续工作。

(3) 发射器防阻燃、抗耐压、强防水、使用寿命长。

三、应用情况

通过一个遥控器可实现集中控制设备车上的破碎机开关、转载机开关、四台乳化液泵开关的启动、停止。该装置的实际应用，为本矿创造经济效益 60 多万元。

斜巷安全运输智能控制系统的研究与应用

何雨生　吕迎春

兖矿集团兴隆庄煤矿

一、技术内容

为实现轨道运输斜巷安全设施的程序自动化和安全联锁控制，对斜巷提升运输运行作业工序和安全设施动作顺序及安全防护联锁、闭锁要求进行研究，通过 PLC 程序编写控制传感器动作，实现了一种安全可靠的斜巷安全设施的智能控制。

(1) 斜巷运输系统运行联锁控制，实现提升设备状态、行车信号、行车报警信号、车场操车、车场安全设施相互联锁，避免安全设施误操作、误操车、误行车。

(2) 行车信号系统自动判断、识别，自动发出行车报警、控制行车模式。

(3) 上平车场行车安全设施控制、操车作业，实现自动联锁控制。

(4) 斜巷跑车防护装置自动控制。

(5) 不同分线信号自动识别，行车线路自动控制。

(6) 自动控制实现自动监测、自动校核。

该系统具有如下功能：系统实现程序控制，全面检测功能，健全过卷防护，可靠的跑车防护设计，违章行人的监测，显示功能，报警功能，语音功能，便捷的记忆、读取功能，自动监测功能（图1）。

二、应用情况

该系统具有设计合理、可靠、科学、先进等优点，可实现任何情况下手动和自动的相互转换，脱机和联机方便切换，是一种较为理想的智能化、本质化挡车装置，它有效克服了机械式跑车防护装置和雷达捕车器的缺点，高度在 0.3~2.4 m 的各种不同类型的车辆

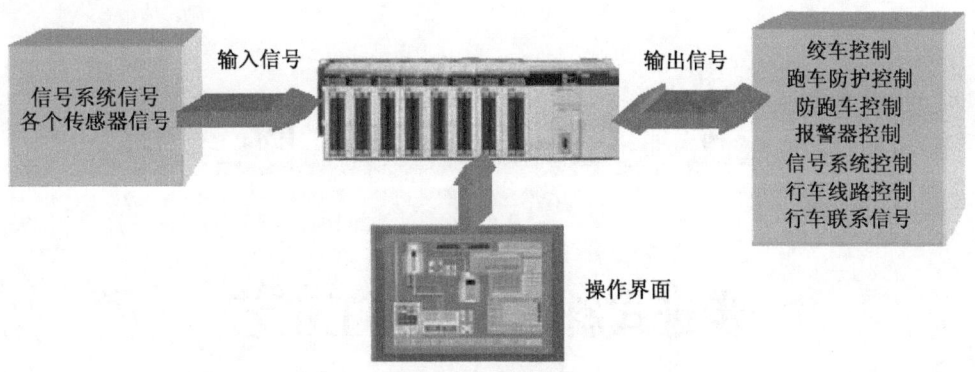

图1 控制系统图

均可顺利通过,当发生跑车时都能可靠地挡住车辆,非常适合于煤矿井下30°以下斜巷使用。

矿 山 建 设

步进式斜井冻结施工工艺

赵玉明 许舒荣 郭 垒 高 伟 李志军

北京中煤矿山工程有限公司冻结工程技术分公司

一、技术背景

为了克服现有斜井垂直孔分区分段局部冻结中各段一次性全部投入积极冻结后，造成掘进单位施工至迎头时，井筒已全部冻结实，掘进困难的技术不足，本次革新提供了一种全新斜井垂直孔冻结投入方式，使得掘进单位施工至迎头时冻结恰到好处，实现不挖冻土或少挖冻土目标，改变以前分区分段冻结，各段投入积极冻结的时间没有成熟的理论依据及计算方法的现状，为斜井冻结设计和施工提供了新的经验。

二、技术内容

目前斜井冻结一般均采用分段分期垂直孔局部冻结方式，每段一次性全部投入积极冻结，这种斜井冻结方式会导致每段段首冻结满足设计要求；待掘进至段中或段尾时，因冻结时间过长，冻结温度过低，冻结太实，井帮及开挖断面温度过低，给斜井井筒掘进施工带来困难。

所谓步进式斜井冻结，就是在每个冻结段中，前面的冻结孔根据掘进速度和积极冻结时间的要求，循序渐进地逐排滚动投入积极冻结，而不拘泥于冻结造孔施工时所分的段长，一次性全部投入积极冻结。这样，既能保证该处冻结效果，又能有效控制井帮温度，从而也就能实现冻结孔逐排滚动投入积极冻结，保证每排冻结孔在掘进到其所在位置时，冻结效果最佳。

采用步进式斜井冻结基本做法如下：假设斜井按图1所示方式进行垂直孔分段冻结，在冻结范围内布置5列冻结孔，分别标示为A、B、C、D、E，每列沿井筒开挖方向成排布置冻结孔，第一冻结段第1个冻结孔定义为第一冻结段第1排，第2个冻结孔定义为第一冻结段第2排，以此类推。第二冻结段第一个冻结孔定义为第二冻结段第1排，第二个冻结孔定义为第二冻结段第2排，以此类推。其他冻结段采取相同定义方式。

第一冻结段造孔施工后开始采用一次性全部投入法对第一冻结段进行积极冻结，同时要求对第二冻结段顺序造孔施工，直到全部冻结孔施工完毕。

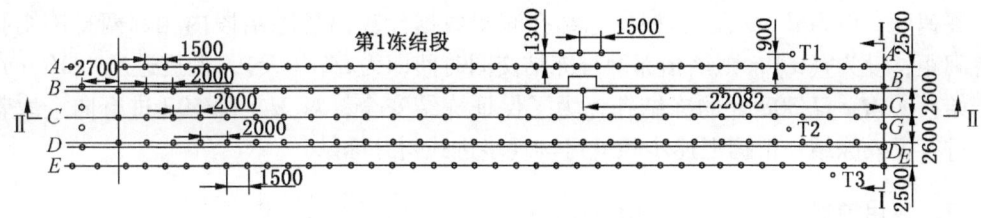

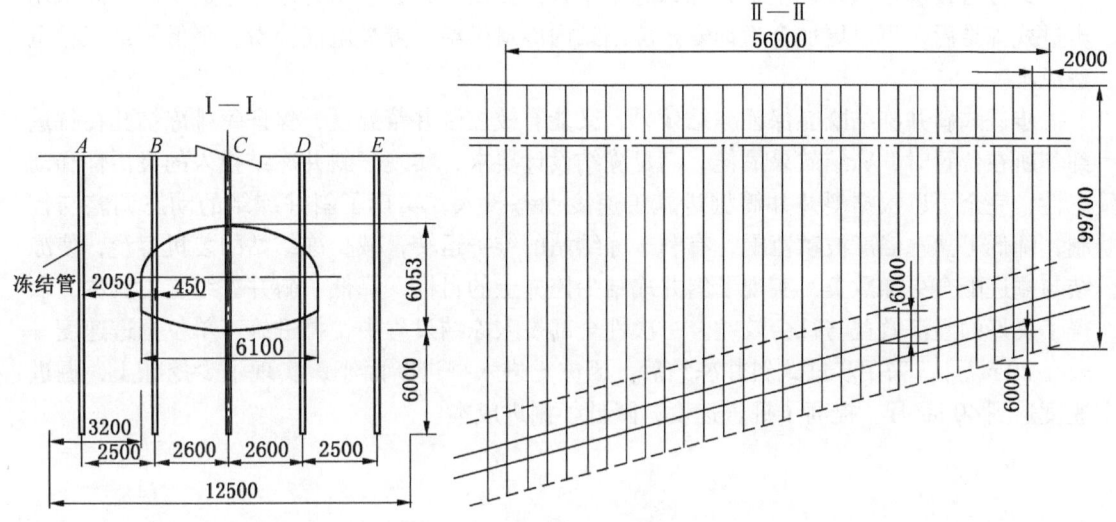

图 1　斜井冻结孔设计图

第一冻结段开始积极冻结后,相邻的第二冻结段第 1 排冻结孔投入积极的时间,可根据预计的掘进速度、第一冻结段积极冻结时间、第一冻结段冻结斜长及冻土试验提供的冻土发展速度、第二冻结段冻结时间等来加以确定,保证第二冻结段第 1 排冻结孔的积极冻结时间比掘进到此处所需要的时间稍长,这样既保证第二冻结段第 1 排处的冻结效果,又保证掘进施工安全。第二冻结段第 2 排其余各排冻结孔投入积极冻结时间的确定方法和第二冻结段第 1 排冻结孔相同。

第一冻结段开始掘进后,要根据揭露的井帮温度及冻结壁厚度来验算冻土发展速度;并根据验算后的冻土发展速度,及时调整未投入积极冻结的冻结孔处的积极冻结时间,再根据实际掘进速度、经验算的冻土发展速度及调整后的积极冻结期,确定未投入积极冻结的冻结孔投入积极冻结的时间,始终保证每排冻结孔的积极冻结的时间比掘进到此处的时间稍长。这样既能保证该处冻结效果,又能有效控制井帮温度,从而实现冻结孔逐排滚动投入,保证每排冻结孔在掘进到其所在位置时冻结效果最佳。

在冻结孔投入积极冻结过程中,可根据实际掘进施工情况、掘进速度及实测井帮温度,及时调整投入时间,使步进式冻结工法更加科学合理,实现冻结与掘进的密切配合,为快速掘砌施工创造有利条件。步进式冻结投入法可用如下方法进行简单控制:假设掘进

单位月掘进速度为 $L(\text{m/月})$，根据第一冻结段内测温孔数据推测出斜井冻结控制层的冻土发展速度，设为 $d(\text{m/天})$，根据冻结孔测斜数据计算出各冻结段内相邻两排冻结孔最大终间距，设为 $l(\text{m})$，则该相邻两排冻结交圈时间即为 $l/2d$（天），掘进进尺为 $M(\text{m})$ 时应开始投入 $M + Ll/50d$ 处的冻结孔，为了保证冻结安全，对 $M + Ll/50d$ 进行向上取整的位置进行投入冻结，根据上述步骤就可实现步进式斜井冻结。

三、应用情况

该方法在李家坝煤矿主斜井冻结施工中首次提出，并在主斜井冻结中成功应用。采用步进式冻结后，可以更加合理地安排冻结站内冷量供给，减少电能浪费，降低冻结工程电费成本。

步进式斜井冻结既能保证冻结效果，又能有效控制井帮温度，保证每排冻结孔在掘进到其所在位置时，冻结效果最佳，满足冻结设计要求，实现了斜井冻结投入的灵活性和动态性，完全可以根据斜井井筒掘进施工速度动态投入，实现了斜井冻结的动态调整与控制，降低了盐水温度波动范围，有利于冻结站的维护运转，减少冻结站的装机容量，使冻结与掘进配合更加默契，实现了斜井冻结少挖冻土的目标，降低了斜井冻结施工成本，取得了良好的经济效益与社会效益。一次性全部投入冻结过程中，掘进施工单位掘进速度一般在 20 m/月，采用步进式斜井冻结后，因冻土进入掘进断面小，实现了少挖冻土，掘进速度达到 40 m/月，提高了掘进速度，降低了掘进成本。

信 息 化

轨道人员定位绞车联动系统

武建华　周保心　孙　力　史文雅　秦　雷　闫尚杰

淮北矿业股份有限公司芦岭煤矿

一、技术背景

斜巷运输封闭管理制度要求"行人不行车，行车不行人"，非许可人员进入封闭斜巷警戒范围没有提示和警示，存在安全隐患。

二、技术内容

在轨道的各个阶段安装人员定位读卡器，在绞车房和各阶段安装声光报警器，车房安装人员定位分站和监控分站，在Ⅲ1上部变电站安装防爆计算机。

斜巷绞车停止运行时，封闭区域内有非许可人员闯入的情况下，绞车房和有非许可人员闯入的巷道有声光报警提示，绞车无法启动；待非许可人员离开警戒区域后，解除声光报警提示，方可启动绞车。

斜巷绞车正在运行时，封闭区域内有非许可人员闯入的情况下，绞车房和有非许可人员闯入的巷道有声光报警提示。

三、应用情况

人员定位与绞车联动系统的应用，使斜巷绞车司机和把钩工实时了解到当前作业区域的人员情况，消除了非许可人员进入轨道作业时的安全隐患，有效地避免了运输事故的发生，对矿区运输安全管理有积极的推动作用。

电子书的制作与发布

赵诺善 陈妮妮 张 杰

晋煤集团成庄矿

一、技术背景

以往的学术交流活动评选出的优秀论文只是在少数员工中得到了学习和交流，没有得到广泛传播，没有形成一个面向全矿的信息发布平台，不利于提升矿井的整体科技创新水平。为解决此问题，提高学术研讨质量，搭建不同层次、形式多样的学术交流平台，科技开发部借助局域网制作优秀论文汇编电子书，对在成庄矿2013年度学术研讨活动中获奖的论文进行了整理和编辑，形成了《成庄矿2013年度学术研讨活动优秀论文汇编》电子书，以电子书的形式在网上展示优秀范文，供大家学习、交流和参阅，旨在丰富科技创新资源，拓展学术交流途径。

二、技术内容

（1）搜集资料、网上查阅，确立电子书的制作方案。电子书是指将文字、图片、声音、影像等讯息内容，区别于以纸张为载体的传统出版物，通过数码方式记录在以光、电、磁为介质的设备中，借助于特定的设备来读取、复制、传输的数字化出版物。电子书按格式划分有 txt 电子书、exe 电子书、pdf 电子书、jar 电子书等。

txt 电子书：是未做任何加工的电子文本，它的编码分为 ansi、unicode、unicode big endian、utf-8，txt 电子书制作简单，将常规编码的电子资料"另存为"的时候将编码改成 unicode 编码形式的即可。其优点是体积小，是各种电子书的原始载质，缺点是功能少、不美观。

exe 电子书：最美观、功能最多，制作起来也最复杂，它的过程是先将 txt 或 word 格式的内容文本，按章节分开多个文件夹，再分别制成一个 html 的集合（页面插图及电子书封面），最后通过电子书的封装软件，制成一个后缀为.exe 的电子书文件。优点是美观漂亮、功能多，有章节目录。可实现翻页滚屏，排版整齐，不需要借助任何阅读软件。缺点是体积相对 txt 要大。

pdf 电子书：一般是用 Foxit PDF Editor 来制作，分为两种：一种是文字版的，另一种更直接，是将纸质书籍文字全版影印成图片。优点：直观，有章节目录，美观度一般，功能一般。缺点：在所有电子书格式中 pdf 电子书体积最大，安装 pdf 阅读器可以阅读。

jar 电子书：其实就是将 txt 电子文本，转码成 unicod 编码，然后通过电子书制作软件完成制作，优点：相对 txt 而言，加入了书签分节功能。缺点：仅限于在手机上观看，体积比 txt 格式稍大，不能在电脑中阅览。

各种格式的电子书网络中都不乏见，各有其优点和缺点，以文字为主要内容的电子书，一般采用word格式，以图片为主要内容的电子书，生成PDF格式；综合考虑选择采用exe格式的电子书，不需要单独安装插件，样式美观大方，操作简便，容量相对较小，便于携带，可以通过电脑硬盘、网盘、U盘存储。

（2）学术研讨活动优秀论文资料的收集、整理。成庄矿2013年度学术研讨活动共评选出生产地测类、机电洗选类、通风安全类和综合类优秀学术论文42篇。首先对论文进行格式调整，包括论文题目、摘要、关键词、内容的字体、行间距进行逐一调整，形成统一的格式。其次采用Photoshop、Word等软件完成电子书封面、前言、编委、目录等相关内容的制作及资料的整理。

（3）学术交流电子书的制作。

第一步，采用Photoshop图形软件完成相关图片的制作。采用Photoshop图形软件完成电子书启动封面的制作。

第二步，采用Word2010完成文字材料的编辑与整理。考虑到矿井员工计算机水平的差异，论文文档采用word格式，可以在任何一台计算机上查看，只要用户计算机只要安装了Word软件，不需要下载阅读器或插件，只需要将电子书下载到本机，双击运行电子书可执行文件，就可以查阅电子书。

对所有论文进行搜集、整理，定义为统一格式，包括标题、字体、字号等，再按照论文的分类将文档归入所属文件夹，共有生产地测、机电洗选、通风安全、综合四类，二级目录的编排。最后完成目录、编委、前言的制作。

第三步，制作电子书。在电子书的制作过程中，遵循所见即所得的设计理念，采用视窗风格，目录树结构管理，将整理好的文件夹、文档目录采用电子书封装软件完成封装，制作过程中不需要复杂的转换、编译；使用、操作方便，可以自主设置电子书的视窗风格、主界面颜色、主要工具按钮的启用、禁用，启动、退出页面的图片，自由地添加、删除目录树，可以随心所欲地编辑文档内容，改变字体大小和颜色。

（4）在成庄矿网站建立学术交流专栏，实现电子书的网上发布，方便今后的应用扩展。

三、应用情况

（1）自主完成电子书的制作，阅读电子书不需要安装阅读器、插件。由于电子书阅读人群计算机水平存在差异，制作完成的电子书是扩展名为.exe的可执行文件，下载到计算机上，只要安装了word，不需要安装任何插件，就可以阅读，较其他格式的电子书（如PDF），使用起来方便很多。

（2）制作完成的电子书人机界面友好，界面简洁、美观，符合日常操作习惯，容量只有25.9 M，环保且便于携带。

（3）电子书的制作具有很好的推广价值；在《成庄矿2013年度学术研讨活动优秀论文汇编》制作完成后，得到了领导和员工的一致好评。又先后制作了《神华集团"五小"创新成果集》《成庄矿2013年度创新成果汇编》《成庄矿2013年度创新成果展览》等36个电子书，电子书的制作过程简便、易学、成本低，适用于基层单位内部学习资料汇编，大到各矿文档资料的汇编整理，具有良好的推广价值。

矿用隔爆型岗位授权读卡控制器研发及应用

史坚青

山西焦煤汾西矿业集团宜兴煤业有限责任公司

一、技术背景

目前除少数矿井外,绝大多数煤矿尚未实现从地面或从井底车场直至采区工作面端头不经转载的直达运输,均采用分阶段运输,从井下材料、设备供应点到井下工作面使用地点,要经过多次转载。分阶段运输的运输效率低,事故多,占用设备和用工人数也多,这样也相应地增加了事故发生的概率。

目前煤矿井下辅助运输系统基本上都是采用绞车运输的方式,而绞车运输信号的开启操作没有严格的控制系统,没有防护闭锁设施,可以说任何人都可以随意操作。例如:不是绞车司机可以开绞车,不是信号工可以发信号,不是当班安排的专职岗位工也可以发信号、开绞车。由此给绞车运输安全造成不可控的风险因素,给绞车运输管理造成困难,经常引发绞车运输系统的事故。为了实现绞车运输安全管理,规范岗位人员操作行为,有效保证持证上岗,落实专职岗位责任,控制运输事故。研究开发绞车操作人员识别、绞车控制和通信信号为一体的绞车控制设备,是完善绞车运输安全和管理的有效手段。

煤矿辅助运输系统的安全管理工作还处于粗放管理的层面,还没有规范化、系统化、信息化,还不能有效地利用现有的煤矿通信网络、硬件资源,做到绞车运行情况集中监控和管理。通过岗位授权读卡控制器可有效识别绞车操作人员,解决无证上岗操作这一重点问题。

二、技术内容

岗位授权读卡控制器模块在读卡器控制原理的基础上,做了改进:

(1) 将电路简化,只利用电路上的红外管理卡功能、信息储存功能、读卡识别及输出干接点控制功能,其余功能被简化去掉。

(2) 简化后模块体积缩小,在模块上直接安装变压模块,使其满足现场使用。

(3) 为满足井下防爆场所工作要求及减少工人工作量,将送电初始化及管理卡初始化功能去掉,只保留了红外管理卡功能,配合遥控器在隔爆外壳外操作。

(4) 最后将读卡控制器,放入隔爆外壳,用于煤矿井下电器设备授权控制。

(5) 利用非接触感应式 ID 卡与岗位授权读卡控制器,实现一种岗位人员对设备操作授权的数字化管理。使用岗位授权读卡控制器,能有效地避免非本电器设备岗位操作人员因擅自操作,而造成的设备损坏及发生的其他安全事故。

防 治 水

定向钻进工艺技术在唐家会煤矿防治水工程中的应用

翟恩发 程爱民 高银贵 张自胜 严兴华 孙树庭
常成林 赵少博 薛悟强 国 伟

华兴能源有限责任公司唐家会煤矿

一、技术背景

唐家会煤矿煤层顶板砂岩水富水性较强，导水裂隙带发育较高，煤层顶板砂岩水层对工作面回采影响较大。工作面回采前，必须提前对顶板砂岩水进行疏放，消除顶板砂岩水给工作面回采带来的安全隐患。

定向钻进技术利用造斜工具使钻孔轨迹按设计要求延伸至预定靶点，即有目的地将钻孔轴线由弯变直或由直变弯，同时随钻测量仪器实时监测钻孔参数、钻具姿态，进而确定造斜工具的造斜方向。该技术具有如下特点：

（1）钻孔轨迹可控，通过随钻测量定向钻进技术，保证钻孔轨迹沿设计轨迹延伸，也即保证钻孔轨迹在富水性较强的含水层中。

（2）钻孔有效距离长、钻进效率高。定向钻施工距离长，与普通钻孔相比，可缩减大量钻孔工程量。

二、技术内容

本成果要解决的技术问题是疏放首采工作面导水裂隙带以内煤层顶板砂岩含水层中的裂隙水，消除煤层顶板砂岩水患，确保工作面回采安全。

设计在主斜井5、6煤顶板砂岩位置各施工1个钻场，分别对5、6煤顶板砂岩含水层施工定向顺层钻孔，设计主孔深800 m，分支钻孔个数据疏放水效果确定，疏放工作面外段800 m顶板砂岩水。合计5煤顶板3个，6煤顶板3个，顺层定向孔施工前先施工2个穿层检查孔，以确定顺层定向孔在5、6煤顶板砂岩含水层内的具体位置，共8个孔，钻探工程量5900 m。

水害防治定向孔间距可依据单孔探放水范围确定，本次钻孔施工在两个钻场进行，1

号钻场为了实现覆盖 61101 工作面且达到疏放 5 煤顶板砂岩水的目的，共布设 A1、A2、A3 三个定向长钻孔，定向轨迹控制在距顶板 0～7 m 砂岩内施工定向长钻孔。A1 和 A3 分别距回风顺槽和运输顺槽 30 m，A2 钻孔布设在工作面中间位置。2 号钻场为了实现覆盖 61101 工作面且达到疏放 6 煤顶板砂岩水的目的，该钻场布设三个定向长钻孔 B1、B2、B3 和一个分支孔 B1-1，B1 和 B3 分别距回风顺槽和运输顺槽 30 m，B2 钻孔布设在工作面中间位置；B1-1 是对钻孔拐弯盲区的补充施工。

6 个定向钻孔实现工作面全覆盖，最大限度疏放煤层顶板砂岩水，另距顺槽较近钻孔能够起到超前探水、掩护巷道掘进、解决巷道掘进淋水等问题。

三、应用情况

（1）超前疏放。只要工作面存在系统生根巷道，就可以施工。

（2）疏放距离长、覆盖面积大。唐家会矿普通钻孔疏放距离一般为 140 m，定向长钻孔最长疏放距离为 850～1002 m；若按疏放半径 50 m 计算，唐家会矿普通钻孔覆盖面积为 14000 m^2，定向长钻孔覆盖面积为 85000～100200 m^2。

（3）疏放层位准确、稳定。唐家会矿普通疏放钻孔多为穿层钻孔，所穿含水层较多，且各含水层富水性不一，疏放目的层位不明；定向长钻孔为顺层钻孔，有选择地顺富水性较强的含水层疏放，疏放目的层位准确、稳定。

（4）疏放工程量小。工作面走向长 855 m 范围内，唐家会矿首采工作面两顺槽需施工普通疏放钻孔 16 组 64 个钻孔，工程量 8960 m；首采工作面施工的定向长疏放钻孔 2 组 6 个钻孔，工程量 5637 m。

自定向钻孔开钻至竣工，4 个月内累计放水已超过 38.9×10^4 m^3，疏放水效果明显。同时在疏放水定向钻孔施工过程中，地面砂岩长观孔 BK1 与 BK2 自动观测水位变化情况。截止到定向钻孔工程施工完毕，BK1 孔水位下降高度为 14.69 m，BK2 孔水位下降高度为 13.25 m。

定向长钻孔施工完成后，对定向长钻孔覆盖区域施工穿层放水检验钻孔，对未覆盖区域施工穿层钻孔进行放水。定向钻孔施工结束后在工作面上下顺槽穿层放水检验钻孔，平均水量为 2 m^3/h，定向长钻孔的疏放效果得到验证。

防 灭 火

液态二氧化碳在采空区防灭火中的应用

王坚志

淄矿集团唐口煤业公司

一、技术背景

随着矿井开采范围的不断扩大,矿压不断显现,采空区防灭火成为制约矿井安全生产的重要因素,传统的注氮虽然能够惰化采空区自然发火情况,但是注入采空区的氮气为高温气体,容易使采空区内气体温度升高,因此在某些薄弱地点防灭火效果不明显,为此我们提出利用灌注液态二氧化碳进行大面积采空区防灭火,通过密闭措施孔和实施定向钻孔对采空区进行注液态二氧化碳防灭火,利用其窒息性气体和汽化过程中吸收大量热来进行综合防灭火。通过该项目的实施,确定采空区注二氧化碳的工艺,并对液态二氧化碳注入采空区后防灭火效果进行评估,确定适合唐口煤矿的注液态二氧化碳方案,确保矿井安全生产。

二、技术内容

液态二氧化碳防灭火技术为唐口煤矿引进的新防灭火技术、新工艺,为井下发生高温地点或自然发火地点进行降温或防灭火提供可靠的技术装备保障,也是该矿第一次引进。为保证项目的实施,由通防技术人员、监测工、防灭火工于5304轨顺200 m处,通过5304轨顺与5303采空区内6 m隔离煤柱中打设的注浆钻孔向5303采空区内注液态二氧化碳。本次试验共注液态二氧化碳三罐累计5.4 t。液罐处压力表显示压力为2.2~2.3 MPa,符合储液罐内存液态二氧化碳压力宜为1.6~2.4 MPa的要求;自增压设备处压力表显示最高压力为1.1~1.2 MPa,也符合设备出厂规定要求的工作压力宜为1.0~2.2 MPa的要求。

三、应用情况

该项创新成果在5303采空区两次注液态二氧化碳试验后,通过对二氧化碳气体取气化验分析,注液态二氧化碳前,从取气钻孔处测得5303采空区内氧气浓度为11.2%,瓦斯浓度为4.26%,一氧化碳浓度为0.0045%,二氧化碳浓度为0.21%。注液态二氧化碳后通过对现场取气钻孔试验便携仪对5303采空区内气体进行检测，发现5303采空区内氧气浓度为2.3%，瓦斯浓度为1.83%，一氧化碳浓度为0.0004%，二氧化碳浓度为5%，实现了集团公司提出的"双五"目标，通过该项目的实施不仅降低了采空区自然发火威胁，而且节约了人工和材料费，积累了经验，经济和社会效益十分明显。

选 煤

选煤厂介质消耗控制

龙禄财 王 瑞 许广财 王 浩 申建设

山东东山王楼煤矿有限公司

一、技术背景

近年来,重介质选煤技术以其工艺简单、分选效率高、适应性强等特点得到了广泛应用。在重介选煤生产中,磁性介质的回收是重介质选煤工艺中的重要环节,对于降低介质消耗、保证产品质量、稳定分选过程中重介质悬浮液的密度和黏度等起到至关重要的作用。磁选机和脱介筛是广泛应用在重介质选煤厂介质回收系统中的关键设备,脱介筛的脱介效果和磁选机的分选效果直接影响着选煤厂的介质消耗,关乎选煤生产成本的高低。因此,如何提高脱介筛的脱介效果和磁选机的分选效果已成为广泛讨论的问题。

二、技术内容

通过对选煤厂的介质回收系统研究发现,因为设计缺陷和设备自身原因,导致王楼煤矿选煤厂的介质消耗较高,为了降低介质消耗,降低生产成本,通过相关技术人员研究,对现有系统进行了如下改造:

(1)在脱节筛上增加角铁(图1);将喷雾水界面前移(图2);调整喷雾头与筛面的高度,使附着在产品上的介质通过循环水尽量回收到稀介桶,提高回收效果,从而减少跑

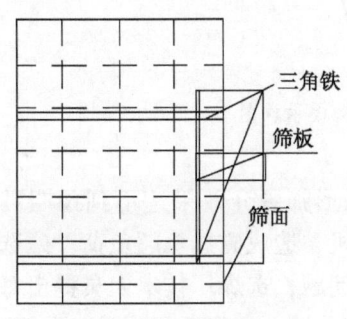 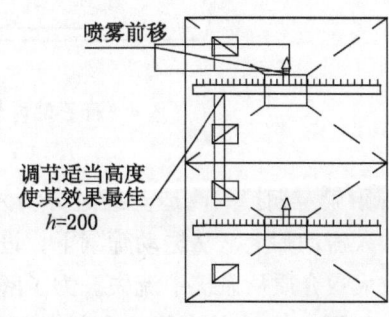

图1 脱介筛增加角铁示意图　　图2 脱介筛稀介段喷雾水截面前移示意图

介。更换各泵头出水口短节为耐磨材料，减少因磨损而造成的跑、冒、滴、漏，从而减少了跑介的途径。

（2）磁选机精矿管改造。将磁选机精矿管后方加设了三个观察口（图3），加粗精矿管路，有效防止因精矿管堵塞而造成严重跑介，大大提高了介质回收效率。

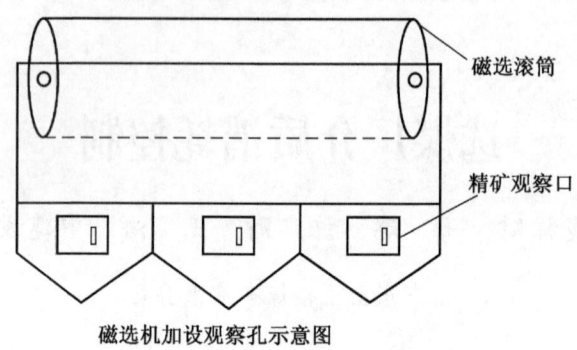

图3　磁选机加设观察孔示意图

（3）分料箱改造。为了解决分料箱存在的问题，选煤厂技术人员重新设计了分料箱的结构，在分料箱中加设一块分料板，板上均匀布置四个下料孔，使得分料均匀。同时，将分料箱更换为耐磨材料，减少因磨损而造成的跑、冒、滴、漏。目前，我厂已尝试在矸石分料箱内部加调节分料板（图4），使其分料均匀，大大提高了弧形筛回收合格介质的效率。

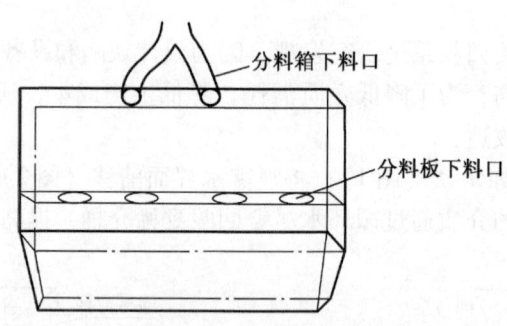

图4　矸石筛内加调节分料板示意图

（4）弧形筛定期掉头改造。经过分析发现，弧形筛脱介效果达不到预期目标，大量介质直接冲入振动筛上，从振动筛漏下，进入磁选机，造成磁选机超负荷。磁选机超负荷运行，导致大量介质从系统中流失。为了解决这个问题，选煤厂技术人员提出每隔7天将弧形筛调头（图5）。自从实行这个制度以来，吨煤介耗大大降低。同时，由于两面使用，弧形筛的使用寿命也得到了大大提高。

图 5 弧形筛掉头装置

弧形筛改造技术原理：弧形筛主要是利用筛条的切割力进行脱介。当其在一个方向上磨光滑之后，它的效果几乎就消失了。但是，若将它调过头来使用，它又能跟新筛板一样起到很好的脱介作用。

（5）分流箱改造。王楼选煤厂原分流箱是由电动执行机构带动传动轴上的舌板的左右摆动实现合格介质的分流（图6）。

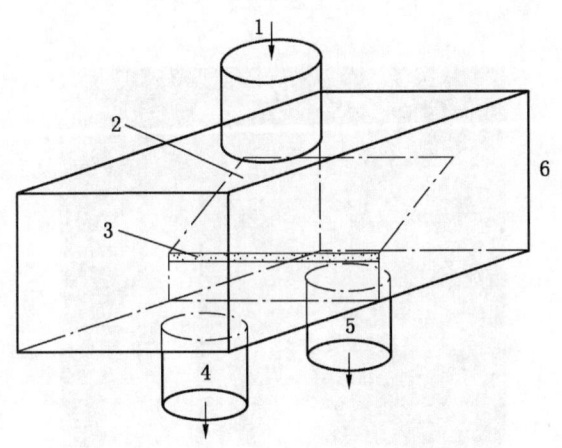

1—合格介质来料管；2—舌板；3—传动轴；4—去精煤稀介桶；5—去合格介质桶；6—分流箱

图 6 原分流箱结构示意图

在生产过程中使用原有分流箱实现合格介质的分流，存在种种弊端，为提高选煤厂洗选系统的稳定性，选煤厂技术人员经过研究，决定用一段 $\phi550$ 的耐磨管代替分流箱体（图7、图8），在去精煤稀介桶的管道3上安装一组电动液压推杆闸阀作为分流阀门2，其工作原理为：当分流阀门2闸板完全关闭时，管1中的合格介质就直接进入管4，返回合格介质桶,完成正常的介质循环;当分流阀门2闸板打开后,由于管3位于管1的下方,合格介质的一部分进入管3实现分流,且随着分流阀门闸板的开启度逐渐加大或缩小,分流量也随之加大或缩小。

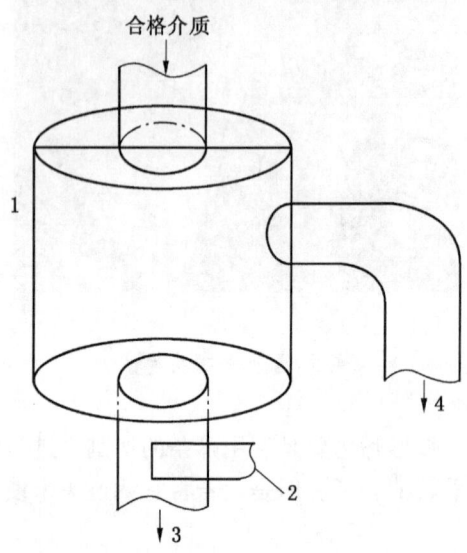

1—ϕ550耐磨管;2—分流阀门闸板;3—去精煤稀介质桶;4—去合格介质桶

图7 改造后分流箱示意图

图8 改造后分流箱实物图

另外,选煤厂严格把握入厂介质质量,要求磁性物含量不低于95%,-325目含量不低于80%,密度不低于4.5 g/cm^3,对于不符合要求的介质予以退货。

通过上述改造后，选煤厂的吨原煤介质消耗由原来的 1.5 kg 降低至不足 0.5 kg，为选煤厂创造了可观的经济效益。

三、应用情况

王楼煤矿选煤厂每年入洗原煤 240 万 t，吨煤介质消耗降低了 1 kg，则每年可节省介质粉约 2400 t，每吨介质按 1350 元计算，此一项就节省了资金 324 万元。介质流失减少的同时也在一定程度上保证了合格介质的稳定，提高了原煤的分选效率，使煤炭资源得到合理利用。介质消耗的减少也就是减少了铁矿粉的浪费，使其得到合理的利用。

王楼矿选煤厂对于生产设备设施的改造，为同类情况的选煤厂应用探索了经验，值得在其他重介质选煤厂予以推广应用，可促进全厂生产效率的提高和洗煤效率的提升。王楼矿选煤厂在重介质回收领域所做的全面的研究处于全行业领先水平，可广泛应用于其他重介质选煤厂，可大大降低选煤厂的介质消耗，节省生产成本。

粗煤精煤回收系统改造

刘志华　亓海涛

山东能源新矿集团万祥矿业有限公司潘西煤矿

一、技术背景

万祥矿业潘西煤矿洗煤厂现有粗煤泥分选系统中，三锥角水介旋流器溢流进入翻转振动弧形筛脱水、脱泥后灰分在 10%～12%，精煤磁尾底流与弧形筛筛上粗精煤泥汇集到现有 AHF1236 高频筛后，筛上物料偏厚，且含水量大，粗精煤泥灰分达到 12% 以上，无法进入到精煤产品当中，损失过多，针对此种情况，重介选煤厂经多次技术论证，提出了优化方案：拆除老跳汰厂 ZJG1530 高频筛，安装在重介主厂房二楼，分离现有系统中高频筛物料，脱泥、降灰。

二、技术内容

新安装高频筛接三锥角水介旋流器溢流，筛上物粗精煤泥回收后进 701 精煤输送带，落精煤大棚，筛下物去浮选。改造后工艺流程如图 1 所示。

筛上物粗精煤经化验灰分指标完全在 9.5% 以下，用 +80 目标准筛进一步脱泥后灰分 7.15%，灰分很接近，说明脱泥效果很好，性能指标稳定，且筛上物料层在 50 mm 左右，分布均匀，透水性好，可直接进入最终精煤产品，完全适应市场客户需求。

粗精煤泥回收系统改造完成后，可提高精煤综合产率 0.5 个百分点，年增加精煤产量 4500 t，增加销售收入 346 万元，经济效益显著。

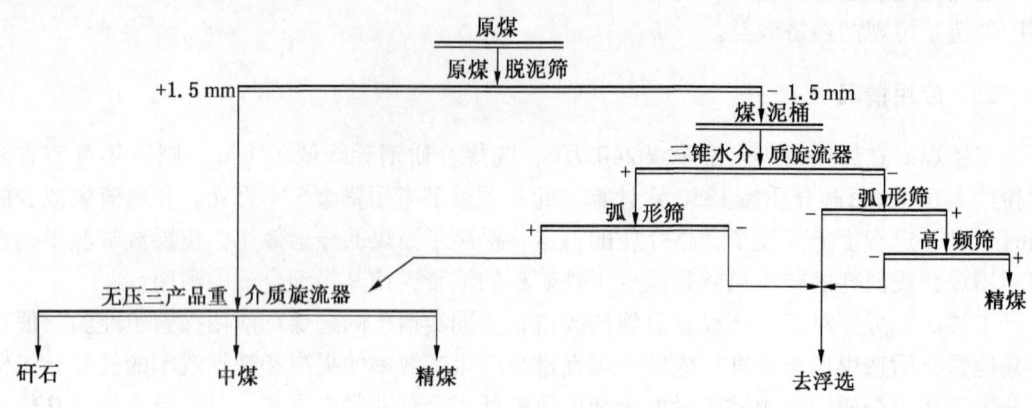

图1 改造后的工艺流程图

三、应用情况

（1）粗精煤泥回收系统改造，适用于粗煤泥的预先脱除与分选后的后续处理，有助于稳定产品质量，提高精煤产量。

（2）工艺简单，易于实现技术改造，且技术改造过程中不影响正常生产。

（3）粗精煤泥回收系统技术改造项目实施后，选煤工艺更加完善，选煤效率会有所提高。

附件1 全国煤矿优秀"五小"成果目录(二等奖)

序号	专业	成果名称	成　果　内　容	推荐单位
1	井工开采	主回撤通道切顶卸压新工艺	目前,神东矿区综采回撤通道支护均采用双排垛架支护顶板,新工艺设计采用以"切顶卸压+恒阻大变形锚索支护"为主体的设计方案,通过预裂爆破,能够减弱周期来压强度,增大周期来压步距,同时预裂爆破能够很好地保护巷道顶板完整性,利用恒阻大变形锚索补强加固顶板,控制顶板下沉,使回撤巷道围岩能够最大限度地发挥自身承载作用,进而减弱液压支架回撤期间巷道的变形,降低支护强度,减少垛式液压支架的使用数量,能够保证支架快速安全回撤。 该工艺主要施工步骤如下:①恒阻锚索补强支护:在回撤通道正帮侧采取恒阻锚索补强支护;②切顶爆破孔施工:恒阻锚索施工结束并达到质量要求后,在回撤巷道内进行切顶爆破孔钻孔施工;③切顶预裂爆破:在回撤通道进行预裂爆破,形成切顶卸压预裂切缝线;④回撤通道垛架支护:切顶爆破完毕后,进行垛架支护;⑤回撤通道及工作面矿压观测:在施工及回撤的全过程中,需对巷道所受矿压进行检测;⑥回撤垛架:待工作面回采至回撤通道,方可回撤液压支架 该工艺已成功应用于哈拉沟煤矿12201综采工作面:①回撤通道顶板下沉量较传统支护技术条件下,相对本煤层邻近盘区顶板下沉量有所减少,工作面距回撤通道4 m左右时,支架阻力减小,相对于传统技术平均减小了8%~10%;②采用切顶技术后,回撤通道较传统支护技术少安设了72台垛架,减少了垛架安装数量和费用,节约支护费用约80万元	神东煤炭集团哈拉沟煤矿
2	井工开采	Excel电子表格在采矿设计中的应用	在采矿设计过程中总会有很多重复烦琐的计算,用常规方法计算费时,还容易出错,用电脑编程计算是一个很好的方法,但是用C语言或Basic语言等进行编程难度比较高,没有计算机专业知识的人员很难使用,而Excel电子表格是一个很好的选择,用它可以使计算变得快速、准确,而且很容易上手 创新点:①运用Excel计算坐标值;②运用Excel计算标高;③运用Excel做U型棚交岔点设计;④运用Excel做斜巷交岔点设计(斜面线路二次回转)	中煤新集
3	井工开采	工作面伪斜开切眼设计创新	(1)隆德煤矿井田为不规则多边形,西翼采区边界的矿区资源尚未开发,无采空区、老窑水威胁。此区域2-2号煤层厚3.0~4.5 m,为厚煤层,地质构造简单,开采条件优越;为了提高采区采出率,回收边角煤,增加经济效益,西翼采区工作面(205、203、201、207、209、211等)开切眼设计采用斜切眼设计的技术条件可行 (2)采用综采开采边角煤,将开切眼布置为斜切眼。斜切眼布置后,计划通过调斜技术(旋转推采)保证工作面与顺槽垂直,因此必须设计合理的调斜方案,并采取相应的技术措施,以保证综采工作面顺利开采 (3)该技术已应用于隆德煤矿205、203工作面,初采调斜期间未出现安全事故,产生了较好的经济效益	华电煤业集团有限公司

（续）

序号	专业	成果名称	成果内容	推荐单位
4	井工开采	大能力、低能耗充填站布置新方式	针对膏体充填站制浆能力偏低，且供料、制浆过程中物料向上输送时能耗浪费严重的问题，提出了两套制浆系统集中布置同时作业，并设置地下设备池减少物料向上输送环节，进行了大能力、低能耗充填站布置新方式的研究和应用。实践表明，应用该设计的风积砂似膏体充填站制浆能力达到 400 m^3/h，提高了 100%；配制充填浆液油费、电费为 1.64 元/m^3，降低了 23%，产生了显著的经济效益 创新点：①两套制浆系统集中布置同时作业实现大制浆能力；②设置地下设备池减少物料向上输送环节，降低能耗	天地科技
5	井工开采	新型菱形联网器	传统联网每一片联网时间两人大约 15 min，特研制了一种机械联网器，省时、省力，减少了联网时间，提高了劳动效率 创新点：新型联网器有一个弯钩，长约 0.2 m，直径 0.15 m，带有套筒，类似摇把，携带方便	新汶矿业集团
6	井工开采	急倾斜煤层回采巷道锚棚支架	研制出适用于急倾斜煤层回采巷道支护的锚棚支架。当煤层倾角大于 45°时，巷道高帮高度达到 5.7 m，造成巷道高帮支护非常困难，巷道围岩应力发生较大变化时，顶板易出现离层、掉矸，高帮出现片帮、侧鼓，增加了巷道支护和维修成本，施工安全威胁较大。设计的锚棚支架由固锚锚杆、稳桩、顶梁连接板、支架顶梁、限位梁端、顶梁尾托板、拉杆、铁托板、支架腿、锁脚锚杆组成，综合主动支护（锚杆支护）与被动支护（金属防倒支架架料支护）优势，根据倾角变化范围对梁子长度进行计算后，统一为三种规格（1.9 m、2.2 m、2.4 m），增强了支架的回收复用，衍生的成果"一种用于急倾斜煤层回采巷道锚钢复合支架"获实用新型专利授权	四川省华蓥山煤业股份有限公司绿水洞煤矿
7	井工开采	回撤面三角区支护工艺改革	原综采工作面支架回撤时三角区使用 12 根单体柱配合 1 m Π 梁支护三角区，三角区的单体柱要靠人工支护和回撤，每班不但用工多，而且职工劳动强度大，回撤时职工操作安全系数低。在这种情况下，考虑三角区使用液压支架支护代替单体柱支护，即支架回撤时使用 3 架掩护架，掩护架使用回柱绞车牵引拉移，该技术不但减少了单体柱支护过程中用工人数及人工劳动强度，而且避免了人员进入三角区作业，大幅提高了安全系数，还有效节约了因单体支柱损耗而带来的材料成本 在 5-209 工作面支架回撤期间，使用液压支架代替单体柱支护三角区，节省了 3.5 m 配套单体柱 30 根，累计节约材料成本 6 万余元；每班节省 3 个工，总计节省 135 个工，每工 300 元，节约人力成本 4 万余元；每次搬家倒面合计节约成本 10 万余元	山西焦煤霍州煤电集团
8	井工开采	采煤机新型风水混合喷雾装置	在采煤机行星头外围安设由 2 根管路与 5 个特制喷嘴组成的半圈风水混合喷雾装置。其中 2 根管路一根通风、另一根通水，特制喷嘴加工成一个梯形块，在梯形块上加工两个孔，一个孔与风路连通，一个孔与水路连通，另将水孔一侧加工 3 个小孔，在梯形块另一侧切割一道水槽，将 3 个小孔与风孔在水槽内相通，喷雾水来后通过 3 个小孔进入水槽内，然后通过风将水由水槽内吹出形成雾状喷雾，降尘和吹散滚筒截割时产生的煤尘与瓦斯。另外，在采煤机摇臂上安设一组 3 个喷嘴的喷雾装置，将喷嘴角度分上、中、下布置对准滚筒齿座边缘，弥补行星头喷雾所喷不到的位置缺陷 特点：喷雾距离远，覆盖面广，风水混合喷雾化效果好，降尘明显，能够及时吹散滚筒截割时产生的瓦斯。采用特制喷嘴避免风灌进水路影响其他用水。风水喷雾节省用水量近 6.467 倍，用水量可减少到 0.15～0.2 m^3/min，即可减少用水量 49.2 m^3/h，每年每个工作面可节省 15 万 m^3 的水，约节省资金 50 万元	辽宁铁法能源有限责任公司

(续)

序号	专业	成果名称	成果内容	推荐单位
9	井工开采	煤层三维立体图的研制	主要通过全站仪实测矿井煤层底板三维坐标值,综合各种数据处理方法生成 Excel 三维坐标数据库文件,利用 Surfer 软件对三维坐标数据进行网格化处理后,在 Surfer 软件中生成基面图、数据点位图、分类数据图、等值线图、线框图、地形地貌图、趋势图、矢量图,以及三维表面图等图形。综合各种图件进行合并融合,形成巷道与地形之间相对应的三维立体综合性图形,为掌握巷道坡度变化区域及煤层区域性构造起到了至关重要的作用	山西晋城煤业集团
10	井工开采	长平矿掘进迎头卸压区瓦斯快速抽放技术	该技术主要针对松软、低透煤层透气性差、瓦斯抽放效果差的特点,利用巷道掘进对迎头前方煤体形成的应力三带(卸压变形带—集中应力带—原始应力带),针对卸压带煤体得到卸压,透气性增加的特点,采取迎头短孔预抽、横穿钻孔拦截等瓦斯治理模式,通过对掘进迎头卸压带瓦斯进行集中、快速抽放,最终起到降低工作面风排瓦斯量、降低工作面瓦斯治理难度的目的	山西晋城煤业集团
11	井工开采	精确测量动液面之回音标位置研究	根据现场取煤样,做煤样等温吸附试验,确定不同地区临界解吸压力,初步确定煤层气抽采需定位的动液面位置;针对回音标位置研究,在郑庄工区做对比试验,即在 ZH402 井和 ZH366 井不同深度分别下入两个回音标,进行相互验证;结合临界解吸压力,优化回音标位置。ZH402 井于 98.08 m 下入第一个回音标,于 550 m 下入第二个回音标。ZH366 井于 96.5 m 下入第一个回音标,于 550 m 下入第二个回音标。通过验证发现,以回音标 1 验证回音标 2,误差普遍较大,以回音标 2 验证回音标 1 误差相对较小。做各工区等温吸附试验,确定晋城地区临界解吸压力对应的液柱高度位于 100~300 m 深度,有根据地优化回音标位置	山西晋城煤业集团
12	露天开采	一种 Surpac 测量验收系统数据的标注方法及装置	目前存在测量点图形标注紊乱现象,不能调整标注数据空间密度等,属性数据区分能力差,拓展性不强 该技术可解决 Surpac 测量点图形属性数据可视化标注紊乱现象,根据需要自动调整标注数据空间密度,根据实际需要实现坡顶、坡底任意角度区分,根据实际需要自动选定坡顶、坡底标注密度数据,实现坡顶、坡底独立标注,设置排土场坡底标注逻辑选择。隐藏或显示排土场坡底标注数据,自动生成 CAD 可识别脚本数据,实现 Surpac 数据与 CAD 对接,实现任意点圆尺寸 CAD 展绘,实现任意尺寸 CAD 标注展绘	华能伊敏
13	露天开采	一种测绘数据脚本化编辑处理的方法及装置	CAD 2004 提供了脚本文件批量处理数据功能,但编辑功能较差,针对性处理数据较差,专业性要求较高 该技术实现了测绘数据脚本化编辑处理;实现了测绘数据及其他有关设计坐标数据与 CAD 数据交换问题;实现了多格式、任意尺寸数据标注;实现了测绘数据及其他有关设计顺序自动连线	华能伊敏
14	机电运输	简易带式输送机充填装置	先前的带式输送机卸载滚筒和传动、张紧部分往往紧连在一起,自重较大,迁移起来极为不便,只适合于固定地点使用。但是如果用带式输送机作为充填过程中的运输设备,首先要解决带式输送机卸载部分的迁移问题,因为随着充填工作的进行,设备要频繁后移。为此,职工发挥自身主观能动性和创造力,自行设计了一套可以安置在靠近带式输送机尾部的驱动和张紧装置。将卸载滚筒和驱动、张紧部分分离,同时用一节桥式输送带和卸载滚筒组成卸载部,这样就增加了卸载部分的灵活性,可以方便地随充填工作的进行实现实时迁移及改变充填角度。同时仍可以方便地实现输送带张紧和驱动,有效地避免了传统固定带的笨重和不便,经过不断实验改进,最终实现了矸石机械化充填	淄矿集团

（续）

序号	专业	成果名称	成果内容	推荐单位
15	机电运输	矿车碰头更换器的研制与应用	矿车碰头更换器的结构：采用8号槽钢1 m长分别截成0.45 m、0.35 m、0.2 m的长度，0.45 m长的槽钢作为主支撑柱，0.35 m的槽钢与其垂直焊接，位于距底部0.2 m的高度，将0.2 m长的槽钢在0.35 m槽钢中部与其垂直焊接即可支撑矿车碰头更换器 使用时，需要配合千斤顶使用，将矿车碰头更换器置于需要更换碰头的底部，将千斤顶倾斜放置在矿车碰头更换器上，千斤顶底部顶在矿车碰头上，顶部顶在更换器槽钢上部。操纵千斤顶闸阀，使千斤顶顶住矿车碰头，顶至一定程度后（碰头螺钉松弛），将矿车碰头螺钉取下，给千斤顶泄压后，矿车碰头及碰头弹簧自动卸下，换装新碰头时，重复以上操作及完成安装 创新点：①因矿车碰头弹簧弹力太大，人工更换费时、费力，又不安全，由以前的人工拆卸矿车碰头改为机械拆卸，提高了矿车碰头的拆换速度；②根据矿车碰头的结构及特点，结合实际情况，利用受力点的组合，研制出了矿车碰头更换器；③降低了职工的劳动强度，常规的更换方法至少需要2 h/个，而采用矿车碰头更换器后，10 min就能将损坏矿车碰头更换，更换效率提高了90%以上	淄矿集团
16	机电运输	地面原煤系统优化改造	2015年4月开始，巴彦高勒煤矿洗煤厂针对给煤机故障卡脖子现象，充分利用现有空间结构和条件，进行了优化工作解决制约矿井提升的瓶颈问题，经过研究分析，确定方案如下： （1）将给煤机驱动装置由后面移至侧面，不仅方便了驱动装置的检修及更换，而且为开设新溜槽口提供了条件 （2）制作101刮板输送机机槽箱及滑道，将机尾向后延伸800 mm （3）在主井口缓冲仓下给煤机后侧新开溜槽口并加装溜槽，直接连通刮板输送机，并在新开溜槽口处加装活动翻板，便于溜槽口打开和关闭，方便给煤机及溜槽切换 （4）给煤机电源为380 V，来自主井口配电室，因故障停电后，需要联系机电部门进行送电，仅送电一次就需要0.5 h以上，浪费了时间，耽误了生产。经研究将洗煤厂原煤系统1号驱动机房检修电源引至给煤机作为电源备用回路，减少了电气故障 通过优化改造，为主井提升提供了双通道，解决了给煤机故障影响矿井提升的瓶颈问题，为矿井增产创效消除了地面煤流系统障碍。利用直通溜槽给煤，减少了因系统故障影响生产现象，为矿井产能释放提供了条件。同时可停用给煤机，减少了备品备件投入和维修维护费用	淄矿集团
17	机电运输	零部件加工表面防护工艺研试及应用	长期以来，煤矿机械刮板输送机已加工完成的大型零部件的加工外露面在搬运、库存的过程中，经常出现表面锈蚀现象，造成已加工零部件表面质量差，影响下一工序的装配精度，严重的还会造成返修，增加了不必要的制造成本。同时加工外露面的严重锈蚀降低了公司的产品形象，所以防锈成为增强表面质量的一个关键工序 为了防止加工件锈蚀，主要采取涂防锈油的方式，可是涂防锈油的过程中会有不便于工艺检查、涂刷不均匀、防锈效果差的缺陷，许多零部件在库房中仍然有严重的锈蚀 所以，急需寻找一种更有效的防锈方式来提高产品表面质量，提高公司的产品质量，提高产品竞争力 该创新成果中，采取了一种新的防锈材料，即可剥离防护涂料 （1）刮板输送机结构件及传动件加工表面首次应用可剥离防护涂料进行防锈 （2）首次应用喷涂防护涂料工艺，替代了长期应用手工刷涂防锈油工艺，提高了防护效果及生产效率	中煤张家口煤矿机械有限责任公司

(续)

序号	专业	成果名称	成果内容	推荐单位
18	机电运输	液压片阀组装机的研制与应用	该液压片阀组装机涉及一种用于把金属零件简单组装的机械，特别是涉及一种用于液压片阀螺纹拧紧的组装机。其目的是为了提供一种结构简单、可实现自动控制、易于操作、能提高装配效率、降低劳动强度、实现批量连续组装的液压片阀组装机。该液压片阀组装机包括机架、行走电机、可调节式装夹部、滑轨、梯形丝杠、磁座钻、行程开关、变频器VF10、可编程控制器CPU226、霍尔传感元件、本安开关、断路器QF1、中间继电器、急停及纤维开关等 该液压片阀组装机结构简单，可实现自动控制，易于操作，能有效提高装配效率，降低工人劳动强度，实现不同规格的阀件批量连续组装	中煤新集
19	机电运输	锚杆拉直机	针对矿井巷道掘进、巷修作业过程中收回的大量因地应力作用挤压而变形的废旧锚杆，直接当废件处理实为浪费，现利用乳化泵提供动力，带动两端安装固定锚杆钳口的伸缩油缸，通过操作台液压工作阀控制平行油缸的伸缩，从而将弯曲锚杆拉直，达到修复的目的 (1) 利用双液压油缸同步井力将弯曲锚杆拉直 (2) 可调节钳口，可用于拉直不同规格、不同弯曲程度的废旧锚杆 (3) 结构紧凑，布局合理，稳定性强 (4) 采用液压式结构，操作灵活、简便、维护方便 (5) 拉直效果显著	中煤新集
20	机电运输	创新刮板修复工艺	目前，新集矿区在用的刮板输送机槽宽主要有800 mm、900 mm、1000 mm三种，老区主要用的是SGZ800/800(1050)型刮板输送机，新区主要用的是SGZ1000/2×1000和SGZ1000/3×1000型刮板输送机。老区一般工作面长度为150 m左右，所用刮板为300块左右；新区一般工作面长度为300 m左右，所用刮板为500块左右。因此，每年有大量刮板因磨损超标而报废。为找到最好的刮板修复工艺，通过多次尝试，最终确定此种创新修复工艺 此种修复工艺对待修复刮板长度方向的磨损程度没有特殊要求，只要中间不断裂均可修复，通过该工艺修复后的刮板，将以往的堆焊层直接与溜槽摩擦接触转变成借助硬度更好的圆链环摩擦接触，增加了修复刮板的使用周期。特别是对于磨损量大的刮板，将以往的一层层堆焊转变成镶圆链环，以降低焊接工作量，并且能有效控制焊接质量，成型更好	中煤新集
21	机电运输	变频式拆缸机的研制与应用	设备维修公司为了降低成本，更好地开拓外部市场，针对市场需求自行研制与之相配套的设备，使工人作业强度最小化，公司利益最大化 目前，公司承接重庆榆林矿2800支架维修项目，为了方便立柱拆解与装配，保证按时完成任务，设计制作了一台2800变频式拆缸机 该变频式拆缸机已投入重庆榆林矿2800支架立柱的维修工作，使用效果非常好	中煤新集
22	机电运输	钢丝绳涂油车	钢丝绳涂油车对矿井钢丝绳的日常维护工作起到快捷高效的作用，该实用新型设计通过实际现场验证，优化了人力资源，降低了劳动强度。该新型设计涂油效果优于人工作业，间接增加了提升绳的使用寿命，降低了生产成本，提升了绞车安全系数，解决了传统的涂油效果差、油脂浪费、污染环境、耗时费力等问题，经济效益显著，具有推广价值 创新点：①钢丝绳涂油车由底轮、油箱及涂油盘组成，制作成本低，取材容易；②传动装置拆装方便，利于维护；③以提升绳与钢丝绳涂油车滚动轮之间的摩擦力为动力，避免了接电、接风等方式，推至钢丝绳下即可使用；④在涂油车上加设滤油装置，回收多余润滑油，防止环境污染，绿色环保；⑤钢丝绳涂油车容易固定，传动装置灵活，使用可靠，避免了人员与钢丝绳的直接接触，安全系数高	中煤新集

(续)

序号	专业	成果名称	成果内容	推荐单位
23	机电运输	提升机闸盘自动清扫器	矿井提升机闸盘主要用于实现提升机抱闸制动，是制动系统的重要组成部分。但是由于闸皮磨损及环境原因，提升机闸盘上总是存在积尘，存在提升机制动时出现打滑、跑车的重大安全隐患。目前，清理矿井提升机闸盘都由当班司机在交接班时手动完成，用抹布擦拭，存在清理频率低、清理不及时和清理质量不高等情况，如果因为闸盘灰尘过多，导致提升机无法紧急制动，造成重大安全生产事故，后果不堪设想 从安全方面考虑，提升机闸盘上的积尘必须及时清理，保证闸盘的洁净度，提升机闸盘自动清扫器的研制实现了灰尘持续清理、统一收集，避免了人工作业环节，使提升制动系统的安全可靠性得到了切实保障 创新点：该项目创新点在于实现了24 h自动清理提升机闸盘积尘，避免了人工作业，提高了积尘清理效率和频率，避免了人工作业时出现的安全隐患及清理质量不高等问题 （1）该设计经过实际应用，实现了24 h自动清理闸盘积尘，运行稳定可靠，未发生过故障 （2）制作简单，成本低廉。该设计所用材料除吸尘器外，均手工制作，成本不超过200元 （3）降低了人员劳动强度，避免了人工清理质量问题。该设计投入使用后，只有毛刷存在磨损需要更换的情况，约半年更换一次。经过实际检测，自动清扫器的除尘效果优于人工作业，且可以避免人工除尘质量不高的情况 （4）降低了人员安全作业风险。人工清理闸盘时，需要不断地动车、停车调整闸盘位置，属于旋转部位，存在一定的作业风险。使用提升机闸盘自动清扫器则可以完全避免设备转动部分伤人的风险 （5）绿色环保。提升机闸盘自动清扫器设置有积尘收集装置，可以及时地将细微粉尘统一收集，避免了扬尘。每月检修时，抽出收集装置进行清理即可，避免了积尘扬起的情况	中煤新集
24	机电运输	矿用风机卧式闸门箱	矿井主要通风机卧式风门的结构方式主要有两种： 一是闸门箱式闸门。风机闸门开关均在闸门箱内，闸门上装有行走轮和导向轮，用风门绞车带钢丝绳拉动风门或在闸门上安装齿条，用电动机、减速器带动齿轮传动。此种闸门的缺陷是：①闸门行走轮在闸门箱下部轨道上，闸门箱内积水尘尘，检修空间狭小，行走轮锈蚀严重，无法检修。②风门绞车钢丝绳在风门内锈蚀严重，更换困难。③闸门内风筒上的密封胶带和钢带在运行中易脱落，损坏风机叶片。不带密封的输送带密封不严，漏风较严重。④闸门在闸门箱内，锈蚀严重，防腐检修困难。⑤闸门箱体积大，闸门打开时仍在闸门箱内，浪费钢材。同时容易产生振动和涡流。⑥传动装置出现故障，处理时间长。⑦无法更换锈蚀的闸门 二是百叶窗式闸门。此闸门的缺陷是：①内部百叶窗式，增大了风阻，不是理想的设计。②闸门检修困难，无法更换。③外部连杆传动机构维护困难 新型矿用风机卧式闸门的技术构思：①闸门采用悬吊式结构。整个闸门靠一对行走轮卡在闸门箱上方的工字钢上，并将闸门箱上开的方长口用皮带密封。②传动机构外置在闸门箱上部，采用链条传动、行走轮摩擦传动等多种方式。③侧面设计能开关的活页门。闸门可从闸门箱内移出，不影响风阻且便于检修、更换。④闸门箱密封部分与风筒相当，减少振动与涡流，节省材料。⑤闸门覆盖一层胶板，保证密封。⑥闸门行程开关采用磁接近开关，安装检修方便。该技术已获国家实用新型专利 创新点：①传动装置完全暴露在外部，方便检修和事故应急处理；②闸门与链条直接用开口销连接，闸门检修更换方便；③传动机构外置，闸门内受积水积尘影响小；④体积小，节省钢材；⑤闸门打开时无风阻，无影响风机运行的附件；⑥闸门表面覆盖胶板，关闭严密，不漏风	中煤新集

(续)

序号	专业	成果名称	成果内容	推荐单位
25	机电运输	多功能输送带切割机	为了节支降耗，修旧利废，将废旧输送带面切割成条代替钢带，在锚网索支护巷道相邻的锚网搭接部位压接使用。多功能输送带切割机利用废旧设备拆套重新设计组装而成，圆班可生产宽 0.3 m、长 1.2 m 输送带条 500 条以上，创新降本成果显著。将输送带卷盘吊装于输送带托架上，输送带头用美工刀或手持切割机按照设计输送带条的宽度人工割出若干条 0.5 m 长切口，在输送带运行路径上按照输送带条宽度安装若干把迎角刀片，实现输送带纵向切割；按照输送带条的长度，利用自制小圆锯机实现横向切割；再将切割好的输送带条叠加装入自制输送带钻孔模具，经过钻床钻孔完成输送带条加工作业。多功能输送带切割机由导向托辊、防跑偏装置、压带辊筒、刀片、输送架、驱动装置、电控系统等组成。将输送带切口依次沿导向托辊、小压带辊筒、刀片、大压带辊筒穿过，启动牵引装置，通过调节大压带辊筒轴承座梯形螺纹，使大压带辊筒、输送带、驱动辊筒互挤，产生摩擦力牵引输送带运行。采用调速减带器，可无级调速 创新点：①实现输送带自动进给、多刀同时自动切割；②防跑偏装置灵活固定在导向托辊上，满足了不同输送带宽度的切割；③驱动系统为无级调速装置，实现了切割调速；④自动切割、自动出料，省工、省力、高效、安全	中煤新集
26	机电运输	高空剪铁丝工具	井下局部通风采用正压阻燃风筒，由通风区风筒工负责所管辖区域内的风筒安装、维修和拆除，对现场破损的风筒要及时更换，按照质量标准化要求，结合现场环境，风筒吊挂必须做到逢环必挂，吊挂高度一般为 2 m 以上。常规方式拆除和更换风筒时，需要逐一剪除吊挂风筒的铁丝，然后逐节拆除风筒 安装、更换和拆除风筒时，工作效率低，存在安全隐患及人力浪费。这是由于必须攀爬人字梯进行登高作业，假如不用攀爬人字梯进行登高作业，就可以剪断风筒的吊挂铁丝，那么就可以解决以上问题，而专用器械价格较高，长臂钳又无法满足需要，于是采用工作中随处可见的各种材料，制作一个可以不用登高作业就可以剪除高空铁丝的工具就成了解决以上问题的主要思考方向 创新点：①该工具可以在操作人员不登高作业的情况下轻松剪断高空铁丝，避免产生登高作业的安全隐患，使风筒更换、拆除作业变得更安全、高效，节省了近1/3的人力；②制作便捷，可二次再加工	中煤新集
27	机电运输	改装行人吊桥	制作方式：由于输送带顺槽设备较多，使部分机电设备间的安全距离不足，人员行走需要跨越设备，因此在超前自移支架处采用改装行人吊桥，其原理是利用破碎机内部更换不用的废旧三角带钉固定在双层大板上，然后将大板搭设在设备之间，两头固定牢靠，两侧设好锚网护栏，方便人员行走，实现安全施工。目前在151306工作面输送带顺槽现场得到应用，取得了很好的安全效果 改造效果：①废旧三角带钉材料较好，耐磨损，防滑性能非常好，与大板固定牢靠后，人员来往行走较为安全；②大板上下面安装三角带钉后，能够有效防止大板下窜伤人；③可以回收二次使用，轻巧方便，直接抬运至另一个工作面即可使用	中煤新集
28	机电运输	新型锚网勾连扳手	实用新型锚网勾连扳手主要由插杆和快速扳手组合而成。插杆可以市场选用，也可以用废旧的组合钻杆加工，其形状为：一端为 U 形插口，另一端为与快速扳手配套的套筒；快速扳手可以市场选用 使用新型锚网勾连扳手时，通过插杆插口插在锚网的网筋上，以插口与锚网筋接触面为力的支撑点，快速旋转扳手，由插杆把力作用在锚网网筋上，通过旋转插杆把锚网网筋拧弯（可以旋转任意角度，一般为180°～360°），把拧弯的网筋勾在另一片锚网的网筋上 新型锚网勾连扳手的使用效果： (1) 能方便、快捷地勾连锚网，勾连效果好，网片之间不易炸网 (2) 循环之间锚网压茬不需要卸迎头螺栓，防止顶板二次松动 (3) 减少了连网铁丝使用量。根据刘庄煤矿近 3 个月的统计，每米巷道减少 10 号铁丝连网消耗	中煤新集

（续）

序号	专业	成果名称	成果内容	推荐单位
29	机电运输	转载机随机自动伸缩安全防护装置	该防护装置主要由连杆伸缩机构和防护网连接组成，无须人员操作，可随着工作面的推进和设备的移动自动伸缩，两端的连接固定机构为万向式，对于工作面设备因上窜下滑产生的错位可自动调整适应，并对前后部刮板输送机与转载机卸料槽搭接剩余的空间段进行隔离和安全防护，避免工作面下出口工作人员因误入转载机的破碎系统而造成重大人身伤亡事故。该防护装置现已普及使用于井工一矿各个采煤工作面，作为安全管理中的一项安全设施进行配置，对下出口人员的安全防护起到了积极作用，具有显著的经济效益和社会效益。该技术已获得国家实用新型专利 创新点：该防护装置无须人员操作，可随着工作面的推进和设备的交替移动自动伸展和收缩。防护链相互联结为网格状，悬垂吊挂，可跟随装置的伸缩变化自动对空间段进行全断面实时安全防护，可有效防止人员误入转载机的破碎系统	中煤平朔集团
30	机电运输	PH2800XPB电铲斗杆元宝梁缓冲装置研制	PH2800XPB电铲斗杆是电铲工作装置的主要组成部分，用于实现铲斗收缩与推出动作，实现所装货物装满和倾倒功能，实现电铲与卡车配合作业。元宝梁作为电铲斗杆的重要部件之一，其性能直接影响电铲斗杆的稳定运行，间接影响电铲工作性能的发挥，决定电铲的经济价值是否能够顺利实现 原装斗杆元宝梁没有缓冲装置，现场作业时，常发生斗杆元宝梁与大臂之间碰撞，导致元宝梁常出现裂纹和变形故障，使得停机时间增多和故障率增高，常导致大臂腹部出现裂纹。为了改变这种现状，故立此项目进而改进电铲的斗杆性能，提升电铲可用率，降低电铲故障率。在电铲斗杆元宝梁上加装合适的缓冲装置，保证元宝梁与大臂接触位置有聚氨酯材料的缓冲胶块，有效缓减元宝梁和大臂之间的碰撞力量，保证元宝梁和大臂机构完整，不会出现碰撞裂纹。当前PH2800XPB电铲元宝梁缓冲装置技术改进属于国内首创，国内其他型号的电铲也可以推广使用，国外同型号电铲上没有出现过，属于首次创新 改进后再没有发生元宝梁和大臂腹部开裂故障，极大地减少了相关备件和材料的投入及劳动力的投入，减少了故障停机时间。预计每年备件节约费用36万元，焊接钢板等材料投入节约费用10.2万元，减少劳动力投入节约费用15.1万元，共节约费用61.3万元。此外，故障停机时间减少，预计7台电铲可以多创造经济效益120万元/a，创造经济效益共计181.3万元 创新点：在元宝梁上加装缓冲装置，减少元宝梁与大臂之间的碰撞	中煤平朔集团
31	机电运输	锚喷巷道内可移动式起吊装置	该装置利用工作面液压泵站提供动力，通过双向锁阀控制单体油缸伸缩，通过钢丝绳导向轮吊钩完成起吊，为采掘工作面设备搬运、安装、拆卸提供了安全保障	郑煤集团
32	机电运输	液压支柱拆装装置	改进研制了液压支柱拆装装置。将液压支柱放在装置上，固定尾部，用销轴把活塞杆与移动框架连接，启动液压泵，操作换向阀手柄，可使活塞杆从缸筒中轻松地拉出、压入。该技术解决了维修液压支柱操作复杂、安全系数差、维修进度慢等问题	郑煤集团

(续)

序号	专业	成果名称	成果内容	推荐单位
33	机电运输	可更换双金属复合中板中部槽	新型中部槽是对目前中部槽结构性能研究，并结合再制造技术研制开发的一种可更换局部零部件、恢复槽体整体寿命的中部槽。中部槽中板为双层双金属复合结构耐磨损功能制件，中板总厚度 50 mm。中板下层是基础结构制件，它为 30 mm 厚的低碳低合金钢 16 Mn 材质，两侧与槽帮钢焊接在一起，起支撑连接的基础作用；中板上层是一种双金属复合层耐磨板材料，上层中板表面耐磨层是一种铁基耐磨合金材料 FB-01，其硬度达到大于或等于 HRC60，耐磨性能是目前常用进口中板（HRDOX450）的 3 倍以上。当中板磨损到一定程度需要维修时，将磨损后的上层中板去除，更换新的复合耐磨中板即可，从而实现中部槽的再制造。此创新结构既极大地增加了中部槽的使用寿命，又降低了生产维护成本 此中部槽于 2016 年 2 月 1 日至今在赵楼煤矿使用，目前过煤量已达 50 万 t，现场验核发现此新型中部槽中板的磨损量小于 0.5 mm，采用进口 HRDOX450 做中部槽中板的磨损量大于 1.5 mm。由此可见用双金属复合层耐磨板材较用进口 HRDOX450 做中部槽中板的耐磨性能提高了 3 倍以上 以兖矿集团有限公司目前综采工作面应用较多的 1 m 槽宽刮板输送机按铺设长度 260 m 计算，中板采用进口 HRDOX450 做中部槽投入 522 万元左右。生产新的中板用进口 HRDOX450 材料做中部槽，中板的生产成本为 1.6 万元/t，采用双层双金属复合结构中板，中板的生产成本为 0.8 万元/t（中板节省了 50%），中板的生产成本约占中部槽生产成本的 30%，故此新型中部槽可省生产成本 522×30%×50% = 78.3 万元，中部槽的使用寿命周期提高（按保守的 3 倍计算），一台刮板输送机全寿命周期总计节省生产成本 78.3×3 = 234.9 万元。除此之外，由于此新型中部槽在设计时融入了再制造技术，方便了中部槽的再制造，经计算中部槽磨损后再制造成本占中部槽成本的 35% 左右。进行再制造投入 522×35% = 182.7 万元，单台刮板输送机可省 522-182.7 = 339.3 万元。中部槽的使用寿命周期提高（按保守的 3 倍计算），一台刮板输送机全寿命周期总计节省采购费 339.3 万元×3 = 1017.9 万元。综合来看，兖矿集团有限公司目前综采工作面应用较多的 1 m 槽宽 260 m 长刮板输送机全寿命周期节省总费用 1017.9+234.9 = 1252.8 万元，经济效益显著，企业在降本增效中收到明显效果，具有很好的推广应用价值	兖矿集团
34	机电运输	电缆清洗装置	该装置是一种用于井下电缆清洗的装置，井下回收的电缆由于长期使用，电缆外皮积累灰尘和水碱，人工清洗费时耗力，效果不佳，该装置改变了这一现状。该装置只需将电缆一头从清洗机穿过，经导向轮，在转轮上压实；工作时，电动机启动，带动转轮旋转，电缆进行缠绕，电缆行进中经过洗刷池，在池内毛刷进行洗刷，除去电缆外表面灰尘，从而实现电缆外表面清洗干净和电缆盘绕整齐 经清洗的电缆既提高了电缆的绝缘性、使用寿命，又提高了井下质量标准化建设，同时节省了人工时间	兖矿集团

(续)

序号	专业	成果名称	成果内容	推荐单位
35	机电运输	架空乘人装置自动开停装置改造	研发背景： （1）五采三轨架空乘人装置全长1300多米，横跨两部上山，每班需安设司机3人，1305架空乘人装置每班需安设2名司机，且架空乘人装置每次都需从上车场开车，如果架空乘人装置正常运行，两部架空乘人装置每班共计安设5人，占用人员多 （2）由于五采三轨架空乘人装置跨度长，乘坐人员多，座椅循环慢，且存放处滑道较短，座椅存放数量少，时常不能满足人员乘坐需求，乘坐人员需等候来回上下运的空座椅，费时费力 创新内容： （1）在五采三轨架空乘人装置上车场、中部5303轨顺上人点、下车场3处分别增加一组双按，1305架空乘人装置上下车场硐室内各安设一组双按，用于控制架空乘人装置开停；更改控制程序设置，设定在架空乘人装置运行一周半后自行停车，并在上下车场人员放行器处各增加一组霍尔传感器，每新乘坐一人，架空乘人装置运行时间自动清零，重新计时。如果最后没有人员乘坐，则在运行1周半后自行停车 （2）针对五采三轨座椅数量少的问题，延伸了架空乘人装置上下车场座椅存放滑道，增加座椅存放量，上下车场架空乘人装置滑道各延伸2.6 m，一个车场可增加存放猴椅20件，一个车场就可以存放猴椅70件，人员不用等座椅，基本满足了人员乘坐需求 通过对两部架空乘人装置进行改造，两部装置均实现了自动开停功能，且无人化值守，现场使用效果非常理想，得到了领导及职工的一致好评。下一步准备对六采架空乘人装置进行技术改造，实现无人值守功能 此项改造实现了架空乘人装置自动开停功能，增加了上下车场架空乘人装置座椅存放数量，减少了架空乘人装置司机安设人数。安设司机人数每班可减少5人，1人1个工时平均为120元，按三班八小时工作制安设人员，每天共计节约15个人工工时，共计节约120×15＝1800元，全年可节约65.7万元	兖矿集团
36	机电运输	全螺纹树脂锚杆两用扳手	创新内容：用于左旋全螺纹树脂锚杆安装的两用扳手 立项背景：左旋全螺纹树脂锚杆，由于解决了局部拆帮顶造成锚杆失效的问题，近年来在煤矿井巷支护中得到广泛使用。但为了保证左旋全螺纹树脂锚杆的锚固效果，要求必须右旋搅拌树脂锚固剂，左旋锁紧锚杆螺母。目前左旋全螺纹树脂锚杆安装采用先用搅拌扳手右旋搅拌树脂锚固剂，再更换锁紧扳手左旋锁紧锚杆螺母的施工工艺，程序烦琐，频繁更换，在使用过程中容易混淆、效率低 使用方法：全螺纹树脂锚杆安装两用扳手包括搅拌套筒、螺母锁紧套筒、闭锁装置、六方扳杆。搅拌套筒间隙配合安装在螺母锁紧套筒内部，搅拌套筒长度小于螺母锁紧套筒长度，螺母锁紧套筒和六方扳杆通过焊接连接，搅拌套筒底部六方扳杆和闭锁装置内圈连接，螺母锁紧套筒和闭锁装置外圈连接，以实现右旋搅拌，锚杆和锁紧螺母同步旋转，左旋锁紧时，螺母旋转而锚杆不旋转，达到一个扳手代替两个扳手的目的。搅拌套筒、螺母锁紧套筒、六方扳杆均为45号碳素结构钢材质，闭锁装置为铬钒不锈钢材质 该技术实现了右旋搅拌树脂锚固剂和左旋锁紧锚杆托盘两种功能，每安装一根锚杆可减少用时1 min，同时可省略锚杆锁紧螺帽铜质保险销，每根锚杆可节约2元	兖矿集团

（续）

序号	专业	成果名称	成果内容	推荐单位
37	机电运输	无线遥控气动型调度单轨吊运输系统	围绕无线遥控气动型调度单轨吊运输系统的开发及应用展开相关研究，研制出 DQD5 气动型调度单轨吊车、起吊装置、FYS50 型矿用隔爆型遥控接收器、FYF50 型遥控发射机等，并形成了一套完整的使用工艺。该技术有效提高了煤矿在生产过程中短途物料运输的作业效率，降低了工人的劳动强度，为安全生产提供了有力保障 创新点：①无线遥控气动型调度单轨吊车的研制成功，首次实现了气动型调度单轨吊车的无效遥控操作，解决了采用线控手柄进行近距离操作的诸多不便，提高了使用的灵活性和作业的安全性；②采用纵向布置气缸的钳式加紧机构，使气动型调度单轨吊车宽度得到有效控制，增强了对狭窄作业空间的适应能力，方便在采掘工作面空间狭小、复杂地质条件下使用；③采用滑板式双螺杆加紧机构，在保证可靠性的同时，简化了气动型调度单轨吊车的加紧机构，降低了结构复杂性；④形成了适合我国煤矿生产条件的综采工作面两巷端头和综掘工作面迎头气动型调度单轨吊车的使用工艺，满足了矿井采掘工作面实现短距离物料运输机械化的实际要求	兖矿集团
38	机电运输	旧钢管内外壁除锈机	该设备可以解决大量矿井风水管路内外径表面锈蚀严重，而修复更新时人工除锈困难，以及效率低下的难题。该设备是一种自主研发的新颖、实用性较强的机械设备。该设备主要由电机输送带驱动系统、齿轮主传动系统、管路支撑结构、管路内外径除锈器、管路内外径除锈器行走驱动系统、电气控制系统，以及内外除锈器移动轨道 7 部分组成。利用该设备可以对矿井风水管路内外径表面同时进行自动除锈，达到修复更新管路的目的 创新点：①整机采用机械设计结构，紧凑、实用，性能可靠，功能齐全。②适用范围较广，可对矿井各种型号的风水管路进行除锈更新，实现大批量管路除锈。③内外除锈器，采用废旧钢丝绳摩擦除锈，取材方便。此设备分外壁除锈和内部除锈两部分，设备动作过程中，内外部分同时进行，极大地提高了工作效率	兖矿集团
39	机电运输	钢管自动焊接平台	钢管自动焊接平台采用二氧化碳保护焊接工艺，采用液压驱动，带动钢管旋转，可以实现由内外 4 个焊枪同时对钢管内外壁进行焊接，适用于直径 159～325 mm 的钢管焊接。焊接平台配套设计自动上料和下料装置，完成上料焊接下料整个过程自动化。钢管自动焊接平台整体上由 4 部分组成：①整体构架，采用 12 号矿工钢和钢板整体焊接制作，分为钢管托架、人员操作平台两大部分。②焊接系统，包括 4 台二氧化碳焊机及气瓶、焊接移动对正夹紧机构、钢管驱动系统、焊机接地装置、焊机控制系统。钢管驱动系统由液压泵站和驱动马达两部分组成，采用液压马达驱动两个摩擦橡胶轮带动钢管旋转。③自动上料系统，自动上料系统采用上下两层结构，设计了合理的坡度倾角，钢管从上层会自动滚动到下层。④钢管下料装置，采用液压驱动，由两套同步运动的液压驱动油缸将焊接好的钢管降到滚道上，自动滚出 创新点：①采用二氧化碳保护焊接工艺，实现了对钢管内外壁 4 个焊结面进行同时焊接，减少了人为焊接因素影响，焊缝饱满无缺陷，保证了极高的焊接质量。②采用液压驱动系统，实现了对钢管旋转的各种速度调节，满足了各种管路直径的焊接需求。驱动系统运转平稳可靠，操作便捷。③采用焊接接地和控制系统，接地采用双自动调节绝缘滚轮接地装置，与钢管紧密接触同步旋转，克服了钢管表面打弧的难题。在控制上实现了电控自动化集中控制，一人就可以对 4 台焊机和液压系统进行便捷操作。④全自动钢管上料和出料系统，解决了大型管路室外作业上料难题，依靠液压升降系统与钢管滚动找正装置的配合，可以实现不同管径钢管全自动上料、出料，缩短了上下料时间	兖矿集团

(续)

序号	专业	成果名称	成果内容	推荐单位
40	机电运输	一种新型全断面喷雾装置	在一个密闭柱状的容器上，焊制若干个喷雾头（一般为5~6个）及高压水入口和高压风入口。使用过程中将风水管路安装好后，先开启风管，再开启水管，调整水流大小，保证有效的喷雾效果。与原来的喷雾相比，新型喷雾的雾化效果更好，并且不受水流大小的限制，有效地防止了喷雾下方积水的情况	新汶矿业集团
41	机电运输	罐笼自动吊帘装置的研究与应用	目前使用的罐帘装置升级为自动升起、下放方式。在井口大小罐笼进出车侧各安装1台液压油缸和1套自动罐帘滑道、小跑车、滑块。当罐笼到位升起吊帘时，人员扳动按钮，液压油缸伸长，同时推动小跑车带动滑块运行，同时罐帘钢丝绳运行，从而实现吊帘升起。当需下放罐帘时，人员扳动按钮，液压油缸收缩，同时小跑车运行至跑道弯道位置与滑块脱开，钢丝绳受滑块重力作用，实现运行，此时罐帘将慢慢下落，安全高效	新汶矿业集团
42	机电运输	行人助行器自行设计加工安装	对-400 m辅助上山行人助行器全部设备设施的安全性和使用性进行了设计，并安排人员从地面废料堆内挑选废料，将行人助力器所需要的设备设施全部进行自制加工并安装，经过安装调试后现已投入正常运行。设计安装简单，可代替架空乘人装置，节省了设备费、材料费投入	新汶矿业集团
43	机电运输	漏斗防止堵仓改造应用	实现了由一人控制堵仓清理全过程，压缩了清理时间，提高了工作效率，减少了因煤仓漏斗堵仓引发的事故	新汶矿业集团
44	机电运输	缓冲床在采区带式输送机中的应用	针对现有采区相邻两部带式输送机搭接均存在较大高差，带式输送机机头卸煤后，输送带受煤矸冲击大，磨损较严重，且易出现撒煤现象，决定对机尾进行改造，加装缓冲床。缓冲床由槽型支架及缓冲托辊组成，缓冲托辊由优良的高弹性特种橡胶层制成，充分有效地吸收了煤矸下落时的冲击力，减小了下落时对输送带的冲击，真正改善了落物点的受力状况，改善了输送带撒煤情况。缓冲床的使用保证了输送带面与面的接触，受力均匀，有效地降低了对输送带及输送带接头的磨损，节约了材料成本，同时降低了维护成本，每年共计节约人工成本210800元	新汶矿业集团
45	机电运输	掘进工作面多功能点眼器	多功能点眼器除可以定位掘进工作面锚杆眼、炮眼角度、眼间排距等外，还可以夹持风钻钎进行打眼作业，具有多重功能，适用于井下掘进工作面锚杆眼、炮眼点眼及其他需要点眼打眼的施工作业。该成果荣获2015年国家实用新型专利	新汶矿业集团
46	机电运输	煤矸分离器	该方法使用于综掘及炮采工作面，采用后能有效地选出大块矸石并降低职工劳动力，避免了矸石影响煤质的情况，降低了运输环节上的不便，有效地提高了吨煤单价。同时将废旧材料加以重新利用，有效地降低了材料成本，为修旧利废工作的实施打下了基础 首先在六采运输上山反掘和61504上风巷使用此方法，首次使用获得了较好效果，受到了矿领导的好评，今后将在全矿井推广使用，真正响应公司提出的"节能提效"的号召	新汶矿业集团

(续)

序号	专业	成果名称	成果内容	推荐单位
47	机电运输	一种带式输送机超温洒水、转载点喷雾和减速箱冷却降温一体化装置	该装置适用于煤矿井下所有 DSJ100/63/2×125 型带式输送机及同类型设备，能够有效地降低岗位工的工作量，减少机电事故，节约材料费用。通过对降温水合理有序的使用，节省了井下防尘水资源，保证了各采掘工作面的水压正常使用，保证了矿井生产正常有序进行，实现了装置自动化和增盈创效，单减少的材料费用和机电事故影响，每年就可创造价值 50 万元，具有较好的推广前景	新汶矿业集团
48	机电运输	管道升降式挂钩装置	井下管道、电缆曾先后采用铁丝吊挂、金属挂钩吊挂，后经过市场调研，采购一批 GL-PVC 矿用塑料电缆挂钩，结构简单合理，使用灵活，可根据实际需要任意调整挂钩数量，但无法控制电缆吊挂高度和电缆之间的距离，且该挂钩无法利用巷道打设锚杆进行吊挂，必须敷设钢丝绳进行吊挂，无法吊挂管道。挂钩损坏后无法修复，影响了吊挂平整度，耗资较大。为了解决这一问题，研究一种维修简单，高度、间距可随意控制的电缆、管道吊挂装置，从而解决巷道内管道、电缆吊挂问题。该成果荣获国家实用新型专利	新汶矿业集团
49	机电运输	大倾角带式输送机逆止器装置	成果内容及创新点：将一截长度为 1.2 m 的废旧输送带直接铺附在滚筒底带式输送机，再经过离滚筒中心轴 2.3 m 处的两个直托辊夹缝处，两个直托辊分别将铺附在上面的输送带托起，输送带的另一截面直接固定在滚筒处第二个输送带架中间的横梁上。通过摩擦力的作用，使滚筒与输送带的逆转停止，起到刹车止退的作用，防止输送带倒滑料在机尾堆积	新汶矿业集团
50	机电运输	采区带式输送机系统转载装置	成果内容及创新点：在保证原有带式输送机支架基本不变的情况下，很好地解决了输送带过曲率半径较小的凹段所带来的所有问题，完全取代了输送带压轮。带式输送机中转机头不仅解决了输送带过曲率半径较小的凹段输送带悬空所带来的危险问题，增强了安全系数，也防止了输送带撕裂的可能性，并且实现了能源节约	新汶矿业集团
51	机电运输	JFZ 型风动注油机	成果内容及创新点：将废弃风煤钻稍加改造作为加油机的驱动装置，对风煤钻进行改造制作成了加油机驱动部分，并利用两段钢管以滤芯加工制造了粗滤及精滤装置。将加油机与滤油机结合，实现了井下滤油、加油一体化操作，减少了施工工序，减轻了工作量	新汶矿业集团
52	机电运输	单轨吊机车增加防撞装置	单轨吊梁尽头及各个道岔都安装了阻车器及阻车装置，虽然这些阻车装置都可以阻止机车掉道，但是这些装置都是被动机械装置，当这些机械装置起作用以后，会造成吊梁拧梁，也会给机车和司机带来很大的安全隐患。为了保证单轨吊机车安全运行，避免各类机车事故的发生，进行了此项革新，内容为：在机车前后两端分别安装了一个触发式行程开关，并与机车司机室急停串联。一旦机车的行程开关碰到吊梁的阻车器时，就会使急停开关动作，实现机车自动抱闸，使机车停止 创新点：实现了单轨吊机车的安全运行，在很大程度上提高了机车运行安全性能，保证了机车运行中人员及机车等设备的安全，而且该装置安装简单，灵敏可靠，维护方便	新汶矿业集团

（续）

序号	专业	成果名称	成果内容	推荐单位
53	机电运输	一种新型传感器半自动升降吊挂架	传感器半自动升降吊挂架呈梯形设计，上部梯形内焊接 ϕ50mm 左右滑轮，上部梯形外设与顶板锚杆或膨胀螺栓连接紧固板，下部延伸 200 mm 左右挡板以固定传感器，吊挂杆焊接螺帽用以吊挂传感器，使用 3 mm 钢丝绳通过滑轮与吊挂杆连接，实现吊挂平台以上传感器的自由升降；操作人员不用操作平台，站在巷道底板即可一人操作，安全性高，方便标校 创新点：自动调节，不用登高	新汶矿业集团
54	机电运输	新型带式输送机拐弯防跑偏装置	使用 10 号槽钢制作装置主体（可以放置托辊），再将防跑偏托辊焊接至合适位置，利用锚杆和螺帽固定主体与带式输送机 H 架，并焊制辅助固定装置将主体与 H 架固定牢靠，使用后效果较明显，能够较好地防止带式输送机侧翻、跑偏	新汶矿业集团
55	机电运输	一种新型风筒双向清刷器	风筒双向清刷器高 1.8 m，由双向清刷头和六分进水管组成；双向清刷头为圆弧形，内外两侧均安装清刷头，内侧清刷头主要清刷风筒顶部及两侧，外侧清刷头主要清刷风筒底部，实现了全方位清刷风筒，六分进水管下焊接高压接头，通过高压软管与防尘水管连接，上部安装高压喷雾喷洒清刷头，实现了擦洗一体化 创新点：风筒双向清刷器轻便易拿，施工人员站在人行道侧即可操作，不用操作平台，一人操作、安全性高	新汶矿业集团
56	机电运输	聚合机封水回收装置	该项目虽然可以实现机封水回收，但是考虑到异常情况时（如机封泄漏），可能会使 PVC 粉料进入生产系统，影响产品质量。因此提出改进意见：在机封水储槽前增加一个沉淀槽，使 PVC 粉料充分沉淀后溢流至储槽。沉淀槽要定期检查、清理 该技术可以在聚氯乙烯行业及其他类似生产工艺行业内推广，应用范围广，工艺简单，前景乐观。按 8000 h/a 运行时间计算，每年可节约纯水 48000 m^3，纯水按 12 元/m^3 计算，48000 $m^3 \times$ 12 元/m^3 =576000 元，即每年可节约 50 余万元，一方面为公司创造了可观的经济效益，另一方面实现了节能减排	新汶矿业集团
57	机电运输	掘进机可冲洗过滤器的研制与应用	（1）可冲洗过滤器长 320 mm，采用 ϕ108 mm 无缝镀锌钢管与高压抗圈（ϕ10 mm、ϕ19 mm、ϕ25 mm）、胶管接头座焊接而成 （2）可冲洗过滤器由 A、B 两部分组成，A、B 两部分使用 ϕ108 mm 高压快速接头连接。A 部分由 ϕ108 mm 高压抗圈、内外两个 ϕ19 mm 胶管接头座、内过滤网焊接组成，内接头座与直径 80 mm、长 250 mm 的过滤网连接，形成出水腔。B 部分由长 280 mm 的 ϕ108 mm 无缝镀锌钢管与高压抗圈、ϕ10 mm 和 ϕ25 mm 胶管接头座，以及盲板焊接组成，形成进水腔	新汶矿业集团
58	机电运输	径向平行纤维缓冲耐磨滚筒	输送机各类滚筒的共同缺陷是筒壁较薄，易于磨损。如果增加防护结构，可以有效避免此缺陷。为此，经过反复研究，在原来基础上设计增加了用传输带制成的耐磨缓冲层，将原滚筒（主要是报废的）筒体直径缩小，在筒体上穿叠若干层缓冲耐磨层。为保证各层间密实，在叠加时，实施 2 t 以上压力，并在两端设有限位挡板。由于缓冲耐磨层是用传输带制成的，其内部含有大量纤维组织，这些纤维组织在缓冲耐磨层中，呈平行径向分布，可充分发挥其特性，增强了缓冲耐磨性。经试验和使用，效果理想，大幅度延长了使用寿命，改善了输送机工作状况，节约了材料资金	新汶矿业集团

(续)

序号	专业	成果名称	成果内容	推荐单位
59	机电运输	全自动转盘车	驱动装置由单页片摆动马达 YMD-700-180（摆动角度为180°）、三位四通电磁阀（流量为2800 L/min、压力为31.5 MPa、电压为110 V）组成，主体结构为上平川、下平川、钢板、立轴、稳盘、距离柱等，滑动部分由70个钢球（ϕ38.1 mm）、滑动槽、轴承座、18316轴承组成，定位系统由定位销ϕ45 mm×130 mm、异形轴枕、主阻车器、副阻车器组成。在上平川上安设道轨，道轨宽、高与正常行驶道轨相同，上平川中心位置有一ϕ80 mm 孔，并配有键槽，上平川与下平川之间是滑动部分	新汶矿业集团
60	机电运输	带式输送机制动器	用2根工字钢当底座，上面铆上摩擦系数大的材料为下闸块，上闸块固定在钢板上，四角安有滑竿，滑竿上套有ϕ16 mm、长 300 mm 的高强度压簧。在工字钢底部两端安有2个油缸，连接到上闸块，在上闸块与下闸块之间安上行程开关或光电开关，用以检测制动闸开合情况。带式输送机开机前，启动液压站，液压油通过压力表流经单向阀到油缸，油缸工作顶起上闸块至最高点，上闸块与下闸块敞开到最大，闸块的行程开关（光电开关）检测到信号后可以确认开带式输送机，同时串接在油缸前端、单向阀之间的电磁阀（二位常开型）工作。当系统压力因泄漏或别的原因下降时，压力表导通，控制液压站启动，升至带式输送机闸工作压力后断开，液压站停止工作。当需要带式输送机停止时，延时后电磁阀断电，电磁阀阀体内部油路导通，油缸靠压簧作用强迫液压油经电磁阀流回油缸，调整压簧压力，使上闸块与下闸块之间靠压簧压力满足带式输送机制动，产生足够的摩擦力，达到带式输送机制动的要求	新汶矿业集团
61	机电运输	风动道岔改造	此次风动道岔改造是在原有道岔的基础上，在道岔的小弯基本轨一端35 cm 处截断，断口处焊接插销与另一端通过风动气缸自动分开，达到矿车直行时无极绳绞车钢丝绳通过开口不与弯轨摩擦的效果。拐弯时合并的弯轨将钢丝绳压入弯轨下开口处，确保绞车安全，顺利通过弯道 （1）减小了钢丝绳与道轨的摩擦，延长了使用寿命，节约了材料更换，减小了人员危险系数 （2）缩短了无极绳绞车过弯道的时间 （3）与人工压绳相比更安全、更可靠 （4）减少了矿车过弯道掉道的概率 （5）为今后的运输工作创造了很多有利因素，使运输工作更安全、更可靠	小常煤业
62	机电运输	旋转式喷幕装置	原洒水降尘是一管多嘴的水幕降尘（即在一根长度与巷道宽度相似的1寸钢管上设置5~7个喷嘴）。由于巷道掘进期间布置有风筒，给水幕安装和全断面雾化带来很多不便。经提议使用旋转喷雾化带代替原钢管水幕装置，经过多次试验改进及现场使用，证明有效。该设备安装简单，雾化覆盖面大，比原水幕降尘有更大的优势	小常煤业
63	机电运输	翻煤口装设可调节闸门	充分利用转杠原理，在翻煤口下部出煤口处添加可调节闸门，即从翻煤口附近至带式输送机运输巷顶部打一个孔，将转杠固定，转杠上部固定一个转柄，用于手动控制闸门开闭。转杠下端用活节和连杠连接，连杠底端加一个齿轮。在出煤口处添加一个弧形闸门，闸门用轴承固定牢靠，轴端加一个齿轮，与连杠齿轮相啮合，这样就能在翻煤口处通过操作转柄调节闸门开闭，从而控制出煤口煤量 （1）设计安全可靠，操作简单，实用价值高，维护方便 （2）通过观察输送带运煤量，调整闸门大小，省去了再次清理输送带两侧撒落煤的工序，节约了工时，减少了清理输送带两侧煤时带来的各种安全隐患 （3）输送带运煤量小的情况下，开大闸门，可提高输送带运煤效率 （4）翻煤结束后，关闭闸门，可减少从翻煤口到带式输送机运输的漏风量	小常煤业

（续）

序号	专业	成果名称	成果内容	推荐单位
64	机电运输	风镐钉道装置	巷道在钉道过程中，按常规需要使用大锤人工点打道钉，完成轨枕固定道轨工作，在点打环节如果操作不当容易造成人身伤害，危及周围作业人员安全 根据上述情况，对人工点打道钉环节进行改进，利用风镐进行小改造，可以避免常规作业中存在的安全隐患。改造后的风镐钉道装置结构简单，使用方便、安全、可靠，可省劳动力和提高安全生产效率 （1）由人工点打道钉作业改为机械化作业 （2）结构合理，使用方便，损坏率低 （3）加设喇叭状防护罩防止道钉飞出，保证了作业安全 （4）降低了劳动强度，提高了工作效率	小常煤业
65	机电运输	自制液压卧式轨道矫正机	目的：煤矿各类型号轨道弯曲变形矫正 方法：乳化液泵组作为动力源，油缸作为矫正构件，模具板作为固定变形轨道构件。流程为：启动乳化液泵—操作手动操纵阀—矫正油缸动作—矫正变形轨道 结果：减轻了员工的劳动强度，提高了工作效率，存放在井下的大量弯曲轨道经校正后可恢复原状，达到使用标准要求，可重新复用，大幅度减少了材料成本的二次投入，为煤矿节约大量资金 结论：适用于各类弯曲变形轨道矫正 该设备配套使用 BRW45/10 型乳化泵一台、SX-640 型清水箱一台，乳化泵安全阀整定压力为 22 MPa，工作压力为 31.5 MPa。油缸控制选用手动式操纵阀一组，管路使用 10 mm 高压胶管，液压系统为乳化液	同煤集团
66	机电运输	带式输送机机尾（滑道）隐形伸缩防护支撑连接装置	为了有效预防带式输送机机尾无连接支撑段给安全生产带来的不便，设计、研制了带式输送机机尾（滑道）隐形伸缩防护支撑连接装置。该装置的使用，有效地杜绝了撒煤、跑偏现象，同时也实现了对暴露段输送带的支撑防护，提高了作业人员的安全性 该装置合理利用滑道中板下两端的空间，采用 2.5 寸钢管（伸缩护套，在其管体上均匀布置 ϕ12 mm 通孔）、4×4 角铁（支撑点）焊接而成，配合纵向管在伸缩护套进行伸缩移动，从而实现该装置的隐形。通过对旧纵向管进行改造，在管体上均匀布置 ϕ12 mm 的通孔，以实现伸缩固定和方便托辊安装 该装置合理利用了滑道中板下两端的空间，易于制作、结构简单、成本低，且伸缩距离可根据现场实际进行调整，能够有效预防该段输送带撒煤、跑偏、拉循环煤现象，降低了把尾工的劳动强度，具有适用性较强、可靠性好等特点。该装置减少了日常纵向管损坏，为带式输送机及滑道标准化管理提供了帮助，促进了巷道标准化管理水平的提高	同煤集团
67	机电运输	创立700采煤机供水系统水分配器技术改造	马脊梁矿所使用的创立 700 采煤机主机水路包括 2 台截割部（电机及截割部内喷雾）、电控箱冷却水、内牵引电机冷却水，这些水路都是由一个煤机水分配器控制的，而水分配器长时间使用及井下水质不好均导致水分配器损坏。水分配器损坏直接造成煤机设备各个水路不能供水，设备温度升高，造成设备损坏，直接影响该矿生产	同煤集团
68	机电运输	采煤机摇臂外喷雾	根据摇臂尺寸加工喷雾架，在喷雾架内部安设 5 个喷嘴，第一个和最后一个喷嘴角度调整至 45°，中间喷嘴角度调整至 90°，开启喷雾后，喷雾雾化范围覆盖全滚筒 特点：①雾化效果良好，雾化范围较大；②喷雾架易于维护和检修，方便实用	神华国能（神东电力）集团

(续)

序号	专业	成果名称	成果内容	推荐单位
69	机电运输	自制拱形巷道全断面喷雾	先借助弯管器将1寸镀锌钢管按照巷道拱形弧度逐段进行弯弧处理，再配合三通等材料加工出适合拱形巷道的拱形全断面喷雾，此喷雾管体和普通喷雾一样全是1寸镀锌钢管，容易固定、容易调方向、容易维护，并且加工成本相比以前低	神华国能（神东电力）集团
70	机电运输	自移迈步式单体支护车	项目介绍：该单体车使用废旧阀组、工字钢及液压油缸，利用阀组集中控制液压油缸伸缩运动的特性，设计制造了集迈步移动、存储及支护单体于一体的自移迈步式单体支护车。该车尺寸为3000 mm×1700 mm×1300 mm（长×宽×高），重约2.3 t。其中迈步自移轨道长4000 mm；共使用液压油缸9根，其中4根本体400 mm、行程260 mm油缸起支腿和悬吊迈步自移轨道作用，2根本体1400 mm、行程930 mm油缸起承托单体托举横梁作用，1根本体1400 mm、行程930 mm油缸起迈步移动作用，2根本体1100 mm、行程800 mm油缸起调偏作用，单体车上方装配备用单体存放架及作业平台和爬梯，作业平台上固定0.5 t绞盘用于将待支护单体由回撤单体处拖拽运输至单体车处进行支护 工作原理：使用时先将单体托举横梁落下，迈步自移轨道收起，使车体落地稳定、平衡，使用作业平台上固定的绞盘将待支护单体由回撤单体处拖拽运输至单体车处，将待支护单体卡入单体托举横梁上的活动卡块中并卡固可靠，单体托举横梁升起使待支护单体离开地面后，操作阀组将4根支腿油缸落下，使单体车整体升起、迈步自移轨道落至地面，此时操作迈步油缸供液使单体车前移一个步距约900 mm后，使4根支腿油缸卸液，单体车落地、迈步自移轨道升起，此时可使迈步油缸卸液使迈步自移轨道前移，若前移过程中单体车出现偏离巷道中心线的情况可以使用调偏油缸进行调整。重复此迈步过程调整单体车至合适的支护位置后，将单体车落地，调整待支护单体至合适位置及角度后在单体底部安设柱靴，此时一人可通过爬梯进入单体车上方的作业平台，戴单体柱帽并操作支护单体至完成状态	神华国能（神东电力）集团
71	机电运输	安全阀压力标校手压泵	利用矿用锚索MS22-260/80型手动张拉机具改造，该张拉机具额定张拉力260 kN、额定压力80 MPa，符合安全阀压力要求，将张拉机具的锚索张拉器和随机两条管路拆卸不用，加工一个KJ10（公头）变DN10（母头）变头，直接插在张拉机具泵体上。将原箱体内的液压油放掉并清洗干净，加入乳化油和水并测试乳化液浓度为3%~5%后，将待标校安全阀插入快速接头内用U型卡子固定好，开始手动加压，观察压力表读数为38 MPa时安全阀开始卸压。此时正好是安全阀标称压力表明安全阀标校成功，卸压后拆卸安全阀，全过程只需5 min即可完成。变换不同插头可对任何安全阀进行压力标校	神华国能（神东电力）集团
72	机电运输	自主修复OHE进口安全阀	OHE进口安全阀应用于黄玉川煤矿一水平综采工作面ZY9000-23-45D液压支架的一、二级护帮板及侧护板油缸上，至今已近6年。在生产过程中安全阀损坏比较频繁，每班损坏2~3个，每月近70个，每个安全阀成本970元，每月更换安全阀所产生的材料费为67760元，损坏的安全阀送往维修中心无配件无法修复，为此拆卸安全阀进行研究、剖析内部工作原理，进而加工专用拆卸平台和压力标校手压泵、网购进口密封进行安全阀自主修复，修复后的安全阀每个成本约2元，修复后性能安全可靠，标校的压力值和出厂设定值一致，取得了良好效果	神华国能（神东电力）集团

(续)

序号	专业	成果名称	成果内容	推荐单位
73	机电运输	大罐笼提升机新增过卷保护	在过卷试验过程中，已出现多次危急情况：司机依次做完三道过卷保护试验后，本应将罐笼下放至正常停车位置，但由于提升机司机操作失误却继续将罐笼上提，幸亏有检修工及时提醒，也未造成任何不良后果。三道过卷保护为提升机最后的主动保护，第三道极限过卷后，若罐笼再继续上提至一定高度，罐笼将进入被动保护楔形罐道、防过卷缓冲装置，甚至撞到防撞梁，造成恶性事故。为了避免此类事故发生，提升设备的安全性，新增了第四道过卷保护	神华国能（神东电力）集团
74	机电运输	ZY9000-23-45D液压支架护帮板液管改进	ZY9000-23-45D液压支架护帮板采用DN10双管路供液到两根油缸上，由于护帮板设计缺陷和使用中频繁动作导致液管挤伤爆管严重，平均每班约消耗6根液管。支架厂家一直没有好的办法解决此问题，经过检修工改造后改用单管路供液，经使用效果良好，可节约50%的液管	神华国能（神东电力）集团
75	机电运输	乳化液泵站改造	拆除小流量泵站（乳化液泵及泵箱），选用大流量乳化液泵和泵箱，改造泵站供电系统和供液能力。 特点一：增强供液能力，提高检修工效 特点二：与矿用乳化液泵站同型，零部件通用便于检修维护，迎合精益化管理 特点三：有效提高供液系统安全性能	神华国能（神东电力）集团
76	机电运输	螺纹钢锚杆退锚工艺	工作面过空巷时，为避免采煤机截割两帮螺纹钢锚杆，发明了一项退锚工艺。该工艺由退锚机及相关操作人员组成。退锚机由一根内径38 mm的空心钻杆、三翼钻杆合金钻头和钻尾注水器3部分组成，尾部连接一部风动手持式锚杆钻机。退锚机为矿方自制，成本低，只需2人操作，不损伤锚杆。 创新点：利用空心钻杆套住锚杆打出空心孔，从而将锚固剂周围煤体分离，取出锚杆。一部退锚机平均5 min退一根锚杆，一个圆班平均可退70根。退出锚杆回收利用率为95%以上，经济效益明显	山西煤炭运销集团裕兴煤业有限公司
77	机电运输	钻机立柱紧固装置的研制	研制钻机立柱紧固装置，将钻机两根立柱卡住，并用正反扣丝杆连接两根立柱紧固装置，防止两根立柱受力时外撇而导致跑道脱销，造成意外事故。 创新点：立柱卡紧器采用废弃8寸风水管作为主体，将其从中间劈为两半，一个卡紧器外部焊接2个φ16 mm 螺帽，一个焊接2个大链环，中间用正反扣丝杆连接，在内部垫一层塑料垫，增加卡紧器与立柱的接触面积，便于受力及保护立柱表面免受磨损，正反扣丝杆可以调节两根立柱之间的紧固距离	山西潞安集团余吾煤业有限责任公司
78	机电运输	带式输送机无动力自动调偏装置的研制与应用	带式输送机无动力自动调偏装置由牵引调节装置、托辊调偏架装置和推移连接杆3个独立机构组成。当带式输送机在运行中出现跑偏时，前置牵引架的立辊顺输送带运行方向移动，通过连接杆带动调偏托辊架转动，由于力矩放大的作用，调偏托辊架装置调节灵敏度很高，纠偏效果明显。调偏装置结构简单、设计科学、造价低、日常维护很小。该装置主要适用于洗选厂固定式带式输送机输送带运行中跑偏的处置，能够适应多尘、潮湿、需要用水定期冲洗的复杂使用环境	山西晋城煤业集团

附件1　全国煤矿优秀"五小"成果目录（二等奖）

（续）

序号	专业	成果名称	成　果　内　容	推荐单位
79	机电运输	机车防追尾装置的技术研究与应用	机车防追尾装置采用无线数据传输方式，控制距离远，抗干扰能力强，适用于煤矿矿井电机车或人行车作为防追尾信号提示，以确保煤矿安全生产和人行车安全运行。将防追尾装置（控制主机、防追尾红尾灯、无线发射机）按照统一编号安装于电机车上 实施效果：安装后在很大程度上减少了因操作人员自身因素和机车因素带来的车辆追尾隐患	山西焦煤霍州煤电集团
80	机电运输	综合型转载机无线闭锁装置	应用综合型转载机无线闭锁装置后，可以自行实现闭锁，待人工处理后，再行开机，避免了设备受到严重磨损。在转载机运行过程中，人员如果不慎跌入转载机内，开关处没有人员及时打闭锁，跌落到转载机内的人员可以人为拨动闭锁杆来闭锁转载机，而且使用简单方便，可以很好地避免突发性人身伤亡事故，确保安全生产	山东能源集团
81	机电运输	调节式爆破远程压气喷雾装置	该喷雾装置无须增压设备的辅助，减少了费用支出和维护量，同时制作方便，设计巧妙，将供水和压风在喷头处充分混合，形成扩散式高压气雾对准尘点进行覆盖稀释，降尘率可达到90%以上	山东能源集团
82	机电运输	113101首采面刮板输送机机尾改造	113101工作面跟顶回采，底煤平均达0.8 m以上，采煤机无法将刮板输送机机尾底托板下方的煤割透，造成刮板输送机机尾无法落底，受刮板输送机最大垂直弯曲度的限制，势必造成在机尾丢三角煤。为响应公司号召，提高资源回收率，决定对刮板输送机进行改造，经过改造后能够将机尾三角煤顺利回采 实施效果：①解决了刮板输送机因垂直弯曲度过大，造成段刮板、链条、哑铃销事故的问题，节约了更换部件的维修成本，提高了煤机开机率；②预计多回采煤炭43980余吨，按市场价200元/t计算，将创造经济效益879.6万元	内蒙古银宏能源开发有限公司
83	机电运输	泊江海子矿113101首采面设备列车优化设计	首采面开关列车集牵引绞车、液压泵站、油脂供给站、清水喷雾泵站、在线过滤软化装置、工具备件站、控制中心、负荷中心、高压电缆及监控通信线回收站于一体，在满足综采工作面供电、供液、供水、供风、集中控制、数据上传等需求的同时，实现设备列车整体快速平移，解决了目前开关设备列车拉移难、安全威胁大、轨道铺设工序复杂、电缆控制线铺设回收复杂的问题。在创造安全效益的同时节约了人工、材料成本，仅电缆吊挂一项就节约起吊锚杆2603根，电缆挂钩160个，为综采工作面高产高效提供了有效保障	内蒙古银宏能源开发有限公司
84	机电运输	三叶罗茨鼓风机齿轮箱润滑油防乳化系统改造	通过外加打气泵，平衡鼓风机内部气压来防止齿轮箱润滑油的乳化	淮南矿业
85	机电运输	副井罐笼出车减速可调节阻尼装置	可调节阻尼装置主要由缓冲体（弹簧）、可调节丝杆、滑道、护轨和导轨等组成。导轨和护轨由160 mm槽钢加工而成；在护轨的前、中、后端分别与调节丝杆相连并固定在钢道两侧。在丝杆上套上弹簧和调节套用于调节弹簧的压缩力，改变护轨对轮毂轴向压力以适应各种矿车，同时在钢轨两侧与护轨间装设滑轨矿车能够沿滑轨复位，保证了护轨平衡，护轨两端分别制成引导角，防止车辆受阻造成爬轨。该装置既能有效地控制矿车的自溜速度，又不造成车辆掉道，通过调节弹簧压力，能够适应各种车辆，应用前景广泛 该装置结构简单，投入小，易制作，之前每年光碰头的维修费用为4万元左右，按每天少安排三名把钩工计算，每年可节约10万元左右；此成果还杜绝了人工掩造成的安全事故，适用范围广，可安装在翻车机出车端及斜巷坡度较大的地方	淮北矿业

(续)

序号	专业	成果名称	成 果 内 容	推荐单位
86	机电运输	一种防烧型注油嘴	（1）解决了高温烧坏油管的问题，切实达到降温作用，阻断凸缘中的超高温度传递给高压油管，保护高压油管不受伤害 （2）构件坚固，既能承受液压油的高压，又能承受高温 （3）连接牢固，工作时不出现漏油现象	华能伊敏
87	机电运输	矿用机械式挖掘机电缆爬犁的设计与悬挂	该技术通过在矿用机械式挖掘机尾部悬挂一个能在上面盘放电缆的爬犁，使挖掘机向前移动时电缆能够自动下放。退铲时用人工将多余的电缆盘在上面，以达到减少电缆磨损、延长电缆使用寿命和提高挖掘机作业效率的目的	华能伊敏
88	机电运输	一种液压式防止横向侧倾的带式输送机	提供了一种利用液压系统中活塞升降调节带式输送机机架的装置，可以及时准确地恢复并保证带式输送机平衡，从而保证物料运输稳定，提高经济效益	华能伊敏
89	机电运输	一种带式输送机下调偏装置	改进后的下调偏装置由固定支架和转动支架两部分组成，两部分之间通过中间回转轴承相连接，轴承选择圆锥滚子轴承，设计寿命不低于20000 h，并采用耐低温−50 ℃的低温脂。固定支架部分将防跑偏托辊固定于输送带架上，直接焊接安装在输送机架上。转动支架用来调整输送带跑偏，它由支架、支撑托辊、立辊组成。当输送带沿运行方向向左跑偏时，碰到左侧立辊，转动支架顺时针旋转，输送带向右运行碰到右侧立辊，转动支架逆时针转动，重复多次后转动支架不再转动，输送带稳定运行。托辊结构及尺寸，均应符合带式输送机国家设计标准规范要求	华能伊敏
90	机电运输	刮板输送机断链保护装置改造	因矿井实际生产中煤量较大，刮板输送机满负荷运行，为防止刮板输送机断链不能及时停机，煤矿运转队员工在刮板输送机上方设计加工刮板输送机断链保护装置。刮板输送机在正常运行时上刮板不间断碰触拨片，致使接近开关不间断地给PLC一个模拟信号，当发生断链情况，PLC接收不到模拟量信号时，刮板输送机停机	华电煤业集团有限公司
91	机电运输	单体柱硬连接	综采工作面超前支护单体液压支柱原使用高强度尼仑绳进行综合防倒。该防倒措施一般每架设5~6架超前，必须对所有单体重新绑扎一次，操作繁杂，且防倒绳捆绑高度要求严格且需登高操作。后经改进，用钢材材料自制"可调节自动扣环硬连接"，该防倒装置操作简单，使用安全方便，外形美观，且不用爬高	华电煤业集团有限公司
92	机电运输	机车转向盘的设计与制造	机车转向盘于2013年11月1日承载136 t数次试验成功，转向自如，安全可靠，现在已正式投产使用。此项成果，直接节约材料费120万元，节约线路维修资金80万元，同时节省了转向时间，提高了工作效率，降低了成本，保证了安全	阜矿集团
93	机电运输	钢丝绳防坠器在副立井安全门的应用	副立井安全门原来是由钢丝绳连接油缸，通过液压油缸伸缩来实现安全门起落。由于存在钢丝绳断绳和油缸卸荷等意外情况，可能导致安全门突然坠落，对人和设备造成伤害。钢丝绳防坠器应用于安全门，当安全门突然坠落时，其速度一旦超过1 m/s时，钢丝绳防坠器能在0.2 m内将安全门制动，提高了安全门的可靠性与安全性	鄂尔多斯市华兴能源

(续)

序号	专业	成果名称	成果内容	推荐单位
94	机电运输	带式输送机盘形制动器液压站加装水冷却装置	主运带式输送机系统的盘形制动器液压站安装时没有冷却系统，加上主运带式输送机长时间（一天22 h）运行，导致液压站油温太高，达到67 ℃，相关液压组件的密封圈及其他附件使用寿命急剧下降，多次出现问题，影响液压站运行，进而影响主运带式输送机运行。下段盘形制动器液压站由于油温太高已经多次出现密封圈撕裂，水冷却装置应用于液压站，使工作油温降到35 ℃，很好地解决了上述问题，避免了许多常见故障发生，提高了盘形制动器的可靠性，保证了主运带式输送机系统的稳定运行	鄂尔多斯市华兴能源
95	机电运输	可调式索道托压轮维修用的提绳装置	提供了一种索道托压轮维修用的可调式提绳装置，包括上侧拉杆装置、杆筒和下侧顶杆装置，上侧拉杆装置通过螺纹与杆筒上方螺母连接，下侧顶杆装置通过螺纹与杆筒下方螺母连接。操作时，把上侧拉杆装置的固定钩扣在索道托压轮座的横梁面上，下侧顶杆装置的抬板在扳手柄旋转力的作用下，沿杆筒导向槽移动，抬起索道钢丝绳，使维修更换托压轮筒单容易，安全可靠。该装置结构简单、安装方便、操作灵活	百色百矿集团
96	电气自动化	主井提升机信号控制方式改造	在提升机提煤过程中，出现保护动作或故障时需要信号工操作。在车房增加信号模式转换开关和打点按钮后，由车房主提升机司机操作。实现方法是在卸载站操作台增加"车房控制/卸载站控制"开关，在车房操作台增加"提煤/检修""信号手动/自动""两点""三点"开关或按钮，接线并接在卸载站PLC控制器输入模块相应的信号输入中。模式转换开关的公共电源由"车房控制/卸载站控制"开关切换，提升机运行的模式信号由车房控制	中煤新集
97	电气自动化	弯道报警传感器触发装置改造	弯道报警器是井下运输信号系统的一项重要组成部分，当列车通过弯道时，由机车及矿车车轮轮缘接近传感器，从而触发传感器导通电路，使信号箱发出声光报警信号，提醒行人注意前方来车。原来的弯道报警传感器使用自制的支架直接固定在轨道上，轮缘接近传感器来触发传感器，由于车轮轮缘大小不同，有的轮缘小而不能触发传感器，有的轮缘大容易使传感器被车轮轧坏，现在使用自制的传感器触发装置使车轮与传感器不直接接触，避免了车轮轧坏传感器，延长了弯道报警装置的使用寿命	中煤新集
98	电气自动化	粉煤灰浆液在线监控技术的研究与应用	粉煤灰浆液配比调节主要为控制粉煤灰进料量、进水量、悬浮剂量三者配比。通过控制进水量，调节螺旋输送机频率，控制粉煤灰进料量使配比达到最优状态，井下选取浆液样本，浆液中水量过大，不符合要求，控制水量则浆液供量过少，一旦停机则会导致管路堵塞。为了对浆液进行合理配比，必须对粉煤灰浆液在线监控，达到最优配比及配料 在原有控制系统及监控系统的基础上，加装兼容监测传感器配置，从而达到定量控制浆液配比浓度（包括定量给料、给水）实现控制悬浮剂配比；在悬浮剂进料口自主设计安设散放式进料装置，并设置可调节阀门，根据浆液配比要求、粉煤灰进料、系统给水情况进行手动调节，从而实现合理调整悬浮剂进量及进料速度，形成符合要求的浆液，杜绝了浆液过稀堵塞管路现象，以及浆液过稀防灭火不达标现象 该项技术的开发、设备的外延发明，使矿井粉煤灰灌浆系统合理应用，杜绝了粉煤灰、水的浪费，确保了浆液浓度配比符合最优要求，杜绝了管路堵塞、浆液过稀等现象，使系统达到最优化使用状态	淄矿集团
99	电气自动化	电机车车座闭锁装置	该装置主要利用车座弹簧机构、磁性接近开关、车座闭锁防爆箱与电控装置联锁，实现电机车和车座闭锁功能。该装置能够有效防止司机在驾驶室外违章操作机车，对司机正确驾驶机车具有一定的规范性，提高了机车安全性能	郑煤集团

(续)

序号	专业	成果名称	成果内容	推荐单位
100	电气自动化	通信信号实现限位停车及远程闭锁装置	之前已经使用过中心机电产业园梭车控制最新产品，虽已做到依靠声光信号实现闭锁开关和限位停车功能，但由于需要更换编程工业计算机控制成套装置，沿途需要专门敷设专用多芯线路，不但价格昂贵，而且维修复杂，不能与井下普通电铃兼容，因此在井下无法推广 通过在井下多次试验和改进，已经做到： （1）使用井下原有普通四芯信号线和加装 SPLC 编程继电器的普通电铃控制，不需要额外安装信号综合控制装置，极大地节约了成本 （2）实现了信号线长距离闭锁控制开关和机头机尾限位自动停车 （3）机头电铃发光管显示绞车闭锁状态可随时提示司机 创新点： （1）改进机头机尾电铃电路，加装直流继电器及设计 SPLC 编程实现控制开关内远方控制线 （2）梭车到达机头机尾限位时，发出停车信号，同时自动远控停止梭车运行 （3）中途把钩人员工作需要闭锁梭车时，按下打点信号 7 s 以上（长定点），SPLC 内部线路动作，实现开关远程闭锁，梭车无法启动 （4）工作完成后需要解除闭锁时，按下信号 7 s 以上，SPLC 输出翻转，开关解锁，梭车恢复正常准备启动状态 （5）相比原来的控制系统停车更迅速及时，车场停车定位更加准确，连车更容易 该装置实现了安全控制功能，解决了原来成套设备投入成本高，维修复杂，不能与井下其他电铃及线路兼容问题。在综掘一区和综掘二区都已经成功使用并取得了良好效果。现在该装置已经在兖矿集团机电设备生产厂家进行试生产	兖矿集团
101	电气自动化	无人值守控水系统技术	自主设计制作了自动打水装置。打水装置由可编程控制器、电动执行器、探头组成。在每个水池的进出水口安装电动闸阀，然后在水池内安装液位变送器和温度变送器，每个环节用 RS485 通信线连通，当水池内的水位、水温发生变化时，温度变送器和液位变送器通过模拟信号输入模块把水位高低和温度高低的模拟信号转变为数字信号，传送给 PLC 程序控制器进行数字分析控制，触摸屏上显示现场实际水位和温度，以及工业加压泵的运行情况。该系统实现了自动开关蒸汽阀门、自动控制水温、缺水自动补水、水满自动停止进水等功能，减少了 5 名配水工，使企业实现了减人提效	四川广旺集团公司
102	电气自动化	采煤机机头机尾电气限位闭锁装置	在机头机尾电缆槽上安装提前加工好的限位板，在煤机机身上安设行程开关，当煤机行走至机头或者机尾时，行程开关接触到限位板，行程开关动作，煤机组合开关断电，起到停煤机的作用	神华国能（神东电力）集团
103	电气自动化	带式输送机防过载监控系统	有效地预防带式输送机过负荷或因其他原因停机而导致带式输送机压死	神华国能（神东电力）集团
104	电气自动化	人车后门开关报警	预防人车后车门在开启的状态下行车	神华国能（神东电力）集团

（续）

序号	专业	成果名称	成果内容	推荐单位
105	电气自动化	自制霍尔原理互感器测试平台在实践中的应用	研制完成检测电流互感器是否正常的测试平台 创新点：测试平台在实际生产中能够准确地对霍尔型电流互感器进行检测，可快速判断井下电流互感器正常与否，极大地缩短了电气设备的检修维护时间，方便日常检修与维护	山西潞安集团余吾煤业有限责任公司
106	电气自动化	井下无极绳绞车深度指示器	无极绳绞车深度指示器安装在绞车房操控台上，整个装置由电源板、单片机控制板、显示屏、霍尔传感器、按键板等组成，其中单片机控制板为主要部件，主要功能由单片机程序完成。该装置使用交流127 V供电，交流127 V电源接入电源板上，经降压、整流、稳压后分别输出三路独立的直流电源，分别为DC24 V、DC12 V、DC5 V，其中DC24 V供霍尔传感器及其外围电路使用，DC12 V供继电器、喇叭等电路使用，DC5 V供单片机及其外围电路使用。霍尔传感器安装于无极绳绞车前方的钢丝绳压线轮夹板上，磁钢用丙烯酸胶黏剂粘贴于钢丝绳的压线轮上，磁钢须等分均匀地粘贴，确保霍尔传感器能够准确地检测到磁钢 创新点：通过在压线轮上安装10个或8个磁钢，霍尔传感器检测到磁钢后信号经隔离放大后传送到单片机控制板，单片机程序对霍尔传感器的脉冲数进行统计计算，准确计算出梭车具体位置，并通过液晶显示屏实时显示梭车具体位置。当计算出梭车位置超过梭车设置位置时，单片机输出信号启动报警电路并声光提示	山西汾西矿业
107	电气自动化	压风机风包超温保护装置	（1）以XSL8型温度巡检仪为核心，配套三线型Pt100型铂电阻传感器探测温度，实时循环显示各风包温度 （2）风包达到设定警戒值时发出声音报警，提醒值班人员检查；达到断电值时能够控制压风机开关柜断电	山西汾西矿业
108	电气自动化	高低压告警装置	高低压综合告警装置会根据电压互感器提供的电压，准确无误地判断出电压的报警类型，并通过通信接口传送到后台，提醒工作人员解决，实现智能化监控。该装置可以用继电保护测试仪对其过压或欠压值设定，输入定值后控制器会动作并报警	山西汾西矿业
109	电气自动化	主井绞车整流装置输出速度信号替代保护测速机速度信号	在电动机和减速机之间有一个小型发电机，它作为反馈后备过速保护之用。经过精心设计编码器安装支架，将两编码器都固定到同一个支架上，支架和小轴都是与电动机大轴配合连接固定的，所以可保证同心度，省去了测速发电机，装置速度更加稳定，可靠性高，提高了系统安全性能，安全效益显著	山东能源集团
110	电气自动化	副井一水平罐笼到位信号控制与运行管理	该成果能够实现一、二水平快速功能转换，降低了人员入井、升井时间，极大地提高了劳动生产效率，增加了经济利润；同时把东风井8点班提人时间改为检修时间，确保了东风井运料的安全性和可靠性，每年节约成本及创造经济价值约50万元	平煤神马集团
111	电气自动化	胜动12V190瓦斯发电机组控制系统改造	对控制系统进行完善，避免了机组因过负荷分闸引起的飞车超速现象	淮南矿业

（续）

序号	专业	成果名称	成果内容	推荐单位
112	电气自动化	受煤坑远程自动控制改造	远程集中控制提高了生产效率、生产安全性，改善了职工工作环境，降低了职工工作强度，实现了减员提效 通过对受煤坑设备运行规律及现有技术的研究和分析，受煤坑设备实现了远程集中控制，即在原煤准备控制室可以直观清晰地了解受煤坑工况，操作人员根据实际生产需要，通过人机界面实时了解叶轮给煤机位置及受煤坑各仓仓位，监视和控制带式输送机、叶轮给煤机等设备的运转情况。实现受煤坑岗位无人值守，成为设计制造该控制系统的指导思路 （1）设计并完成了无线视频监控系统的硬件连接及软件编程，实现了清晰直观地了解受煤坑工况及各仓仓存 （2）通过电磁感应及信号编码原理，实现了叶轮给煤机实时精确定位，检测精度达到5 mm，信号通过硬接线接入PLC，位置精确，抗干扰能力强，延时小，解决了受煤坑给煤机精确定位难的问题 （3）设计并完成了无线通信系统的硬件连接及软件编程，在受煤坑下实现了控制系统无线通信，通信距离可达1 km，信号传输稳定可靠，延时小，使系统变得简单，减少了维修量，解决了因空间狭窄而无法敷设电缆的难题 （4）设计并实施了上位机与下位机之间的信号转换系统硬件连接及软件编程，实现了原控制系统上位机组态软件与多控制系统兼容 （5）设计并开发了PLC程序及人机界面，实现了叶轮给煤机定区域往复卸料，同时具有强大的保护、故障预判功能（防碰撞、防掉道、防卡物等） 该技术改造完成后，立即投入使用，经实践证明，叶轮给煤机卸料的稳定性、连续性得到了很好保证，此项改造达到预期效果，得到了使用单位的一致好评，也带来了可观的社会效益和经济效益	淮北矿业
113	电气自动化	水源井远距离监控	4口水源井分别安装变频器，水泵采用变频器控制。通过串口服务器，将各水泵变频器连接到东部井工业环网上。集控室上位机通过Modbus通信协议与变频器进行数据交换，从而读取变频器运行参数，并可以对变频器进行控制，实现水源井水泵远程开停。水池水位传感器，采用RS485信号线连接至集控室内水位显示仪上，实时对水池水位进行监视 改进后，可以实现值班人员在集控室内对水源井水泵运行参数、水池水位进行监视，并可随时根据水位情况对水源井水泵进行控制，减少了值班人员的工作量，节约了人力资源。同时杜绝了水池水位过低、水池水溢出等现象，提高了生产效率，节约了水资源	淮北矿业
114	电气自动化	主运输巷输送带张力下降保护改造	利用模拟量转换模块，将张力传感器采集的4~20 mA电流模拟信号转换为200~1000 Hz频率信号，利用华宁保护7芯拉力电缆，通过数据通信总线将频率信号传送至机头主控制器处理，接入输送带保护主控制系统，并在操作面板上显示张力值。当张力值下降至设定值时，保护动作，实现张力下降保护。经现场试验，该方法准确可靠，可操作性强	华电煤业集团有限公司
115	电气自动化	水靴自动烘干机及其控制电路	该设备控制线路使用继电器逻辑控制，依靠反光型光电感应开关探测水靴，反射光被遮挡后光电开关动作，输出一个开关控制信号。接通主回路的控制回路，风幕机风机和电热丝工作，吹出热风用于烘干水靴。此外增加了如温控、指示、保护、急停等其他电气单元，使工作方式更加完善。该设备已获得实用新型专利，专利号2015204700436	华电煤业集团有限公司
116	电气自动化	空气压缩机无人值守自动化	成果内容：①空气压缩机采用无人值守自动化；②安装设备开停传感器和视频，与监控中心时时联网监控；③安装定时放水器，达到自动放水功能；④控制线路改造，可实现远距离操作 创新点：①人工值守改为无人值守，减少人员，降本增效；②结构简单，安装维护方便，使用寿命长；③有很好的经济效益，一年可节约人工费67200元	贵州盘江精煤股份

(续)

序号	专业	成果名称	成果内容	推荐单位
117	电气自动化	主斜井输送带集控优化及改造	在变频器室内增加温度控制装置，4 台变频器低压控制点增加一台 UPS，增加输送带自动调速功能，通过这些优化及改进，减少了输送带故障率，提高了运输效率，提高了经济效益，一年可节约电能 120450 kW·h，约 12 万元	鄂尔多斯市中北煤化工
118	矿山建设	亿欣煤业井底车场及硐室动态优化设计	（1）根据井下煤层赋存条件，通过动态优化设计，解决了沿煤层布置井底车场及硐室的难题 （2）与传统的一次设计相比，节约了工期，可以少掘岩巷、多掘煤巷，提高了资源回采率，实现了基建期间多出煤，缓解了资金短缺 （3）与传统的一次设计相比，解决了顶煤留不住、破煤顶、留煤底掘进等问题，改善了井底车场及硐室的支护效果 （4）与传统的一次设计相比，简化了施工，操作简单 （5）第二阶段根据实测资料，精确确定车场标高，因地制宜、因势利导，扬长避短，实现了井底车场及硐室的科学合理布置	山西晋城煤业集团
119	信息化	工作面扩音电话系统与地面连接改造	控制台无人时可以自动接听工作面扩音电话 通过将井下防爆电话与工作面扩音电话系统串联，在两者间加设转换器即可实现自动接听功能。改造后在控制台电话无人接听的情况下 15 s 后即可自动转接至工作面扩音电话	神华国能（神东电力）集团
120	信息化	矿级物资消耗管理系统的创新与应用	实现矿级消耗（二级仓库）信息化管理，能够实时监控、掌握二级单位物资的领用、消耗和库存情况，能够实时查询、检索和统计每一项、每一类、每个单位的物资领用、消耗和库存情况，规范了物资使用管理流程，堵塞了物资管理漏洞，为计划审核、材料考核提供了数据支持。该系统减少了纸张使用，实现了无纸化办公，并能减少人的劳动量，提高了工作效率	鄂尔多斯市中北煤化工
121	信息化	矿用绞车磁卡授权装置	磁卡授权装置主要由电源板、控制电路板、磁卡传感器、液晶屏等组成。该装置使用的磁卡为非接触式 IC 卡。该装置主要功能有：①磁卡识别。当绞车司机把磁卡放入插槽后，单片机通过磁卡传感器读取磁卡内的数据信息，通过与设定信息比较，确定该磁卡是否有效，若该卡有效将在显示屏上显示持卡人单位、姓名。②继电器输出。控制电路板上有两路继电器动合触点输出，当插入授权的磁卡后，继电器吸合动合触点闭合。由于自主开发，可根据实际情况来调整单片机程序从而改变两路继电器的输出方式。③管理。与该装置配套的是自主开发的上位机管理软件，可以方便有效地管理磁卡，增加或取消磁卡的授权状态。④显示功能。该装置装有液晶显示屏，可实时显示绞车授权状态和时间。当放入授权的磁卡后，单片机通过读取磁卡内的数据，显示磁卡人的姓名与单位。⑤记录功能。该装置具有操作记录功能，可记录操作人、操作时间、操作项等。同时该装置控制电路板上有 SD 卡插槽，可插入 SD 卡导出操作记录，便于出井查阅和保存 创新点：通过该装置可以减少井下工人在未经过专业培训私自操控绞车的行为，从而增强了安全管理，减少了因未授权而私自操作绞车所带来的安全事故	山西汾西矿业

(续)

序号	专业	成果名称	成果内容	推荐单位
122	信息化	人力资源综合查询平台	基于 Excel 电子表格程序，使用 Visual Basic 程序开发语言，使用 SQL 语言连接 access 加密数据库，并联入公司局域网，每月定期导入查询机数据库人员工资信息情况，自动更新相关信息。主机使用触摸一体机，需要输入时激活触摸键盘，系统自动判断运行机器是否触摸查询一体机，能够跨平台使用 平台包括人员基本信息查询、总收入查询、劳动保护用品、IC 卡自助管理等模块，员工通过刷卡（餐卡）或输入账号、密码操作，实现各月的考勤明细查询、工资薪酬明细查询，各级管理人员包括领导通过事先分配的用户名和密码登录，对自己所管理权限内的部门人员进行工资薪酬明细查询，系统管理员权限可进行数据维护；设置账号查询功能，输入姓名后可查询本人账号，方便职工查询，更加人性化；员工如对自己的工资有疑问，或对工资分配有建议或意见，可通过意见信箱进行留言，管理人员通过后台查看，根据意见内容进行核查办理	新汶矿业集团
123	通风与瓦斯煤尘防治	副井主电机通风机变频改造	利用变频调节技术对通风机进行改造，提高了自动化程度，保持通风机高效、经济运行，达到节能的目的，提高了系统稳定性	中煤新集
124	通风与瓦斯煤尘防治	综掘工作面控尘装置及控尘方法	煤矿粉尘因其自身的理化特性，在具有爆炸危险性的同时，还可降低精密设备使用寿命、降低现场可见度，以及导致长期接尘人员患职业病。经检测掘进机司机处粉尘浓度高达 100~1000 mg/m^3，呼吸性粉尘浓度高达 10~100 mg/m^3，超过了允许浓度。因此，研究掘进工作面粉尘控制技术，降低掘进工作面粉尘浓度，对于防止煤尘事故、改善作业环境、预防职业病等具有重要的实际意义 综掘工作面控尘装置包括控尘帘卷轴及帘体，其特征是：控尘帘卷轴轴线偏离巷道中线靠近掘进机司机操作室一侧，控制涡流区粉尘向射流区司机位置扩散；控尘帘卷轴分为前后两部分，前部控尘帘卷轴安装在掘进机司机操作室前方，前部帘体为透明软质材料；后部控尘帘卷轴安装在掘进机司机操作室后方，后部帘体为软质材料。掘进割煤时放下控尘帘，降低司机处粉尘量，不割煤时将控尘帘收起，既不影响工人支护顶帮，又不影响掘进机前后移动 综掘工作面控尘方法：根据独头掘进工作面分流分布特征，将风筒布置在掘进机司机操作室一侧的巷道内，风筒出风口位于掘进机司机操作室后方，使司机位置在掘进时始终处于射流区扩张段内；巷道掘进前，将控尘帘顺巷道纵向安装在顶板锚网上，并将帘体拉出，将掘进机机身长度范围内的巷道沿纵向分隔成两部分 创新点：控尘帘将巷道沿纵向分成两部分，使司机处于射流扩张段；由于控尘帘负压场的作用，外面的新鲜空气经此处里流动，煤尘不会由此处向外扩散，因而能有效降低掘进机司机操作室处的粉尘量 应用效果：利用废旧风筒布及透明塑料制作控尘帘，结合控尘方法应用于煤巷掘进工作面，较改进前掘进机司机侧的煤尘浓度降低了 40%	中煤平朔集团

(续)

序号	专业	成果名称	成果内容	推荐单位
125	通风与瓦斯煤尘防治	风力扩展器式旋风水膜除尘风机的研究与应用	水射流除尘风机等老式机械式除尘风机存在处理风量小、除尘效果差等缺点,而湿式除尘风机普遍存在体积大、噪声大、附属设备多、笨重难移动等缺点,为适应现场需要,在结合老式机械式除尘风机和湿式除尘风机的基础上,与厂家合作,改造研发了风力扩展器式旋风水膜除尘风机。风力扩展器式旋风水膜除尘风机利用压风和高压防尘水作为动力,将组合式风力扩展器作为除尘风机的排风机,同时叠加高压水射流负压排风,使机械式除尘风机处理含尘风流的能力得到提高。改造后,除尘效率得到提高 创新点:①原理独特。适用组合式风力扩展器作为主排风机,可根据不同作业点的除尘要求进行叠加组合,由于其具有强大的气流扩展功能,不仅提高了处理含尘风流的风量,还降低了能耗,单位处理风量能耗降低了70%,节约了成本。②降尘效率高,适用范围广。使用旋风水膜除尘方式进行除尘脱水,工作阻力小、效率高,高速旋转的潮湿含尘气流围绕具有特殊结构、多种除尘机理的杯式脱尘罩反复旋转穿透,从而达到高效脱尘、脱水的目的。具有独特结构的杯式脱尘罩能捕捉的粉尘粒度范围很广,对粗粒粉尘和呼吸性粉尘都有很高的捕尘效率,总粉尘除尘效率高于96%。③结构简单,杯式脱尘脱水罩具有自清功能,能长期连续工作,清洗维护简单便捷,使用方便。④利用压风和高压防尘水做动力,无须用电,无噪声、无运动部件、无摩擦火花,方便、实用、安全。⑤体积小、重量轻,移挪方便,即插即用,对环境的温度、湿度及粉尘浓度无特殊要求	兖矿集团
126	通风与瓦斯煤尘防治	综掘机新型泡沫降尘装置	KPZ-0.2/0.5型矿用泡沫降尘装置由箱体及泡沫产生设备、泡沫分配器、泡沫喷头及支架组成,可有效治理矿山采掘工作面及掘进隧道等地点的粉尘	新汶矿业集团
127	通风与瓦斯煤尘防治	采煤机喷雾改制	为降低工作面煤尘量,在采煤机挡矸板最上部增加喷雾,一方面增加喷雾覆盖范围,另一方面更换喷头,增加喷头射程。通过增加喷雾和改制喷雾装置后减少了粉尘量,有效改善了工作面的工作环境 首先,该设备基于矿井防尘的总体要求,针对综采工作面最主要产尘源进行喷雾降尘,通过改制,喷雾效果良好,降尘明显,较原采煤机喷雾降尘量增加了近1倍,有效地解决了采煤机处粉尘问题,改善了员工工作环境,降低了职业病发病率;其次,质量标准化工作得到提升。煤尘减少了,巷道清洗工作量也明显减轻,且有效避免了煤尘堆积,避免了灾害发生,社会、经济效益显著	山西长治王庄煤业有限责任公司
128	通风与瓦斯煤尘防治	综放工作面裂隙带高位钻孔抽采参数设计及封孔工艺优化研究及应用	(1)基于采空区覆岩裂隙分布规律、覆岩裂隙瓦斯流动规律和高位钻孔抽采技术研究现状,从覆岩"竖三带"O形圈和U型通风条件下采动裂隙瓦斯流动规律出发,找出高位钻孔的合理布置区域,提出工作面后方50~80m范围内覆岩裂隙发育状况是高位钻孔层位设计的关键。针对石泉煤业3号煤层的特点,采用数值模拟方法模拟不同开采速度条件下覆岩裂隙发育规律,优化设计高位钻孔的抽采参数 (2)优化综放工作面高位钻孔封孔工艺,在裂隙带高位钻孔越过煤体在钻孔岩石段进行封孔,对钻孔煤层部分进行二次密实封孔,气密性显著提高 (3)通过现场应用,发现优化后的高位钻孔裂隙带抽采较以前的普通技术有了较大提升,单孔瓦斯抽采浓度达到60%以上,平均单孔瓦斯抽采纯量达到0.38 m^3/min,高位钻孔抽采浓度和抽采量均得到大幅提高,抽采效果显著,达到取消尾巷后采用U型通风治理瓦斯的目的	山西石泉煤业

（续）

序号	专业	成果名称	成果内容	推荐单位
129	通风与瓦斯煤尘防治	开掘工作面安设捕尘网	捕尘网和风流净化水幕配合使用,风流净化水幕喷到捕尘网上,会形成一层水膜,水膜不断破裂,又能不断形成,具有很好的捕尘效果。该捕尘网与风流净化水幕配合使用,效果很好,降低了粉尘浓度,将在开掘工作面全部安装	山西汾西矿业
130	通风与瓦斯煤尘防治	瓦斯抽采顺槽钻场钻孔气水分离、放水排碴一体化装置研制与应用	该装置在赵官煤矿的1703东、1702采煤工作面顺槽钻场内使用,用于瓦斯抽采顺槽钻场钻孔放水、排碴,一年来没有发生钻孔水、矸石碴堵塞抽采管路的问题,工作面瓦斯抽采率平均达到60%,抽采率提高了15%以上,有效地保证了工作面及矿井瓦斯抽采,实现了矿井瓦斯"零超限、零报警"	山东能源集团
131	通风与瓦斯煤尘防治	"一孔两用"技术应用	采煤工作面前20 m范围内受采动压力影响,煤体会产生大量裂隙,这一区段内的煤层顺层瓦斯抽采钻孔因密封效果差造成抽采浓度和抽采量小,为了不影响整体抽采,就需要提前拆除8~10个抽采钻孔。利用高压注水封孔器和注水加压泵,对拆除的钻孔进行往返式注水,达到瓦斯抽采和煤层注水双面效益	华电煤业集团有限公司
132	通风与瓦斯煤尘防治	山脚树矿泡沫灭尘及技术应用	创新点:①研究了泡沫捕尘机理,提出了采用泡沫降尘应用与采掘工作面粉尘治理;②研制了新型降尘泡沫发泡器;③提出了泡沫降尘新工艺并研制了新型泡沫喷头	贵州盘江精煤股份
133	防治水	顶板突水危险性"双图"评价技术	用等值线图代替传统的富水性和突水危险性分区图。首次提出了"富水性指数"和"突水危险性指数"的概念,并给定工作方法和计算公式。突水危险性指数可在一定程度上弥补"两带高度"经验公式适用性的不足。经实践验证,效果较好。该技术和方法易于被基层工程技术人员掌握,易于推广应用	中烟临矿上海庙矿业公司
134	防治水	井下出水水源判别模型研究	利用矿井水化学基础数据,建立水源判别模型,快速、准确地判别出水水源。该模型综合运用"QLT"法、PiPer三线图法及水质判别分析法进行出水水源判别,避免了单一判别分析方法的误差,提高了判断的准确性。111302工作面探放 F_{25} 断层2-3号孔出水水量20 m^3/h,累计出水量近2000 m^3,采用该判别模型准确判断出水水源为 F_{25} 断层下盘11-2号煤层底板砂岩裂隙水,为优化该工作面防治水方案及回采方式提供了科学依据	中煤新集
135	防治水	导水断层综合治理设计	该技术利用安全隔水层厚度与掘进巷道底板隔水层安全水压计算公式确定巷道周围的治理范围,通过合理布置注浆钻孔位置,利用深孔高压注浆与小导管注浆相结合的技术,在治理范围内巷道外形成隔水帷幕,使巷道能够承受巷道外围的水头压力,解决了煤矿巷道过断层治理长期依靠经验理论依据不足、巷道内作业淋水大、治理代价高而效果不理想等问题,该设计为带压开采矿井导水断层治理提供了规范化的治理设计	淮矿西部煤矿

(续)

序号	专业	成果名称	成果内容	推荐单位
136	选煤	浅槽分选机快速放料装置	(1) 有了这根管道后,能减少设备运转时间 20 min,单次 9 台设备停车降低能耗 290 kW·h,按 1 元/(kW·h)计算,全年节余电费约 10.44 万元 (2) 单次单台停车约多回收浅槽内精煤 2 t,2 台浅槽全年回收 1440 t,每吨精煤按 300 元计算,创造效益 43.2 万元 (3) 降低了上升流管道堵塞疏通的介质损耗,全年可节约介质粉 80 t,介质粉每吨按 726 元计算,创造效益 5.8 万元 一根管道的添加,不仅解决了选煤的难题,而且可以创造约 59.44 万元/a 的经济效益	华电煤业集团有限公司
137	选煤	雷达液位计的探索与应用	在实际使用过程中,滤液池液位指示稳定性差,滤液泵自控启停系统可靠性较差,易出现频繁启动或不自启。经过现场观察,对滤液泵控制原理电路认真分析,明确造成滤液泵自动运行可靠性差的原因,并对其进行修改调整。该设备稳定了液位指示准确性,实现了自动化,提高了系统运行稳定性,杜绝了因开停泵不及时造成的物料溢流污染厂房卫生,以及水泵空转损坏机械密封情况。同时降低了职工的劳动量,真正实现了减人提效的目标	新汶矿业集团
138	选煤	原煤脱泥筛筛前煤量调节板设计安装	在筛前下料溜槽安装分流挡板,由连接杆操作控制,左右设计 5 个调节挡位,可以根据实际生产情况调节 2 台旋流器的入料量,使入料均匀,可以调高分选量,避免因煤量不均匀导致的堵塞。改造后未发生精煤污染事故,减少精煤损失 3000 t,按照 500 元/t 计算,产生经济效益 150 万元	山西焦煤霍州煤电集团
139	综合利用	奥灰水纯化利用技术	将井下奥灰水纯化达标后代替自来水饮用	鄂尔多斯市华兴能源
140	综合利用	综采工作面综合水处理技术应用	采用井下在线自清洗精密水过滤器与 GNS-1 高能水处理器配合使用,经精密水过滤器过滤后再进行水质软化,提高了水处理效果,改善了井下用水现状,并且将井下水处理技术与地面水处理技术配合使用,形成了井下水再利用良性循环。预计一年可节约 35 余万元材料费、42 余万元水费	鄂尔多斯市中北煤化工

附件2　全国煤矿优秀"五小"成果目录（三等奖）

序号	专业	成果名称	成果内容	推荐单位
1	井工开采	哈拉沟煤矿地面输送混凝土硐室方案设计、应用	随着矿井系统的不断延伸，以往井下工程通过无轨胶轮车将混凝土运往井下各工作面，辅助运输距离增长、辅助运输费用增加。为降低辅助运输成本，降低辅助运输事故，在井田中心位置设计了输送混凝土孔，在井下施工输送混凝土硐室，将混凝土由地面直接通过输送混凝土孔送至井下，再在井下输送混凝土硐室装车后，运送至各施工地点 　　该技术改变了以往无轨胶轮车长距离运输问题，在地面直接利用钻孔向井下输送混凝土及碎石，再经井下硐室转载运送到各用料地点。通过地面向井下施工混凝土输送孔3个，单孔长度120 m（地表至井下22号煤层顶板），再在井下安装缓冲装置，将地面的料石无须任何消耗、费用运送至井下 　　通过地面直接向井下输送混凝土，减少了井下工程材料运输距离，相应地减少了井下车辆数量和运输次数，降低了辅助运输成本，每年可节省费用971万元	神东煤炭集团哈拉沟煤矿
2	井工开采	哈拉沟煤矿22528综采工作面调斜开采技术	哈拉沟煤矿22528综采工作面位于矿井边界，矿井边界与工作面巷道斜交。原计划设计开切眼与工作面平巷垂直，采用旺格维利采煤法对边角煤进行开采。但是，采出率较低，而且增加巷道掘进量，因此，计划采用综采开采边角煤，将开切眼布置为斜切眼，工作面调斜角度11.2°。布置斜切眼后，通过调斜技术保证工作面与平巷垂直 　　通过采取调斜技术，可多回收煤炭资源4.2万t，按每吨煤炭利润150元计算，可增加效益630万元；降低了巷道掘进率，减少了采空区煤炭自然发火的隐患	神东煤炭集团哈拉沟煤矿
3	井工开采	厚风积沙强富水区薄基岩下工作面井下疏水注浆加固技术及应用	哈拉沟煤矿22404、22405工作面过哈拉沟薄基岩富水区，含水层较厚（25~35 m），基岩较薄（23~50 m），松散层较薄（20~40 m），且松散层均为黄沙，在这种条件下采煤，易出现溃水、溃沙现象。为保证安全顺利地过沟回采，在22404、22405工作面设计疏水措施巷，再在措施巷内对薄基岩段施工井下疏水注浆加固工程 　　（1）在工作面穿过哈拉沟流域范围内，以2-2号煤层顶板基岩厚度小于30 m区域为边界，布设疏水降压孔，使钻孔终孔位置覆盖该区域 　　（2）沿腰巷在2-2号煤层顶板上施工疏水降压孔，通过顶板疏放水降低基岩上覆松散含水层水头高度，达到降低设计范围内含水层水头高度，减少回采时随冒落裂隙带涌水的目的 　　（3）使用疏水降压孔对哈拉沟流域的基岩厚度小于30 m范围内上覆松散层进行注浆固结 　　通过井下疏水注浆加固技术，22404、22405工作面可以多回收煤炭90万t，增加经济效益20700万元；减少搬家倒面次数2次，节约费用3018万元；增加矿务工程、注浆费用1802万元。合计增加效益21916万元	神东煤炭集团哈拉沟煤矿

附件2　全国煤矿优秀"五小"成果目录（三等奖）

（续）

序号	专业	成果名称	成果内容	推荐单位
4	井工开采	矿用固化泡沫防灭火密闭充填技术的研究与应用	现代化煤矿采煤工作面顺槽之间联络巷比较密集，需要大量发泡充填材料快速进行联巷封堵、裂隙充填等工作，以保障安全生产。而有机发泡材料用量大、成本高，且充填过程中发热量大、污染水体，不利于预防煤层自燃。开发的无机泡沫密闭充填材料及轻便的气动充填设备材料成本仅为有机发泡材料的2/3，且在充填过程中发热量小、不污染水体 矿用无机固化泡沫充填材料为无毒、无味、不燃的无机材料，发泡倍数达10倍以上，抗压强度不小于1.5 MPa，气密性小于 10^{-6} $m^3/(m^2 \cdot min^{-1})$；封顶效果好，不收缩、不坍塌。采用配套的气动充填设备进行充填，安装、搬运方便 对试验中出现的问题提出了改进方案，通过改进实现了设备高效、连续充填的目的，完全满足现代化高效矿井安全生产的要求	神东煤炭集团哈拉沟煤矿
5	井工开采	综放工作面本煤层抽采钻孔替代煤体注水钻孔"一孔两用"技术应用	利用邻近采煤工作面10 m内本煤层停抽后的预抽钻孔替代注水孔进行煤层注水，"一孔两用"技术应用达到煤层注水要求，从源头上控制了回采产尘量，且"一孔两用"技术节约大量成本，将提质增效工作落到了实处	山西石泉煤业
6	井工开采	注水消突降尘快速掘进新技术	（1）未采取注水消突措施前，钻孔自然释放及抽放，共需两个小班工时甚至更长，而采取注水消突措施后，一个小班即可完成消突工作，达到允许掘进指标，从而加快了巷道掘进速度 （2）采取注水湿润煤体可使煤的力学性质发生明显变化，煤的弹性和强度减小，紧张状态松弛，煤体承受的地应力相对缓和 （3）在距301输送机上山掘进工作面30 m位置进行了注水前后煤尘采样分析，注水前全尘浓度4.2 mg/m³，呼吸性粉尘浓度2.3 mg/m³；注水后全尘浓度3.2 mg/m³，呼吸性粉尘浓度1.8 mg/m³，降尘效果显著，有效改善了职工的作业环境	华电煤业集团有限公司
7	井工开采	巷道支护金属网连接新工艺	现场支护中，将原来施工支护网采用的搭接法改为串接法，将铁丝网边缘抽出1条铁丝，与另一张网边缘进行串接，通过此方法每搭接1张网节约200 mm铁丝网，实现了铁丝网零搭接，降低了支护成本，实现了降本降耗	山东能源集团
8	井工开采	采空区邻近巷道采前预抽孔封固一体化技术研究	利用高水材料进行封固一体化试验 创新点： （1）高水材料具有较好的流动性，可以最大限度地充填封堵段的煤体裂隙，提高瓦斯抽采浓度，同时可以加固钻孔周围煤岩体，防止钻孔后期塌孔、串孔 （2）带压封孔封堵裂隙范围较大，可有效减少钻孔漏气现象，提升钻孔抽采浓度 （3）封固一体化技术可以对采动影响区煤体预先加固，最大限度地充填破坏煤体裂隙，有利于工作面回采期间巷道围岩的稳定 （4）封固一体化技术在加固钻孔周围围岩的基础上进行带压封孔，可以保证注浆压力，避免裂隙贯通导致卸压，钻孔封孔区域封堵密实，使钻孔封孔区域的漏气现象减少，瓦斯抽采浓度大幅度提升	山西潞安集团余吾煤业有限责任公司

（续）

序号	专业	成果名称	成果内容	推荐单位
9	井工开采	顺层钻孔全程下筛管护孔技术在现场应用推广	下筛管试验钻孔与普通钻孔相比，单孔最大浓度基本一致，保持为88%左右，平均单孔浓度为普通钻孔的1.1倍 创新点：使用铰接式可开闭型钻头加大通孔钻杆钻进至设计孔深，下入带有悬挂装置的PVC管并将钻头"一字"铰接顶开，连接于PVC管前端上的悬挂装置翼片打开，并牢固地卡于孔壁上，退出钻杆，PVC管留在孔内	山西潞安集团余吾煤业有限责任公司
10	井工开采	超高巷道送线方法改良	在超高巷道送中线位置，从巷道两帮锚索牵引3组基本垂直于巷道两帮、近水平的粗铁丝，铰紧固定，3组铁丝前后间距保持3~5 m，高度基本一致，同时保证高度满足巷道的行人、行车要求。铁丝固定完毕后，以3组铁丝作为巷道顶板即可进行送线。将原送线方法中的"抬高底板"改为"降低顶板"，需3根铁丝即可	山西晋城煤业集团
11	井工开采	传感器定制化管理	根据规定，井下传感器吊挂在井下巷道内距离顶板不大于200 mm处，而且需定期调校、维护，由于井下传感器数量多，操作比较困难。为了彻底解决这一困难，对传感器进行了定制化管理，加工了传感器吊挂架，既解决了传感器吊挂标准的问题，又方便调校、维护	山西焦煤霍州煤电集团
12	井工开采	井下采煤工作面自动抽架技术应用	采煤工作面结束时，回撤支架作为最主要的一项工作，牵扯大量人力、物力，且现在采用的回撤工艺相对落后，抽架、支护、摆架、装架需分步完成，且牵引过程中需多次使用滑轮改变牵引方向，操作复杂且不安全因素较多；采用抽架平台后，可实现支架抽架、摆架、装架一次性完成，且将抽架平台与掩护架相连，固定、移动方便，可减少人力投入，提高回撤时的安全系数	山西焦煤霍州煤电集团
13	井工开采	急倾斜煤层开切眼扩孔系列钻头	研制配套的刮刀型和截齿型扩孔钻头用于形成急倾斜综采工作面开切眼下煤通道。刮刀型扩孔钻头通过螺纹与钻头、钻杆连接，前端钻头形成小直径钻孔后，后端锥型扩孔器逐级扩刷形成大直径钻孔；截齿型扩孔钻头前端外螺纹连接头与钻头或导向杆相连，后端内螺纹连接口与钻杆连接。扩孔钻头在导向杆和自身锥形结构导向作用下，按指定方向扩孔，可以避免扩孔发生偏移，提高成孔质量，双排不同切屑角的截齿实现点触式破岩，增大压强，提高扩孔钻头切屑能力，大幅度提高扩孔效率。系列钻头均获国家实用新型专利，其中"一种截齿扩孔钻头"专利获2015年四川省专利三等奖	四川省华蓥山煤业股份有限公司绿水洞煤矿
14	井工开采	旋转式综掘机探照灯	在日常掘进过程中，由于探照灯固定导致迎头有很大一部分依然无法看清，给掘进工作带来不便。通过多次研究试验，最终将综掘机探照灯固定于综掘机司机旁边，使用套杆进行加长，综掘机司机可以通过摆动套杆调节光线远近，从而改变司机在割煤掘进过程中的视野清晰度，保证了巷道成型	山西焦煤霍州煤电集团

（续）

序号	专业	成果名称	成果内容	推荐单位
15	井工开采	激光变坡指向仪	井下使用激光指向仪前，需用经纬仪或全站仪在巷道标设一组中线点，遇到巷道变坡时，特别是坡度较大时，需要提前放设出变坡点及相应的指向线。一般情况下一组线由3个点构成，点间距3～5 m，然后将激光指向仪向前移动，调整安装，由于点间距较小，降低了激光指向仪的准确性 岱河矿业经过精心研究，设计了一种激光变坡指向仪。该装置由结构架、平面镜、竖直度盘和两个环形水准器组成。环形水准器包括一个环形玻璃管，两个环形水准器沿竖直方向设置并固定在结构架内，互相垂直。该仪器利用平面镜对光的折射原理，通过改变激光的传播方向达到调整坡度的目的，利用平面镜与水平面的夹角改变激光的传播方向，并用竖直度盘控制夹角大小，从而控制激光光束与水平面的夹角，实现激光按设计坡度照射的目的 该装置安装简单容易，而且准确度高，提高了工程质量	淮北矿业
16	露天开采	一种紧跟电铲采掘的坡道置换方式	该研究提出的创新方法，节约了露天矿卡车运输距离，提高了露天生产效率，降低了生产成本	华能伊敏
17	露天开采	露天矿山边坡变形区的开采方法	以伊敏露天矿东南帮边坡变形区域控制开采已揭露煤炭资源为例，先建立端帮边坡变形区域地表及深孔位移监测网，根据监测数据，得出端帮边坡位移矢量图	华能伊敏
18	露天开采	露天矿的道路修建方法	常规道路物料为单一物质结构，不能满足承载压力时，改变道路单一土质物料结构，在物料中混入沙石，提升物料硬度，结合工程中混凝土经验，进行比例式掺合，最终调制成高强度物料并能够融合为一体，实现卡车运输过程中一体化道路承受更巨大的上部压力，使道路增大承受卡车重载通过的能力，提升了运输条件，成本低廉，结构简单，矿山效益提升显著	华能伊敏
19	机电运输	压风机断油保护的设计与安装	（1）技术创新背景：现役的6台压风机没有断油保护，一旦发生断油事故，将造成压风机严重超温，并且使压风机在恶劣的工况中运行，势必严重影响压风机的使用寿命，势必影响矿井压风供给，不仅不能保证矿井生产的正常进行而且超温极易引起火灾，是压风机运行的一个重大安全隐患 （2）技术创新实施过程：在压风机油压表软管的合适位置通过一个三通引出一路压力软管，并将此管与YTXB-150型电接点压力表连接（压力表型号规格根据正常油压决定），然后将其动合触点接入压风机馈电开关的瓦斯闭锁内，如果压力油出现断油或压力降低到电接点压力表整定范围以下，电接点压力表的动合触点闭合此信号传递到开关的瓦斯闭锁内，将导致开关掉闸停电	淄矿集团
20	机电运输	快速高效锚索钢绞线截取新设备	以前钢绞线在解捆、截取过程中，阻力、弹力较大，原每班截取钢绞线需要4～5人轮流拉拽方可截取800～900根锚索，生产效率低，无法满足生产需要，员工劳动强度大，且存在较大的安全隐患。"快速高效锚索钢绞线截取新设备"解决了这一难题，既有效保证了钢绞线截取的安全性又提高了生产效率，设备投用后所有工序只需要1人操作即可完成，每班截取量为1000～1200根，实现了生产安全、快速、高效。目前这套设备较先进，可截取不同规格型号的锚索，可以全面推广	中煤新集

（续）

序号	专业	成果名称	成果内容	推荐单位
21	机电运输	煤矿井下蓄电池箱起吊装置	在口孜东矿井下充电硐室巷道内起吊梁上面安装手拉葫芦，用手拉葫芦更换蓄电池箱，这种操作方式较为烦琐、安全性差、效率低，在操作过程中容易磕碰。设计人员对煤矿井下充电房蓄电池箱起吊方式进行了分析研究，设计制作了一套液压起吊装置，用于煤矿井下充电房电池箱的起吊更换。该电池箱的起吊装置操作方便、快捷，省时省力，减轻了职工的劳动强度，既保证了安全，也提高了工作效率，该设计已取得实用新型专利	中煤新集
22	机电运输	压板式堆煤开关	压板式堆煤开关结构简单，动作可靠，检修方便。在跑偏传感器外加焊一块钢板，把跑偏传感器控制线串接到堆煤开关保护中，当煤位上升到一定高度时，利用跑偏开关的摆杆，推动钢板动作，钢板压到摆杆上，摆杆动作，保护器发出信号，堆煤保护动作，带式输送机停止运行	中煤新集
23	机电运输	自制液压行走起吊架	该液压行走起吊架适用于井下安装硐室，替代风动/手拉葫芦，用于液压支架拆解、组装 该技术替代以往采用风动葫芦拆装支架的传统方法，是一种更便捷、更高效的新技术。同时，该起吊架自制成本较购买风动葫芦而言，优势明显	中煤新集
24	机电运输	平巷人车开天窗技术改造	在不改变平巷人车主体结构和确保安全的前提下，在人车两端上方车顶各开一个 750 mm×450 mm 的天窗，使天窗与车顶呈 35°，改造成本较低，小成本解决了实际运行中的大问题。改造后的 26 辆平巷人车已经全部推广运行，投入运行后降低了车内温度，增加了车内风流和亮度，解决了夏季职工井下乘坐平巷人车闷热、压抑的困扰，具有很高的推广价值	中煤新集
25	机电运输	单轨吊锚杆吊挂头拆卸工具	针对人员登高拆卸锚杆吊挂头安全威胁大、难操作等困难，设计加工了专用拆卸工具。此专用工具解决了锚杆吊挂头拆卸难度大的问题，做到了安全、高效拆除施工 （1）拆除锚杆吊挂头时，不需要人员站在人字梯上直接拆卸，安全系数高 （2）对于所受压力大、机车碾压变形的锚杆吊挂头拆除效率高	中煤新集
26	机电运输	自制带式输送机防滑装置	制作方式：将带式输送机上托辊用加工的"V形"H 钢带替换（下托辊保留），同时将 H 钢带用铁丝固定在带式输送机架上，然后纵向在 H 钢带上铺设大板（大板长 4~5 m），固定牢靠后，在大板上钉上废旧输送带面，通过输送带面之间的摩擦可以有效防止带式输送机断带自溜和放大滑 自制带式输送机防滑装置具有以下优点：①取料方便，施工需要材料区队均可自给自足，无须地面加工车间进行加工与设计，可以就地取材；②可以实现多次循环使用：工作面回采结束，只要将固定处的铁丝剪开就可以将防滑装置拆卸下来进行解体，直接应用于下一个巷道；③废旧料再利用：采用废旧料加工，不需要增加任何材料成本，同时又可以解决输送带面堆放及处理困难的问题，目前已经在 151306 工作面带式输送机运输巷现场应用，共设置 16 个，节约成本约 3000 元，取得了较显著的经济效益和安全效益	中煤新集

（续）

序号	专业	成果名称	成果内容	推荐单位
27	机电运输	溜煤眼防堵监测绳	制作方式：在小眼口上方安装固定一个滑轮装置，用一根细钢丝绳通过滑轮一端放置在小眼口内，另一端放置在带式输送机司机操作位置，带式输送机司机拉动绳子能够准确地判断小眼是否即将满眼。目前已经在151306工作面带式输送机运输巷溜煤眼得到应用 改造效果：①通过滑轮传动作用能够准确判断出溜煤眼出货情况，满眼时及时通知工作面停机，避免紧急停车，造成带式输送机放大滑；②节约溜煤眼看护人员时间，提高工作效率，不需要观察人员往返数次到小眼口观察；③提高了岗位工的安全性，通过人员合适的站位和操作，有效地避免了带式输送机上窜出矸石伤人	中煤新集
28	机电运输	眼位标记器	针对巷道顶板较高和高低起伏、单轨吊吊挂锚杆眼难以准确定位、标记眼位时耗工量较大等问题，设计加工了专用标记眼位工具——眼位标记器。眼位标记器解决了标记吊挂锚杆眼位容易出错的问题，做到了高效、快捷地标记眼位 优点： （1）准确定位，避免了打吊挂锚杆位置错误造成不必要的浪费，为单轨吊轨道安装节省了调整锚杆间距的时间 （2）标记眼位时只需要单人作业，省去了一人拿标尺另一人点眼的繁杂工序 使用方法： （1）首先确定单轨吊吊挂锚杆前一个眼位 （2）将眼位标记器的固定钩挂在前一个眼位处的锚网筋上 （3）在标记眼位的两个毛刷上涂上油漆 （4）手持眼位标记器的手柄将两个毛刷举至顶板上标记眼位（该眼位必须标记在事先画好的轨道线上） （5）依次类推向后标记眼位 制造材料：炮棍、铰链、毛刷	中煤新集
29	机电运输	综放工作面电缆单轨吊管线固定悬挂装置	该装置解决了综放工作面电缆及液压管路的固定方式和悬挂需求，使各类电缆、液管分层、分类布置，铺设有序、整齐美观、安全移动，满足了现代化综采工作面生产和设备列车拉移的需要。现已在平朔集团全面普及使用，效果显著，对液压管路和动力电缆达到了免维护的效果，每年节约人工及材料费用达60余万元，经济效益显著，推广应用前景广阔，并获得国家实用新型专利 （1）各类电缆及液压管路分类、分层、对称布置，排列整齐，减少占用空间，并可避免液压管路在输送高压液体时产生的高频率颤动对电缆所造成的影响 （2）整体结构设计紧凑，强度高，减小了悬挂装置的自身高度，避免了电缆和液压管路拖地现象，不会发生变形损坏，降低了使用成本 （3）各悬挂装置的间距由3 m增加到4 m，增大了电缆及液压管路的存储量，减少了设备列车拉移次数，降低了员工的劳动强度 （4）管线固定方式由原来的C形夹板改为特制U形卡兰进行固定，并且卡兰与管线的接触面辅以柔性橡胶垫保护管线，各种管线固定可靠，避免了在移动过程中产生窜动和扭曲，并可保持悬挂装置间距一致 （5）减少了日常维护人员的投入，达到免维护效果	中煤平朔集团

(续)

序号	专业	成果名称	成果内容	推荐单位
30	机电运输	带式输送机快速回撤方法及回撤用卷带机	改进前：综掘工作面掘进头搬家时，拆除输送带工艺主要依靠人工操作，顺序作业，抽出输送带穿条后，将输送带放置在巷道一侧，人工将输送带卷起然后装车运出，先回撤输送带面、后回撤输送带架等配件，该工艺存在劳动强度大、回撤时间长、工效低等缺陷 改进后：利用自制回撤用卷带机，配合新的回撤工艺，实现输送带与纵梁、H架、托辊等配套设备的平行作业；回撤方法包括选择分段断开点或对接点、断开输送带、卷带、回收输送带件 创新点：利用带式输送机自身驱动系统，研究科学的回撤步骤，实现输送带面及输送带件回收并行作业，加快输送带整体回收速度，达到优化带式输送机回撤工艺，实现优化劳动组织、降低劳动强度、提高工效的目的 应用情况：以2 km长巷道为例，改进前：先人工回撤输送带，需8人8个班64工；后回撤机头架、纵梁、托辊、H架、机尾等输送带件，需6个班48工，合计14个班112工。改进后：平行作业，回撤全部输送带组件需6个班48工，工数减少了64个，工效提高了57%，平均每回撤一个2 km长掘进工作面约节约人力成本4万元	中煤平朔集团
31	机电运输	空压机防呕油装置	在空压机实际运行过程中，发现变频器故障突然断电停机时，空压机油分离罐内的压力没有及时释放，造成压力往主机倒灌，连带专用冷却油从主机喷出，且呕油量达15 L，严重影响了空压机的安全运行，且造成空压机润滑油脂浪费。在进气蝶阀与主机之间加装止回阀，有效避免了空压机因突然断电后造成的专用冷却油向主机倒灌现象，提高了空压机的安全性，杜绝了润滑油脂浪费，减少了故障率，确保了空压机安全平稳运行	中煤平朔集团
32	机电运输	光干涉甲烷测定器"生命拯救器"	用压螺圈制成一个"生命拯救器"，里面堵住圈，外面连出一个用细钢筋制作的封闭圆圈。当装置组取不下时，将压螺圈拧掉，灯泡座取出，用"生命拯救器"与装置组座拧紧，可将外部圆圈内插入木棍，借助外力将装置组取出 解决的关键问题：借助外力将装置组座取出，换上完好的装置组 创新点：巧妙地运用了压螺圈制成"生命拯救器"	中煤华晋公司
33	机电运输	液压调向气动破碴装置	矸石矿车存在水泥厚车底和装运大碴块现象，翻矸笼无法彻底处理，需人工处理。使用该装置后只需一人操作液压控制阀即可对矿车内的厚车底和大碴块进行破碎清理，降低了工人劳动强度，加快了清理速度	郑煤集团
34	机电运输	刮板输送机轨座加工专用工装	利用X53K铣床加工刮板输送机左右轨座中的 φ53 mm孔和53 mm×72 mm长孔时，工艺改进前在上一道工序的基础上在侧面和底面定好位，按加工线用φ50 mm立铣刀铣工件φ53 mm孔和53 mm×72 mm长孔，达到图纸要求。但由于工件硬度高，并且孔深完全贯穿工件，用立铣刀加工时刀柄不够长，要把刀柄缠绕铜皮3周固定好再放到刀套内，才能达到加工高度，但是这样降低了刀的刚性，加工时吃刀量稍微加大就造成立铣刀严重磨损，磨刀一次只能加工3~5件，并且磨刀次数频繁，一支立铣刀的寿命只能加工轨座100件左右。工艺改进后，操作者自制镗杆和反偏刀头，焊上合金刀片，在加工中调整转数和进给量及刀头刃角度即可完成加工，镗刀调整好一次可加工6~7件。同样加工100件轨座，用立铣刀1支，用镗刀刀头2个，经计算，改进加工100件轨座可节省140元，节省电费120元，效率提高了14%	兖矿集团

(续)

序号	专业	成果名称	成果内容	推荐单位
35	机电运输	焊接机器人寻位块的应用	焊接机器人在生产使用过程中,可以应用寻点功能实现批量生产。焊丝碰触中板时要求中板表面无锈蚀等污物,否则就不能起弧,就不能得到位置偏移量,寻点功能便失效。寻位块表面无锈蚀,满足起弧要求;寻位块规则,方便计算偏移量;制作4块满足使用要求,正面寻完取下,再寻反面。寻位块的使用节省了焊接机器人的辅助时间,提高了焊接中部槽的效率	兖矿集团
36	机电运输	热浸锌防腐工艺在带式输送机机架、管路等钢制材料上的应用	井下带式输送机的使用环境一般较潮湿,带式输送架锈蚀较快,致使机架使用寿命较短(3~4年);以前使用的管路为UPVC涂塑管路,该管路使用寿命较短(一般为2年),且造成跑、冒、滴、漏后需停风、停水进行处理,影响生产 创新内容:热浸锌覆盖能力好,镀层致密,无有机物夹杂。锌抗大气腐蚀的机理有机械保护及电化学保护,在大气腐蚀条件下锌层表面有 ZnO、$Zn(OH)_2$ 及碱式碳酸锌保护膜,在一定程度上减缓了锌的腐蚀,这层保护膜(也称白锈)受到破坏又会形成新的膜层。当锌层破坏严重,危及铁基体时,锌对基体产生电化学保护,锌的标准电位 -0.76 V,铁的标准电位 -0.44 V,锌与铁形成微电池时锌作为阳极被溶解,铁作为阴极被保护 (1)带式输送机机架:普通带式输送机机架寿命一般为3~4年,热浸锌机架一般为10年,热浸锌机架寿命为普通机架的3倍,价格多1/3。以往每年机架费用为260万元,应用热浸锌工艺后的费用为260×(4/3)÷3=115万元。每年节约费用145万元 (2)管路:以 $\phi108$ mm 为例($\phi159$ mm 用量较少),涂塑127元/m,寿命为两年,每年需投入新管路3000 m,费用为38.1万元/a;热浸锌124元/a,寿命约10年,今后预计需投入新管路600 m,费用为7.44万元,每年节约费用30余万元	兖矿集团
37	机电运输	乳化液自动配比及加水装置	矿井现用液压泵站乳化液自动配比装置成本高,且乳化液浓度不易控制,故障较多。为有效解决乳化液自动加水及加液的问题,研制出乳化液自动配比及加液装置,通过该装置可以实现乳化液自动配比,自动加液,防止泵箱吸空现象 创新点: (1)该装置通过泵箱水位控制阀和乳化油自吸装置,实现了自动开启/关闭给泵站液箱加水,使泵站液箱内乳化液保持一定量,从而实现了乳化液自动配比,自动加水 (2)乳化油自吸管上设有截止阀,通过调节螺钉或截止阀,可以调节乳化油流量大小,使乳化液配比浓度达到需要的浓度 (3)乳化油自吸管底端连接单向阀,可以有效防止水或水中杂质倒流入乳化油箱内 (4)泵箱水位控制阀设有环形永磁铁板,泵站液箱内液位降低,泵箱水位控制阀打开后,不会出现进水量过小,导致只进水,不吸乳化油的状况	兖矿集团
38	机电运输	单体支柱远程快速注液和卸载装置	小规模单体支柱远程快速注液和卸载装置,用于外注式单体液压支柱在掘进迎头、抢险救护、巷道维修等无乳化液泵站的地点快速注液升柱和回柱。动力源为静压水,利用矿井中的静压水头,经射流元件和混合器后实现水与乳化油自动配比(配比比例可调),并达到快速升柱和远程卸载的目的。再经过增压器二次增压后提高初撑力,满足现场需要 创新点: (1)自动配比。自动配比器的结构及尺寸设计,满足单体液压支柱用乳化液的要求 (2)二次增压。根据现场实际水压情况,确定技术参数,优化增压器设计,达到单体液压支柱初撑力的要求 (3)快速升柱。液压系统回路综合设计,提高了支设单体支柱速度,减少了增压器操作次数 (4)远程卸载。实现了远距离控制卸载,避免了崩柱伤人	兖矿集团

(续)

序号	专业	成果名称	成果内容	推荐单位
39	机电运输	中央泵房管路强效清洁器	中央泵房管路强效清洁器是一种专用工具，通过焊接、组装等方式，使清洁工作方便、快捷，用于清洁矿井一、二水平中央泵房主要排水管路的管壁。井下二水平中央泵房是井下排水的核心之一，由于管路长期使用，管路内部结垢严重，排水量受到严重影响，排水时间居高不下。加上矿井用电"避峰填谷"的要求，泵房管路清洁工作势在必行。据统计数据显示，清洁后，排水时间减少 2 h/d。按照电价 1.2 元/h，水泵运行功率按 160 kW/h 计算，每天节省 384 元，每年累计节省 140160 元 创新点： （1）专用清洁"触手"，根据现场勘查，查出管路内壁的基本情况，采用套丝工艺加工焊接，根据现场管路的实际情况，能够有效地祛除管内污垢 （2）可调型伸缩杆，根据清理管路的长度，随时可调 （3）迅速连接，操作简单方便，拆卸方便 （4）维护方便，能够实现快速整形和系统维护	兖矿集团
40	机电运输	双臂通道式卷带机的研制	针对目前使用的带式输送机卷带机结构不合理、容带能力有限、输送带装车不方便、难以满足实际使用需要等问题，发明了卷带机，包括支架、左臂架、右臂架、卷筒、驱动装置、驱动法兰和导向托辊。其中支架包括前支架和后支架，并且前支架和后支架之间设置有支架连接座。该支架连接座安装有左臂架和右臂架，左臂架和右臂架与支架连接座之间还设置有调高油缸，并且该左臂架和右臂架都由摇臂Ⅰ、摇臂Ⅱ和横撑组成，左臂架的摇臂Ⅰ和摇臂Ⅱ之间设置有左卷筒，右臂架的摇臂Ⅰ和摇臂Ⅱ之间设置有右卷筒。左卷筒和右卷筒一端安装有驱动装置，该驱动装置的输出轴上安装有驱动法兰，驱动装置驱动卷筒旋转，卷筒带动输送带旋转 主要特点：①可实现一次卷带 200 m，然后分成两卷 100 m 的功能要求。分成两卷 100 m 输送带，降低成卷后输送带高度，解决了大卷输送带运输带来的问题。②利用卷带机进行输送带回收，提高了工作效率和工作安全性，减少了人工数，降低了劳动强度，缩短了工作时间，实现了机、电、液一体化。③该设备结构简单，操作方便，占用空间小，适用于井下工作环境	兖矿集团
41	机电运输	矿用钢丝绳输送带液压全自动切割机	该设备由液压马达驱动部、前后滚筒推拉输送带移动机构、中间剪切挤压凹凸轴、中间排刀分切机构、横向剪切机构，以及机体结构、液压传动系统和电气控制系统组成。根据钢丝绳输送带的结构特点，采用凹凸轴对钢丝绳进行剪切挤压，摩擦带动输送带在移动过程中连续不断地纵向剪切。横向剪切根据液压剪板机的原理，利用左右液压缸驱动剪切机构，实现输送带横向切断。利用该设备可以轻松地对钢丝绳输送带进行横向和纵向切割，解决了钢丝绳输送带难以切割的难题，为废旧钢丝绳输送带的利用创造了条件 创新点：①该设备采用液压驱动系统，具有使用寿命长、可靠性好、操纵控制方便、过负荷保护好、调速范围宽、传递运动平稳、变速和换向无冲击等优点；②液压控制系统和电气控制系统的操作控制阀和电气控制按钮根据人机工程学原理全部集中在一个操作平台上，可同时控制各执行机构，实现集中控制，易于操作；③前后滚筒推拉输送带移动机构上滚筒、中间剪切挤压上凹凸轴、中间排刀分切机构下移，均采用液压缸驱动下移，操作方便，挤压、剪切可靠；④横向剪切机构采用液压驱动，横向剪切输送带断面齐整，解决了钢丝绳输送带横向剪切的难题	兖矿集团

(续)

序号	专业	成果名称	成果内容	推荐单位
42	机电运输	输送机防回煤装置的研制与应用	通过对底部输送带回煤进行检测，实现了对卸料点堵塞、输送带严重跑偏、输送带撕裂故障的综合保护，性能可靠。防回煤装置结构简单，测量、加工、安装要求低，仅需2名电工1h即可完成，且无须进行日常防腐保养等维护工作。成本低廉，一套防回煤装置仅需要购买1只方向限位开关、3m塑套钢丝绳、4只绳卡、适量两芯控制电缆和少量螺栓扎带，成本不到100元	兖矿集团
43	机电运输	可调式钢丝绳地托辊底座	牵引钢丝绳地托辊固定在地脚螺栓上，经长期磨损在地托辊上磨出沟槽，影响钢丝绳的正常运行，此时需更换该地托辊。但是地托辊其他部位虽有磨损，但是磨损较轻，可重复利用，因此设计改造出可调式钢丝绳地托辊底座，使每个地托辊至少还能增加3次重复使用的次数，利用率提高了3倍	兖矿集团
44	机电运输	工作面刮板输送机卡链器研究与应用	根据工作面延长、缩短时，断开溜槽后，工作面刮板输送机底链易下滑的情况，使用废旧钎子，截成长35cm的2根，将旧钎子按间距14cm焊接在旧钢板上，在钢板上方焊制一个半圆形操作手把，当断开溜槽卡开底链后，直接将卡链器插入链条，钎子表面光滑，容易插下、拔出	新矿集团
45	机电运输	简易耙装机的应用与推广	取消原来的框架式结构，精简了中间槽、卸料槽，减短了扒斗运行距离，提高了排矸速度40%；利用废旧工字钢加工底座，四角用地锚固定，底座体积小，固定方便，牵移耙装机方便又安全，极大地减少了原来牵移耙装机时间，不停头，利用打眼时间实现快速前移并固定；刮板输送机机尾固定在耙装机上，随扒装机前移，提高了延刮板输送机效率	新矿集团
46	机电运输	液压油缸张紧方式的改造	采区带式输送机张紧方式一直采用传统的回柱机张紧方式，不利于带式输送机启停期间的缓冲，容易造成断带事故。后改为坠砣张紧方式，需要开拓坠砣硐室，投入大量坠砣，提高了设备安装及使用成本。经对比将采区带式输送机的张紧方式改造为液压油缸张紧方式。采用普通的液压油缸，利用井下防尘水的高压实现油缸活塞自由游动。此装置可伸缩性强，响应快速，缓冲性能良好，能够较好地保护带式输送机接头，减少断带事故的发生	新矿集团
47	机电运输	盘式制动器液压站增加备用液压泵的改造	对制动液压站进行改造，加设一台备用液压泵。备用液压泵及在用液压泵均加设球阀以便于转换使用，应急使用时将在用液压泵管路球阀关闭，打开备用液压泵球阀进行转换。备用液压泵的吸油油位较低，即使在油液不充足的情况下也可以开启备用液压泵实现正常运行。实现了制动闸的"双保险"，提高了制动的可靠性；完善了特殊情况下的应急操作，岗位工可以按照处理程序进行应急处置，杜绝了盲目性操作，消除了事故隐患	新矿集团
48	机电运输	带式输送机应用双锥弧形滚筒	将机尾滚筒改为双锥弧形滚筒，即中间直径大、两端直径小的滚筒，根据带式输送机运行的力学研究，滚筒直径大的点受力多些，当输送带稍微跑偏时，弧形滚筒总能及时地自行纠正，使输送带不再跑偏、撒炭，从而保证带式输送机的正常运转，提高了滚筒和带式输送机的使用寿命，减少了维护量，保证了系统正常运输	新矿集团
49	机电运输	单人可拆装杠杆式输送带清扫器改造	入选输送带的过程中，由于原煤带水带泥的影响，带式输送机及机头滚筒处容易积攒水和煤泥，容易造成输送带跑偏事故，带式输送机机头空间受限，普通清扫器不易安装。为了解决这一问题，洗选厂自制和安装了杠杆式输送带清扫器。杠杆式输送带清扫器安装在入洗带式输送机机头，运用杠杆原理，彻底消除了煤泥清扫不干净带来的安全隐患，保证了现场卫生面貌	新矿集团

（续）

序号	专业	成果名称	成果内容	推荐单位
50	机电运输	多功能钻杆力均扳手	在采掘工作面进行煤粉监测及施工大直径卸压孔时，受煤柱、断层和其他地质构造的影响极易出现卡钻、吸钻等动力现象。当出现卡钻、吸钻现象时利用钻机自身动力根本无法将钻杆取出，工人会利用大扳手来旋转钻杆将其取出。在旋转过程中需要很大的力才能将钻杆取出，由于用力过大和用力不均匀再加上钻杆刚性太差很容易将钻杆压弯，导致钎子不能使用，因此研制应用了多功能钻杆力均扳手 创新点：当采掘工作面出现卡钻、吸钻时，将多功能钻杆力均扳手套在被卡住的钻杆上，利用力矩原理，按逆时针方向转动，直至将钻杆取出	新矿集团
51	机电运输	便携式紧链装置	该装置适用于大倾角综采工作面输送机增加或减少链条施工。该装置体积小，便于运输及现场操作，占用人工少，效率高，且人员远距离施工，避免了人员进入机道施工的弊端，安全系数提高，较以往施工可节省成本费用近5万元，具有较好的推广应用前景	新矿集团
52	机电运输	单轨吊纯净水处理系统的研究与应用	为提高单轨吊水箱用水水质，延长水箱使用寿命，在井底车场安装反渗透水处理装置，并设计加工了加水专用车，将矿井水中含有的无机离子、细菌、病毒、有机物及胶体等杂质去除，利用水处理装置处理后的纯净水，作为采区单轨吊水箱冷却用水，降低了由于使用防尘水造成的水箱结垢和腐蚀损坏	新矿集团
53	机电运输	采煤机负载电缆保护装置	在工作面输送机机尾处焊接一组滑轮，并安装超速保护装置。当采煤机下行时，将采煤机负载电缆套入滑轮中，超速保护装置同时起作用，当电缆运行速度过快时，超速保护装置工作，将电缆卡住，从而减少了采煤机负载电缆滑入机道的次数，降低了采煤机负载电缆损坏事故率，增加了开机率，提高了生产效率	新矿集团
54	机电运输	让压支护锚盘	该成果针对生产矿井大埋深、高地应力巷道或软岩破碎顶板支护现状及围岩特点，总结了深井高地应力巷道支护经验，采用2B锰钢履带钢板替代锚带支护和一种合理有效的让压方法，在巷道支护完成后，仍能与岩体一起产生少量的位移变形，当锚杆接近过负荷时起到让压作用，从而保持支护结构的稳定性和安全性。该成果荣获2015年国家实用新型专利	新矿集团
55	机电运输	一种"半月钩"绑车装置	该装置制作简单，使用轻巧可靠，有效增加了铁路运输安全性，绑车合格率达100%。采用该装置，提高了5倍装车效率，每列车至少节约1 h，并降低了工人劳动强度，节约了材料成本。平均每个车门节约铁丝5 cm，每年节约成本30万元	新矿集团
56	机电运输	一种合介泵入料管的设计应用	经过改造，在生产过程中发生磨损的仅是入料管，套管及固定管不会发生磨损，而入料管不是固定的，降低了更换难度，提高了生产效率 该项设计可在所有类似结构的设备中推广应用，可降低更换入料管的工作难度，减轻劳动量，提高检修效率，具有较好的推广前景	新矿集团
57	机电运输	溜槽缓冲设计	采用煤矸自相缓冲的方式解决煤流对溜槽的冲击，具体如下：在主运溜煤槽落煤点以下10 cm位置，使用20 cm厚铁板当作缓冲板，能够有效预留部分煤炭在煤流的冲击点上，覆盖住落煤点处的铁板，形成一层煤炭保护层，防止煤矸直接撞击溜槽衬板，延长溜槽使用寿命	新矿集团

(续)

序号	专业	成果名称	成果内容	推荐单位
58	机电运输	一种新型带式输送机机尾自移装置	由于三层煤工作面顶板为泥岩，采用超前支架反复支撑顶板后极易造成顶板破碎漏顶，原采煤工作面下巷超前支架已经不再适应三层煤超前顶板支护。但是撤除超前支架后，原来与超前支架配套使用的带式输送机自移机尾就无法使用，人工牵移带式输送机机尾费时耗力，且存在安全隐患。为解决此问题，在机尾下方焊上铁板滑靴，降低牵移机尾时的阻力，同时在转载机起坡槽底部焊上油缸底座，将行程为2.5 m的大油缸底座固定在转载机上，通过油缸将转载机与机尾连接在一起，通过油缸伸缩实现转载机及机尾自移	新矿集团
59	机电运输	多用途锚杆修复机	多用途锚杆修复机操作简单，使用方便，应用范围广泛，提高了材料回收使用率	新矿集团
60	机电运输	液压钢带成型装置	（1）液压钢带成型装置利用直径为50 mm的钢管焊制，压力油缸通过吊耳固定在液压架横梁上 （2）弯制钢带时将钢带平放在液压架上，利用防尘水作动力，通过操作阀控制压力油缸压制成型，操作简便，降低了劳动强度，提高了成型效率；体积轻便，不受地域限制	新矿集团
61	机电运输	综掘工作面跟机旋转式自动喷雾	该设备省时省力，同时跟机移动，不会产生喷雾前移不及时造成的喷雾超距。喷雾旋转提高了喷雾的雾化效果，提高了降尘效果	新矿集团
62	机电运输	锚索线转盘车	用废旧圆条及铁板加工一个圆形转盘车，将锚索线放置于内部，切割锚索线期间，只需转动转盘车即可将锚索线破卷加工，不仅提高了切割效率，而且增加了施工人员操作的安全性	新矿集团
63	机电运输	横向可调式激光底座	2块钢板分别掏出一个孔，并用锚杆将其焊接在一块，锚杆另一头焊接一个ϕ30 mm的空心管将其穿过横向锚杆，两端用锚杆帽拧紧，确保了激光使用的准确性	新矿集团
64	机电运输	液压拉马	新型液压拉马包括控制、执行、辅助3部分，控制部分是利用井下手动高压泵作为控制部分的动力源，执行部分是利用液压油缸均匀焊接3个固定耳子、制作3个扒爪用于调整不同直径的联轴器，辅助部分是2根进油管和回油管。将此新型液压拉马用于联轴器拆卸，操作方便、省力，效果显著	新矿集团
65	机电运输	无动力自动添加降尘剂装置	该装置安装在净化水幕、喷雾供水管路上，能够实现降尘剂自动小剂量无动力添加，并减少30%降尘剂用量，不消耗任何电能 创新点：该装置能够适应任何防尘水压，以及实现降尘剂的小剂量无动力自动添加，同时添加剂量可以调节	新矿集团
66	机电运输	液压支架管路固定夹板	工作面液压支架管线乱，多处落地，且正常生产后会出现挤断管路等安全隐患，对安全管理不利。为此研制了液压支架管路固定夹板，使管路连接方便，整齐美观 创新点：液压支架管路固定夹板是长和宽为20 cm×3 cm的铁板，中部压制两个ϕ19 mm底托，两端各压制两个ϕ10 mm底托，底托与夹板之间用细螺钉固定；安装时根据支架管路布置情况对接安装	新矿集团
67	机电运输	采煤工作面联轴节的试压装置	现在井下使用的联轴节并非都是全新的，修复的联轴节由于质量问题，容易出现漏水。在施工现场往往耗时耗力将联轴节更换完毕，却发现联轴节不能正常使用，需要重新更换，严重影响工作面效率 创新点：有条件的单位可以井上试压，没有条件的单位可以到现场试压；使用4 MPa的清水管提前对联轴节进行注水，观察联轴节承压状况，试压，检测是否漏水，确保联轴节运转过程中不漏水	新矿集团

(续)

序号	专业	成果名称	成果内容	推荐单位
68	机电运输	支架截止阀启闭扳手	通过现场量取截止阀阀门的尺寸，加工了平面截止阀专用关闭工具，使用废弃扳手将扳手头部割除，根据平面截止阀阀门的形状，在一个平面上焊接出3个爪并与手柄焊接好，将3个爪啃住截止阀阀门，这样人员检修支架需要停止供液时就可以方便开启、关闭截止阀	新矿集团
69	机电运输	三用阀防飞帽	根据三用阀注液孔结构，加工了三用阀防飞帽，一端卡牢固定在注液孔处，另一端用小链钩连接在固定孔内，防止压力大而造成崩阀芯伤人	新矿集团
70	机电运输	轧钢生产线优化穿水装置	将穿水装置A、B段调换，重新制造进出口及连接法兰。同时在生产中，将B段压力调整范围改为2.4～2.6 MPa，流量设置范围改为180～200 m^3/h。经过半年的现场生产跟踪发现，改造后效果明显，剪刃利用率提高了1倍	新矿集团
71	机电运输	压滤机排风创新技术应用	将压滤机排风管末端的消音器去掉，排风管直接引入封闭桶内，通过物料和封闭桶进行消音。该技术将压滤机排风产生的噪声、粉尘引入远离操作岗位无人封闭空间内，实现除尘降噪，减少了职业危害	新矿集团
72	机电运输	新式滚轴筛的研发与应用	(1) 结构合理、筛分效率高、噪声低、无粉尘、不易堵煤、维修方便 (2) 有效减少粉尘污染，延长设备使用寿命 (3) 筛片齿形为抛物线形，使物料在筛面上呈抛物线均匀下落 (4) 可根据现场环境及使用要求进行调整	新矿集团
73	机电运输	煤层钻孔集流器装置	自2015年9月29日开始，对30222工作面回风巷钻孔进行瓦斯抽采，由于煤层或顶板含水量比较大，致使瓦斯抽采过程中抽放管内存水多，人工放水需要关闭支管阀门，影响瓦斯抽采。经过多次实践，改造为集储水和排水于一体的集流器装置。该装置自使用以来，收到了不错的效果，作为无须安装大量自动放水装置时的一种有效补充，节约了成本 该装置的主要特点是集储水与排水于一体，可以无须关闭支管路阀门而进行放水，不影响瓦斯持续抽采	小常煤业
74	机电运输	直角拐弯拉移变列车	工作面设备列车采用机轨分离，并且布置在辅运巷。为在末采段减小煤柱长度，提高煤出率，同时也为末采材料运输留出足够的空间，采取直角拐弯拉移变列车 工作面末采段设置垂直于巷道的主辅回撤通道，主辅回撤通道之间留设25 m煤柱，辅回撤通道作为末采段设备列车的临时放置通道，在辅运巷与辅回撤通道处采取直角拐弯的方式	神华国能（神东电力）集团
75	机电运输	电动机风冷装置	焊接直径300 mm、高20 mm的圆柱体，在圆柱体的内平面穿透10个细孔，在圆柱体侧面焊接DN10直通管1个，将巷道供风引入圆柱体内，对电机轴承冷却	神华国能（神东电力）集团
76	机电运输	综保隔离开关限位保护装置	在综保壳体内位于隔离机械机构附近处焊接安装小型挡杆，当隔离开关打至断开状态时，因挡杆控制隔离开关不会再向后搬动，起到安全限位的作用	神华国能（神东电力）集团
77	机电运输	自制传感器安装防水罩	井下传感器在使用过程中经常因淋水、碰撞造成故障，而发生误报现象。结合传感器的特点，给传感器加工防护罩。特点：有利于安装和固定；使用效果良好，杜绝了因传感器进水造成的误报警现象	神华国能（神东电力）集团

附件2 全国煤矿优秀"五小"成果目录(三等奖)

(续)

序号	专业	成果名称	成果内容	推荐单位
78	机电运输	喷雾改造	(1)传统的风流净化喷雾用水量较大,而且喷雾用水雾化效果不理想。这不仅增加了生产用水量,对作业现场的生产环境造成了不利影响,更重要的是降尘率不高,对职工的身心健康造成了安全隐患。为了有效降低生产作业地点风流中的粉尘浓度,并大量减少喷雾用水量,采用这种除尘喷雾系统,取得了良好的使用效果 (2)市场上有大量负压除尘喷雾,但是价格比较昂贵,且与井下巷道尺寸不匹配,为了适应煤炭市场形势,降耗节资,根据井下巷道的形状和尺寸,制作了该除尘喷雾系统	神华国能(神东电力)集团
79	机电运输	后部输送机机尾防护装置	216上01综放工作面回风巷垮落的钢带、锚杆及托盘在拉架时易进入后部输送机进而进入带式输送机系统,存在较大的安全隐患。设计在后部刮板输送机溜槽上方加装安全防护装置,此装置对后部输送机进入回风巷段做了全方位防护,杜绝了机尾溜槽上方铁器杂物进入系统	神华国能(神东电力)集团
80	机电运输	煤机液压油箱透气塞改造	煤机液压油箱透气塞位于煤机顶护板下凹槽内,下凹槽因煤泥等易造成堵塞,造成煤机喷雾等进入凹槽内引起积水,积水由透气塞进入液压油箱造成液压油乳化,污染系统、损坏设备。利用DN10液管、DN10弯头及变头,将煤机液压油箱透气塞由原凹槽位置改至机身上部安设的工具箱内。通过此次改进,改变了原有液压油箱透气塞位于顶盖板低洼处易进水的现状,同时安设在工具箱内,防尘、防水,避免了外界污染,提高了透气塞的利用率,减少了滤芯更换次数	神华国能(神东电力)集团
81	机电运输	转载机爬梯	黄玉川煤矿21601综放工作面巷道中12°~16°坡度段总长514 m,最大坡度达16°,传统作业中拆除马蒂尔上方单轨吊时,需要架设爬梯后人员爬至转载机上方进行单轨吊拆除作业,因为大坡度段作业,存在爬梯架设不稳,倾倒造成人员跌落伤害的危险。为了消除坡度段拆卸单轨吊时架设爬梯易倾倒伤人的危险,设计了固定在转载机电动机外侧的折叠式爬梯,通过使用通轴及螺杆,将爬梯牢牢固定在电动机外侧,确保人员登高时不会因爬梯倾倒造成人员伤害。同时采用折叠式合页结构,使用时放下折叠部分卡入槽体内固定,不使用时收回,确保生产过程中转载机正常推进及安全出口距离不受影响	神华国能(神东电力)集团
82	机电运输	采煤机电缆防窜装置	11401工作面所配置的采煤机是SL500采煤机,该采煤机本身配有电缆窜动跳闸电子保护装置,但由于其内部电子元件损坏,一方面缺少该型号采煤机的配件且修复起来比较困难,另一方面为了节约材料费用,在现有条件下用机械保护代替电子保护,该机械保护不但灵敏可靠,而且节约费用	神华国能(神东电力)集团
83	机电运输	带式输送机张紧钢丝绳阻转装置	由于带式输送机运行坡度大,在启停带式输送机时产生的瞬时张力也较大,张紧钢丝绳对油缸的启停拉力也大。同时由于钢丝绳两端的绳轮不在受力点同一矢量上,造成油缸径向转动,使张紧钢丝绳缠绕,导致停机。针对张紧钢丝绳分布特点,设计了两层平行的托辊架,安设在张紧钢丝绳中间靠后端,将每一层上的两根钢丝绳搭在托辊上,钢丝绳与托辊成直角	神华国能(神东电力)集团
84	机电运输	转载机推移单轨吊电缆拉杆万向节	生产期间推移机头时,自移机尾处单轨吊电缆需随之推移,以往推移电缆装置为耳座。存在的问题是:硬性连接导致耳座等部位经常损坏,为此研究一种万向节,解决了推移过程中的损坏问题	神华国能(神东电力)集团

（续）

序号	专业	成果名称	成果内容	推荐单位
85	机电运输	单体液压支柱卸液口防喷射弯头	超前支护工回撤单体时，卸液口喷射的液体容易喷洒在其他人员身上，严重时会喷射到面目，由于乳化液对人的皮肤有刺激性，喷洒液体给人员带来安全隐患。为此将损坏的单体液枪改制成弯头向下排液，既能确保安全，又能清洗单体和柱靴上的煤泥等杂物	神华国能（神东电力）集团
86	机电运输	前部输送机减速器防撞板	由于216上01综放工作面输送机与转载机采用端卸式连接，后部输送机送至转载机上的煤流、大块矸石等会经常撞击前部输送机机头减速器底部，容易造成减速器底部油嘴损坏，减速器油脂漏出而导致减速器损坏。根据现场观察分析，设计加工了输送机减速器防撞板，使用减速器原有螺栓固定，同时使用梯形结构保护油嘴，能够有效地防止大块矸石直接撞击减速器，达到保护减速器及减速器油嘴的目的	神华国能（神东电力）集团
87	机电运输	单轨吊电缆托架改造	综采工作面单轨吊拖缆架采用钢筋棍插接固定，使用过程中上下窜动容易使电缆出槽，另外绞车拉电缆的过程中钢丝绳在下方张紧后会使拖缆架变形挤坏电缆或液管，为此将原钢筋棍两头用四道螺母固定，效果良好	神华国能（神东电力）集团
88	机电运输	锚索液压张拉系统	(1) 利用掘锚机自身原理及部件，操作简单，安全可靠 (2) 改造前：容易损坏铲板油缸，且漏油严重 改造后：利用按钮操作，方便快捷，不损坏设备	神华国能（神东电力）集团
89	机电运输	拔销器	该拔销器由液压油缸、手动换向阀、双向锁、高压胶管、连接耳轴、长螺杆、端盖、支撑座等组成 特点：①根据所拆销轴的螺纹孔径选择合适的拔销器连接螺栓，利用乳化液泵站高压液动力源，通过液压阀组控制液压油缸收回拉动销轴，油缸反复伸缩，牵动销轴逐渐脱离销孔。当销轴较长时，通过增加垫板达到支撑目的，分步完成销轴拆解工作。②结构简单，操作方便，减少人力，节省工时。③更换不同规格的连接螺栓，可便捷拆解各种规格销轴。④有效地避免了事故发生，增大了安全系数	神华国能（神东电力）集团
90	机电运输	桥式转载机电缆防护装置	主要内容：①通过螺栓将电缆槽固定在缓冲架子外侧，利用电缆夹和电缆槽对电缆进行保护，保障电缆平直且在槽内移动；②将电缆安置在电缆槽内，避免移动时造成挤压、破皮等损坏；③通过电缆槽固定电缆随机移动，避免人员看护和挪移 主要特点：①避免了跟机电缆挤伤事故，减少了由此带来的缆线损耗，以及故障产生的误工损失；②提升安全指标，避免了因缆线挤压产生的弧光及电击等带来的安全隐患；③美观大方，拆卸方便，电缆槽与缓冲架子之间通过螺栓连接，可实现随时拆卸，便于检修；④减少了人工，减少了看护缆线人员	神华国能（神东电力）集团
91	机电运输	刮板输送机机尾电缆推移装置	原电缆托架使用小车地面拉移，导致后端头超前支护空间狭小，电缆出现故障时要将所有的电缆小车解开，一根一根地查找故障部位。电缆托架改造后，工作面的电缆从顶板直接进入单轨吊拉移，美观、实用、节约了后端头内的作业空间，同时对电缆分开管理，标明每一根电缆走向，明确了电缆使用，减少了处理电缆故障时间，提高了工作效率	神华国能（神东电力）集团
92	机电运输	液压支架柱窝护皮冲孔胎具	特点：①效率高、冲压简单；②制作的护皮美观、尺寸标准 该胎具刀刃采用厚度4 mm不锈钢钢板加工后与20 mm厚锰钢板焊接而成。利用锻压机进行冲压	神华国能（神东电力）集团

（续）

序号	专业	成果名称	成　果　内　容	推荐单位
93	机电运输	自移式履带钻机	该装置由履带车体、操作台、立柱升降固体装置、横梁推进装置、高低调节油缸等五大部分组成，各部分之间使用高压胶管和螺栓连接。该装置靠液压驱动，技术先进、移动方便、操作安全可靠，钻探操作人员只需操作手柄就能轻松地实现钻机自行移动。钻机横梁的高低也可以随意调节。沿垂直方向做±180°旋转，通过调节横梁的离地高度可在侧帮整个高度范围内任意打钻 （1）降低了井下一线操作工人的劳动强度 （2）提高了现场操作的安全系数和工作效率 （3）提升了科技装备技术水平和安全管理水平	山西长治王庄煤业有限责任公司
94	机电运输	探钻留"痕"专用杆优化改造	探杆手柄直径25 mm与探钻留"痕"专用杆的最小内径18 mm不匹配，探杆不能用。为了既能实现探钻留"痕"，又能有效测量孔深，将探杆做如下改进：①手柄直径加工为16 mm，使探杆顺利穿越探钻留"痕"专用杆；②探杆与探杆连接采用普通弹簧和柱销连接，耐腐蚀性差，在井下一般1~2个月因普通弹簧和柱销腐蚀溃烂而导致整套探杆报废；采用不锈钢弹簧与柱销，在井下一般使用5~6个月，延长了探杆使用寿命 通过探钻留"痕"专用杆与探孔深度测量杆配合，在探放水现场，切实做到了探钻留"痕"，而且可以现场测量钻孔深度，更好地为掘进工作保驾护航 （1）探钻留"痕"专用杆采用脆性专用PVC管，管材为一弯便可折断但承压能力较强的不燃性材料，且采用带螺纹的PVC接头连接，长度根据需要随机组合，确实做到了探钻留"痕"，解决了钻孔不留"痕"的难题 （2）在探放水现场，通过探钻留"痕"专用杆与探孔深度测量杆配合，使探测有机结合，落实了"有掘必探、探掘分离、先探后掘、钻探留痕、见痕掘进、班班确认"制度	山西长治王庄煤业有限责任公司
95	机电运输	综采工作面机头机尾挡矸装置改制	上下端头为综采工作面危险区域之一，根据采高大，上下端头窜矸相对严重等实际情况，决定对挡矸板进行改制。以支架四连杆为支撑架，制作卡箍，并将其与20 mm厚钢板利用螺栓固定在支架连杆上，钢板宽度略小于支架最大宽度处，并在钢板两边加设输送带，移架时不受影响，同时达到覆盖整个断面的目的。该装置可以有效防止窜矸，确保安全生产，较以往使用网挡矸工作量明显减少 利用端头支架和超前支架尾架作为支点，安装挡矸板，既牢固又安全，并在挡矸板两侧增加输送带，一方面有效地增加了挡矸范围，另一方面当工作面发生上窜下移时有一定的缓冲量，适应性更强	山西长治王庄煤业有限责任公司
96	机电运输	可弯曲高压胶管承载装置	随着工作面的推进和移动电气列车的使用，电气列车机尾至转载机段管路将频繁出现拖拉。以往采用直接拖拉方式，导致液管外皮破损，甚至摩擦液管内钢丝绳芯，使高压胶管抗耐压强度降低，也给安全生产带来隐患；另外，由于高压胶管摩擦造成液管使用寿命缩短，增加了生产成本；此外，由于管路与地面摩擦阻力较大，增大了移动电气列车时绞车的负载，同时容易出现卡绊，给安全生产也带来一定隐患 可弯曲高压胶管承载装置把滑动摩擦改为滚动摩擦，从而减小了拖拉负载，有效地避免了管路直接与地面摩擦，减少了管路破损，能够确保管路抗耐压性，实现多次重复利用，有效地提高了安全生产系数，并达到节能降耗的目的 高压胶管承载装置使用后，液管磨损几乎消除，保证了高压胶管的使用寿命，降低了生产成本，同时有效地减少了生产过程中液管破损，避免了乳化液流失，确保了安全生产 行走轮与地面的滚动摩擦明显小于液管与地面的滑动摩擦，减小了绞车负载，确保了移动电气列车安全运行	山西长治王庄煤业有限责任公司

（续）

序号	专业	成果名称	成果内容	推荐单位
97	机电运输	带式输送机防跑偏架	输送带跑偏是带式输送机作业过程中最常见的故障，危害性极大，在实际运行过程中，输送带跑偏不仅对带式输送机本身损坏极大，而且存在安全隐患，影响生产效率和输送货物质量，污染环境等，造成输送带磨损或安全事故 为防止输送带跑偏，制作了输送带防跑偏架，作用如下： （1）将托辊架分成3部分，基架、旋转装置和上托架，基架与H架连接，旋转装置主要用于连接上托架和基架，上托架可以围绕旋转装置旋转，自行调整托辊角度 （2）不需要人工调整，减少了员工工作量，且提高了安全系数 （3）便于输送带维护，提高了输送带的使用寿命，降低了生产成本	山西长治王庄煤业有限责任公司
98	机电运输	支架检修升降梯	由于采高大，当顶部液管或液压元件损坏，尤其是支架立柱往前部分更换时，在日常支架检修过程中往往采用单梯、一人扶梯一人操作，并系好安全带，如此操作一方面不安全，另一方面更换一根液管往往需要30 min左右，期间必须有一人扶梯，工作效率偏低。为此，制作了一种高空作业时安全可靠且效率较高的检修平台 支架检修升降梯使用后，支架检修安全系数明显提高，不需要专人看护，且在上部作业时较单梯效率明显提升，支架检修升降梯操作简单，在电缆槽上部移动为滑轮滚动，阻力小，单人便可完成，达到了预期效果 （1）利用刮板输送机电缆槽将升降梯基架用螺栓固定在上部 （2）利用滑轮实现梯子的伸长与缩短；利用丝杆调整升降梯的角度，从而实现升降梯调高 （3）利用基架与电缆槽间安装的滑轮，实现液压式升降梯的整体移动，确保更换作业点后便于对其进行移动 （4）操作平台安装在梯子顶部，当通过调高和伸缩将操作平台移动至相应位置时，可以对操作平台进行调平，确保人员站立平台的稳定牢靠，操作平台上部安装有护栏，防止人员跌入刮板输送机内 （5）操作效率高，单人便可操作，对员工的操作技术要求不高，且安全系数高	山西长治王庄煤业有限责任公司
99	机电运输	深井泵的泵体连接改进	深井泵属于多级潜水泵，主要用于深井取水。其主要结构有水泵泵体、泵头、输水管3部分。泵头是用于连接泵体与输水管的连接装置，以避免水锤现象。在以往的泵头制作过程中，由于安装密封橡胶垫的内扣较浅，不能将密封橡胶垫完全合适地安装到位。经过仔细观察后，将原内扣在原有的基础上向深度扩进2 mm，宽度（直径）再扩大8 mm 经精细处理后，保证了密封橡胶垫安装到位，实现了泵体与输水管紧密连接；同时在深水泵工作过程中，有效地减缓了水锤效应，延长了深水井泵的工作寿命	山西长治王庄煤业有限责任公司
100	机电运输	矿井水煤泥离心机排放水系统改造	取废旧水箱，将水箱内部用钢板隔形成多个独立水槽，同时在水箱一端上部安设水管，主要承接煤泥离心机的排放水；在另一端下部安设排放管，主要用于经水箱多次缓冲过滤后的排放水 为缓解进水时水流容易激起箱内已沉淀煤泥的现象，在进水口处安装进水缓冲器，以减少浪花产生。箱内经过沉淀产生的煤泥通过水箱底部的排放管排入原有的污泥池内，从而保证了水箱的长久使用 煤泥离心机的排放水经水箱多次缓冲沉淀后，极大地提高了排放水的水质，同时也使离心机在启动或停机时产生的短暂出黑水情况得到了缓解	山西长治王庄煤业有限责任公司

(续)

序号	专业	成果名称	成果内容	推荐单位
101	机电运输	掘进巷道气水喷雾	煤尘不仅污染作业环境，降低生产场所的能见度，而且会对矿工的身体健康产生危害。长期吸入矿尘会引起身体器官病变，轻者能引起呼吸道炎症、慢性中毒和皮肤病，重者可导致尘肺病 结合掘进工作面现场实际情况，研制了新型气水喷雾以降低掘进区域的煤尘浓度。该装置采用4寸钢、弯头及喷雾嘴焊制而成，为了最大限度地降温、降尘，增加雾化效果，具体参数可根据煤矿掘进巷道的设计参数随时调整 (1) 改变以往用废风筒、输送带等物料遮挡巷道照明灯的方法，采用新方法后巷道更加规范、整齐 (2) 采用气水喷雾后，降低了巷道照明灯损耗率，节省了材料费用，加强了质量标准化管理	山西长治王庄煤业有限责任公司
102	机电运输	支架就位平台	支架搬运车运至工作面支架位置与实际操作方位滞后90°且距下一台支架4 m，需将支架旋转90°靠拢至指定位置，30多吨的支架，人工借助吊链、叉车等工具旋转就位，耗时费力，经过反复推敲酝酿，自行研制了一种支架就位平台，以解决支架就位困难的问题 根据胶轮车上支架重心的相对位置距下一台支架的距离，利用液压系统推动转盘转动实现90°转位，利用液缸推动支架完成就位。该支架就位平台主要由机架、旋转托盘、推进油缸、操作系统组成。机架两侧有上架垫板，解决了可能会因底板沉陷造成的支架上机障碍，放宽了该机对运架车通过高度的要求，而且垫板边线可作为上架行进的参考线，提高了上架的准确度和工作效率；支架就位平台采用步进式推进下架，缩缸过程采用离合机构，不仅减少了烦琐的人工插销，也提高了工作效率；支架就位平台直接外接工作面乳化液动力，支架就位平台适应运架车宽度不小于1600 mm，高度不小于240 mm，要求运架车进入就位地点时架尾和已就位架相向，顺槽进入 该设备是针对综采工作面搬运车将液压支架搬运到位后，液压支架安全、平稳地卸架、旋转、就位而量身制作的专用平台。在使用中该平台的性能、操纵、效率等得到了作业人员的高度认可 该产品可快速准确地使液压支架旋转，安全平稳就位，有效地提高作业效率，降低劳动强度，缩短搬家倒面的时间，经济效益显著	山西长治王庄煤业有限责任公司
103	机电运输	封堵钻孔注浆器	用3 mm厚的钢板，制作长×宽×高为500 mm×400 mm×400 mm的方箱，中间用钢板隔成甲乙两格，两格有各自能外接 ϕ10 mm胶管的两通和球阀，中间有能接 ϕ10 mm压风的两通并安有球阀。箱体顶部装有 ϕ10 mm放气阀门，把1∶1不同型号的化学液体分别装在两格箱内，用压风同时往两个箱体内注风，使箱体内的化学液体从两根甲乙液管中同时输送到同一根液管中汇合，再输送到钻孔，在短暂时间内化学液体起反应，瞬间凝固，从而达到封堵钻孔内的流水和加固止水套管的作用 (1) 该装置制作成本低，提高了工作效率，达到节省费用的目的 (2) 该装置体积小，搬运方便，有效利用井下压风作为动力，操作简单，填补了长期以来钻探过程中对出水孔进行有效封堵难的问题	山西长治王庄煤业有限责任公司
104	机电运输	机械化电缆卷缆装置	该电缆卷缆装置主要用于地面电缆库房，该装置各组卷筒之间通过"十"字联轴节连接，各卷筒安装单独离合器，整体装置由一台小型变速电动机驱动，使用时合上电动机控制开关，主轴转动，合上某一卷筒离合器，卷筒转动，不合则不转动，具有一定选择性。对于井下回收升井电缆整齐卷于滚筒方面，既便于管理又节省空间 (1) 使用该装置统一管理电缆，有效地解决了电缆就地存放时无法分类与搬运困难的问题 (2) 使用电动机械卷缆，操作简易，可有效地降低了劳动强度且节省了大量人工 (3) 方便电缆集中管理，值得推广	山西长治王庄煤业有限责任公司

(续)

序号	专业	成果名称	成果内容	推荐单位
105	机电运输	液压自动调偏器	液压自动调偏器由检测传动轮、油缸、油箱阀组总成、油管总成、固定角钢等组成，其可达到动态中自动调节带式输送机跑偏现象 当输送带跑偏时，输送带边缘与检测传动轮接触，检测传动轮旋转并带动油泵输出压力油，压力油经过油管进入油箱阀组，油箱阀组的液动滑阀动作换向，促使调整油缸动作，带动调心托辊架旋转，使托辊架与输送带运行方向形成一定夹角，并锁定托辊架，使其产生输送带对托辊的压力差，从而及时纠正输送带跑偏现象，避免输送带跑偏时造成的撒落物料或者撕带事故，达到保护带式输送机正常运转的目的 液压自动调偏器可自动检测跑偏，并实时给以调整，使输送带始终在设定的范围内运行。同时该装置无须电源驱动，结构简单、性能可靠，安装维护方便，适用于任何恶劣环境，具有不怕水和灰尘的特点 液压自动调偏器的投入使用，及时地纠正了在动态中实时调整输送带跑偏现象，减少了调偏人员的实际操作过程，增大了操作人员的安全系数，达到输送带跑偏时无须人员调偏操作即可调整恢复带式输送机正常运行的目标	山西长治王庄煤业有限责任公司
106	机电运输	综掘工作面自移式拖缆装置的设计与应用	在掘进过程中由于掘进机来回行走，电缆拖移频繁，需有专人看管，电缆靠人工拖动，工人劳动强度大，如果管理不当易埋入煤泥中，长时间移动容易造成电缆损坏和引发安全事故，影响安全生产。因此，设计了一种自移式拖缆装置，满足综掘工作面机械化施工要求 该自移式托缆装置适用于综掘工作面，工作面装备掘进机、转载带式输送机、可伸缩带式输送机。可伸缩带式输送机硬架安装10对左右，电缆盘架安装于第一对硬架上，钢丝绳两端固定后以"Z"形方式穿过托轮架定滑轮并用花纹螺栓张紧，使松紧度适当。安装电缆时先将转载带式输送机机头置于硬架中部，再将电缆按硬架长度放开，固定电缆吊挂于转载机上，移动电缆用滑轮吊钩吊于钢丝绳上，多余电缆盘于电缆盘架上 在正常掘进过程中，随着掘进机的行走，二运转载带式输送机跟着在硬架上行走，带动机架上的托轮架沿钢丝绳行走，从而实现电缆收放。综掘工作面带式输送机延伸时，利用掘进机拖动硬架前移，电缆架上电缆自动放开，拖缆装置跟随硬架一起移动，实现自动移动 该新型自移式托缆装置根据掘进工作面装备情况进行合理设计，合理利用资源，以掘进机为牵引动力，以带式输送机硬架、转载带式输送机为安装基础，具有如下优点： （1）有效解决了掘进机随机电缆管理困难的难题，减少了电缆事故，保证了掘进安全作业 （2）掘进作业中无须专人管理，有效地减轻了工人的劳动强度，为掘进工作面减员增效和机械化连续作业提供了合理的设备保障 （3）无专门动力源，安装方便，操作简单，动作灵活，有效地加快了掘进进度 （4）方便掘进工作管线管理，有效地推动了掘进工作面安全质量标准管理工作的提升	山西长治王庄煤业有限责任公司
107	机电运输	一种多通式矿用打钻气水分离箱	该设备在抽采孔进行并网带抽时可及时有效将瓦斯与积水分离，提高了泵站抽放效率 创新点：气水分离箱顶部设有一个带抽孔、多个接抽孔、一个卸压孔，卸压孔连有延伸管，内部有吸附网，底角设有放水孔	山西潞安集团余吾煤业有限责任公司
108	机电运输	单轨吊道岔阻车器的制作与应用	制作了单轨吊道岔阻车器，杜绝了单轨吊在岔口脱出轨道 创新点：该阻车器利用道岔中部弯轨自重进行动作，不需要其他能量提供动力，使用方便	山西潞安集团余吾煤业有限责任公司

(续)

序号	专业	成果名称	成果内容	推荐单位
109	机电运输	主井装载站板式输送机过渡轨道改造	对主井板式输送机的过渡轨道进行改造,使其安装及运行时可调节,方便安装及日常维护 创新点:①对过渡轨道松动处加装一套轨道支撑件,使支撑件侧面及下部与板式输送机箱体工字钢相连,保证其固定牢固,不会掉入输送机内。顶部与尾部用螺母做支撑,可调节其安装及运行,方便安装及日常维护;②对板式输送机链轮的松紧情况进行调节,紧固调节弹簧,使板式输送机链轮张紧,从而当其进入轨道时自然下垂度降低,可以平缓进入箱体过渡轨道;③安装机尾冲洗轨道喷雾,防止炭块进入轨道与滚轮结合面,对轨道造成冲击	山西潞安集团余吾煤业有限责任公司
110	机电运输	筛机便捷式检查专用工具设计	(1) 以前一块上层筛板需要 5~6 min 才可以拆卸完,专用工具改造后只需要几十秒就可以拆卸完,提高了检修效率 (2) 解决了维修困难和费时费力等问题,降低了员工的劳动强度	山西晋神能源有限公司沙坪洗煤厂
111	机电运输	自制 LED 灯管底座	成套购进 LED 灯具,造价成本高,于是只购进 LED 灯管,LED 灯管底座利用废弃材料自行改造	山西晋城煤业集团
112	机电运输	气动式双层自动放水器	千米钻机施工时,需要安排专人对放水器进行放水作业,在放水过程中因要关闭放水器抽管阀门,容易造成孔内瓦斯涌出,存在安全隐患。为了解决施工中存在的安全隐患,提高施工效率,实现减人提效的目的,成庄矿抽放一区通过自主研发,制作了气动式双层自动放水器,通过在千米钻机现场安装使用气动式双层自动放水器,有效地防止了管路积水,保证了抽放系统安全稳定运行。同时杜绝了因放水造成的瓦斯超限事故,保障了钻孔施工安全,减少了人员浪费,提高了工效	山西晋城煤业集团
113	机电运输	大采高支架架间管路快速拆除工具	在大采高回撤支架时,需将支架间进液、回液、水管拆除,由于进液、回液管路较粗,并且因使用时间长,管路与支架连接铁管锈在一起,拆除时,需使用大锤、撬棍、1 t 吊链、垛斧、扁铲等工具配合破坏性拆除。这种拆除不仅消耗时间长,而且人员的体力耗费大,同时可能将支架连接铁管及架间管路损坏,导致支架复用时更换管路。该工具在拆除大采高支架架间管路时,不仅能使架间管路与支架连接铁管快速分离,而且能在拆除架间管路时起到保护作用 (1) 使用大采高支架架间管路快速拆除工具不仅解决了大采高支架架间管路拆卸难的问题,而且简化了作业工序,减轻人员体力消耗,解决了后期大采高支架复用更换备件带来的不便 (2) 大采高支架架间管路快速拆除工具使用材料简单,均为井下常见部件 (3) 操作方便、简单	山西晋城煤业集团
114	机电运输	90°可旋转卷带装置	通过设计车轮、环形轨道、回转底座、回转中心轴使卷带装置能绕中心转动,推移油缸使卷带装置实现了 90°旋转,便于卷带和卸带	山西晋城煤业集团
115	机电运输	手动矿用液压调速阀	针对常规钻机在松软煤层等复杂地质条件及多用途钻孔施工中易卡钻、难成孔等问题,发明了一种液压调速阀,可实现三级变速变矩换挡调节,增大了转速和转矩的调节范围,提高了钻机的核心性能和施工效率 该液压调速阀结构上设计为三位六通:圆柱形阀芯设计了 3 列×3 层的连通槽,与阀体油口的不同对接可实现动力头 3 个定量液压马达串联、并联及先串联后并联等 3 种液压连接形式,进而达到调节钻机转速和转矩的目的。最终可以更好地适应复杂地质条件及多用途钻孔施工工况。该调速阀设计有过负荷溢流口,采用进口零部件,可以承受较大过负荷(系统压力可达 30 MPa),防止阀体受到损坏,可靠性提高	山西晋城煤业集团

（续）

序号	专业	成果名称	成 果 内 容	推荐单位
116	机电运输	吊挂式带式输送机犁式卸料车的设计	通过改变卸料车的驱动形式，将卸料车由链轮式单侧传动改为齿轮中部带动两侧主动轮传动，再由两侧主动轮带动相应从动轮实现小车运动，此传动结构确保了两侧受力平衡，平稳性较高，可以实现较大的传动比，传动效率高，使用寿命长	山西晋城煤业集团
117	机电运输	新型矿车防脱防丢插销	原副斜井提升使用的防脱插销，防脱插销插入、抽出插销锁孔不方便，又由于副斜井连车摘挂钩频繁，旧防脱插销操作不方便，造成工作效率低，经常有操作人员图省事，不插防脱卡。但是斜井提升中如果不插防脱卡，有时会出现插销弹出现象，引发跑车事故，给煤矿带来严重损失。因此研制一种便于操作的新型插销防脱装置，对避免此类事故发生具有重要意义	山西晋城煤业集团
118	机电运输	扭力倍增器连接杆改造	扭力倍增器的投用降低了职工劳动强度，在现场使用过程中，钻机与倍增器通过连接杆连接，连接杆一端为套筒与倍增器连接，另一端为正六边形杆体插入钻机转芯，在钻机芯扭力作用下连接杆常常在杆体端扭断（连接杆与倍增器越转越紧，连接杆与倍增器一旦紧固便难拆卸和更换）。轴心偏离严重影响了倍增器的使用效果和使用寿命，倍增器报废多数情况下是由于连接杆杆体损坏后无法更换造成的 改进办法：将连接杆两端全部改为套筒（一端为正六边内孔、另一端为内螺钉），并用较短钻杆使钻机与连接杆连接，有效防止连接杆扭断，杜绝由于连接杆折断而致使倍增器报废的问题 效果：与钻机连接的原连接杆一端经常受扭力折断，直接造成倍增器报废，两端改为套筒后，连接杆基本上没有损坏，提高了连接杆性能，保障了倍增器使用，效果较好，值得推广	山西焦煤霍州煤电集团
119	机电运输	刮板输送机螺钉快速紧固、拆卸装置	回采检修人员每班紧固刮板螺钉，工作量较大，耗费工时较多，为提高现场检修效率，加工制作 $\phi 41$ mm、$\phi 46$ mm 套管头，与风镐或气扳手连接，改造后的快速紧固刮板螺钉装置可快速紧固和拆卸螺钉，实现了操作的半自动机械化，能够节省人力，同时机械紧固稳定能保证螺钉紧固强度，提高了工作效率	山西焦煤霍州煤电集团
120	机电运输	瞬变电磁天线线框架设角度仪	瞬变电磁天线线框架设角度仪主要由两部分组成，即角度盘和牵引线。其中，角度盘为铁质，呈半圆形，以 10°或 15°的间隔依次排开。牵引线为一根普通长绳，长约 1.5 m，一端固定在角度盘圆心位置。该角度仪于 2016 年上半年共计投入使用 466 次，辅助超前探测进尺 43400 m，探测准确率由 45% 提升到 51%，居于行业前列，创造效益 893.55 万元。该设备不仅有效地避免了靠个人经验角度摆布不规范导致的数据采集不准确，更规范了工作面现场标准操作，方便了现场施工，极大地提高了瞬变电磁探测准确率，有效地为矿井安全生产保驾护航。该设备方便了井下现场操作，提高了井下超前物探操作标准化水平和探测数据采集精度，有较大的应用前景	山西焦煤霍州煤电集团
121	机电运输	一种锚杆锚索安装助推器装置	该装置降低了加长锚固的锚杆锚索安装难度，降低了现场人员劳动强度，提高了施工质量，并获得实用新型专利。目前该装置在部分矿井成功应用，取得了良好效果 创新点：改人工推送锚索为钻机推进锚索，解决了加长或全长锚固锚索、锚杆推进安装困难的问题，降低了工人的劳动强度，规范了锚索、锚杆安装工艺，提高了锚索、锚杆安装质量，巷道支护强度得到了保障	山西焦煤霍州煤电集团

(续)

序号	专业	成果名称	成果内容	推荐单位
122	机电运输	带式输送机制动装置	结构性能及原理：制动器采用手动风压控制箱、风动夹带装置、风管等，风动夹带装置利用抱轨挡车器结构制作，风动夹带装置安装在底输送带上下，用风管把手动风压控制箱和风动夹带装置连接起来，带式输送机启动期间，风动夹带设施处于开启状态。当需要停车时，人员停机后，立即手动控制风压按钮处于关停位置，夹带装置夹带迫使输送带瞬间停止运转。该制动器的优点：利用风动夹带装置使带式输送带停止运转，减少了停车时间；较其他制动器，该制动装置制动输送带有一定的缓冲性能，能有效减少带式输送机电机减速器的磨损程度，能使带式输送机平稳安全地停止运转	山西焦煤霍州煤电集团
123	机电运输	ZY7200-17/33型液压支架推拉油缸改造	由于ZY7200-17/33型液压支架推移油缸与支架连接原设计为凸台式，在使用过程中凸台容易折断，直接造成油缸报废。经现场研究，将原设计凸台式改造为插销式，损坏时只损坏销子而不损坏油缸，降低了配件费用投入，到目前为止已减少推移油缸投入费用18.5万元	山西焦煤霍州煤电集团
124	机电运输	锚杆钻机提手的研究创新	MQT-130/3.2X型气顶帮两用动锚杆钻机是井下钻眼的主要设备，使用频率高、设备数量多，在井下支护作业中有着不可或缺的地位。正是由于其工作特性也造成了设备故障率高、设备维修费用高。特别是三级缸筒和提手连接就是故障频发点。在启动钻机作业中，提手作为支撑件，是整个钻机的受力点，而气缸三级缸筒又起着伸缩的作用。连接处采用螺纹式连接。设备检修时经常遇到连接处损坏，直接导致提手和三级缸筒报废。为解决这个问题，将报废的三机缸筒尾部找中，焊M36 mm螺母一件，提手处焊接36 mm通丝螺杆，使用时两处重新连接 (1) 大幅度降低了检修成本：月检修风钻中30%会出现提手、缸筒丝损坏的现象，更换一套新的需要2700元（提手700元/件，三级缸筒2000元/件），而将报废的三机缸筒尾部找中，焊M36 mm螺母一件，提手处焊接36 mm通丝螺杆，只需花费49.4元，节约了检修费用 (2) 采用直径较原螺纹大的螺栓、螺纹焊接而成，坚固性强，强度大，使用安全性高 (3) 制作简单方便，具有很好的推广价值	山西焦煤霍州煤电集团
125	机电运输	煤矿用履带式全液压坑道钻机行走操纵台远距离操控改造	该操纵台设有两个履带行走操作手把，分别控制左右履带片的前进与后退，并可配合实现左右拐弯。钻机出厂时两个履带行走操作手把安装固定在机身后操纵台位置，移动钻机时，司机需贴近钻机并随机跟进操作钻机，危险性较大。该设备可将钻机行走操作阀和钻机机身分离，实现钻机司机远距离操控钻机行走，提高了钻机操作人员的安全性	山西焦煤华晋公司
126	机电运输	钻孔瓦斯防喷收集装置改进	改进了孔口防喷四通前安设的防喷装置，将以前的牛筋密封挡圈防喷装置改进为压盘根直通防喷装置，保证了防喷装置对钻孔的密封性，有效地防止了瓦斯喷孔时可能造成的危险 (1) 该装置使用时用螺栓紧固压实喷装置内牛油盘根，保证了装置对钻孔的密封性、抗压性和防喷牢固性 (2) 压实的牛油盘根防喷装置比原牛筋柔性密封挡圈更耐磨、耐用，不仅消耗成本低，而且减少了现场职工更换牛筋密封挡圈的时间	山西焦煤华晋公司

（续）

序号	专业	成果名称	成 果 内 容	推荐单位
127	机电运输	煤矿井下应急防爆排水车	该排水车主要应用在矿井下，而矿井下的行走路面条件比较恶劣，采用履带式行走机构在任何路面、坡度及没有绞车等牵引机构的条件下实现自动追水，并在道路中间有障碍物清除时可利用自身的动力机构清除障碍使其顺利通过。主要排水设备采用两台大功率卧泵或潜水泵保证排水流量和扬尘，在两台主排水泵前级设置数台小的潜水泵作为大泵的水源提供设备，使水泵连续运行。在排水车后方连接相适应的排水管路，先安装一段可不停泵加装管道系统，然后安装远距离排水软高压快速接头管路。在排水车上自带电气控制箱，并配备一套不停电加装延伸电缆系统，实现追水过程中供电不中断。在排水车车身上配置了可以用来支护顶板的液压支架用来随时支护顶板以保证抢险人员的人身安全 创新点：该设备将应急排水设备进行集成，并在不停泵、不停电、不停排水的前提下快速安装延伸管道、连接件、电缆，实现紧急排水需求。该设备能够实现响应迅速、排水流量大、安装时间短、复杂路面通过性好、排水连续不中断等功能，可实现快速救援，保障人员生命安全和物资安全	山西汾西矿业
128	机电运输	架空乘人装置增加安全保护	针对矿井架空乘人装置投入运行早，保护功能不齐全，运行过程中出现吊椅摆动过大，驱动轮直径小，有时危及人身安全等技术难题，对原设备进行技术改造，降低重大事故的发生概率，确保吊椅乘坐人员安全	山西汾西矿业
129	机电运输	综采工作面下巷移变、开关、电缆筐自移装置	传统的综采工作面将煤机、刮板输送机开关都集中布置在乳化泵站处，泵站一般布置在巷道中部，随着工作面的正常推进，每天要组织大量人员进行盘电缆工作，耗费了大量人力，增加了工作量，而设备自移装置的使用可以有效地解决这一问题，减轻了工人的劳动强度，提升了工作效率，提高了工作面的自动化程度	山东能源集团
130	机电运输	风动回收锚杆钻机	以采煤工作面两巷的压风作为动力，使钻机运转，同时通过水变头向空心钻杆供水，水由空心钻杆流至钻头，将煤粉带出，达到降尘和排煤屑的目的。当钻进长度和锚杆长度一致时，停止风煤钻运转，靠空心钻杆端部与锚杆的内摩擦力，将锚杆拔出，达到回收锚杆的目的	山东能源集团
131	机电运输	综掘电缆可伸缩滑行吊挂架	该设备创新性地利用了综掘机二运行走部，在行走部一侧布置电缆吊挂架，每一架吊挂架上部探出部分均安设一个导向滑轮用于引导电缆滑行，保证电缆流畅地伸缩。使用吊挂架后平均每班用工量减少两人	山东能源集团
132	机电运输	架空乘人装置零速度上下人装置的设计与应用	由于架空乘人装置运行速度快，故在中部区间上下人极为不便，且易对人员造成伤害，因此设计了架空乘人装置零速度上下人装置，保证了在中部区间上下人的安全运行	山东能源集团
133	机电运输	定点等距延输送带法	针对煤炭企业掘进迎头延输送带频繁、紧绳时间长、职工劳动强度大、消耗工时多的问题，设计并实施了"定点等距延长输送带法"，减少了延输送带时间，避免了掘进机牵大机尾用手拉葫芦重复紧绳现象，减少了重复施工，提高了迎头延输送带速度，每次节约90 min，提高了职工工效	山东能源集团
134	机电运输	主井装载定量斗自动吹扫装置	该装置采用的电气闭锁、风路与水路冗余，以及所有管件连接所使用的可插拔快装接头，既保证了安全运行又简化了检修步骤。使用该装置降低了提升成本、减少了工人进仓清煤安全隐患、降低了工人劳动强度、延长了设备运行周期	山东能源集团

(续)

序号	专业	成果名称	成果内容	推荐单位
135	机电运输	小排量便携式预应力全长锚固注浆泵	该装置结构简单,使用方便;通过控制风量,来调节浆液流量;不用接电,安全性高;质量轻,一人可以提走;注浆泵采用风动作为动力源,拆装简单,适用性强,既可作为锚杆锚索预应力注浆,也可作为小范围巷道开裂的壁后注浆	山东能源集团
136	机电运输	综采机电设备故障分析与处理流程图	根据煤矿现在使用的综采机电设备的特点,分析处理每一种设备可能遇到的故障,并进行系统化、流程化	平煤神马集团
137	机电运输	平煤股份八矿新型液压自动罐帘门改造	罐笼原来采用传统的人工手动挂罐帘门方式,通过新型液压自动罐帘门改造,实现了利用液压动力远程自动升降罐帘门 创新点:①采用液压传动技术;②采用曲轨的运动轨迹改变技术;③采用主动轮与从动轮配合技术;④采用运动行程转换技术;⑤设计了一套操车系统PLC信号闭锁装置	平煤神马集团
138	机电运输	双滚筒采煤机防尘装置的设计与应用	该装置结构简单,易装易拆,使用后对工作面输送机拉回煤控制效果显著,减少了因输送机断链引起的安全隐患,降低了事故影响时间,提高了出煤效率,同时降低了工人劳动强度,对煤矿的安全生产具有重要意义	平煤神马集团
139	机电运输	套筒式螺纹钻杆打捞器	自制研发,用于打捞掉落在钻孔内部的钻杆	平煤神马集团
140	机电运输	内蒙古自治区高寒地区液压支架室外过冬防护技术	泊江海子矿首采工作面选用郑州煤矿机械集团公司生产的ZY15000/29/60D液压支架,共123架,于2013年7月到矿,总价值约1.2亿元。液压支架于2015年3月开始入井安装,受车间场地限制,液压支架必须在地面室外存放过冬,液压密封元件及胶管会在极寒状态下塑性变形,导致密封失效,会造成巨大的经济损失。液压支架室外过冬存放无先例可循,结合矿区气候和液压支架防冻、防晒、防腐的要求,决定将液压支架在地面室外场地存放,场地东西长90 m,南北长30 m,液压支架长度为8.4 m。除3架(端头2架,中间1架)在综机厂房内用于三机组装联合调试外,其余120架在室外场地存放。采用帆布覆盖并在液压支架内安装供暖管路,进行防护防冻,考虑矿区冬季锅炉供暖面积大,为了防止供暖期间供暖不足或管路设备故障停止供暖等因素的影响,在液压支架出厂前要求厂家每架充注40号防冻液	内蒙古银宏能源开发有限公司
141	机电运输	自制卸载滚筒后备保护装置	针对卸载滚筒损坏情况不同可能引发钢丝绳芯输送带损坏情况不同的实际情况,设计了相应的保护装置 利用带式输送机综合保护装置在卸载滚筒后侧设置保护触点,当卸载滚筒因损坏而产生旋转摆动变形时,触发保护触点,使保护触点动作,再通过连接触点的保护线路传送到控制警报系统进行报警并及时停机 利用带式输送机综合保护装置在卸载滚筒两侧设置保护触点,当卸载滚筒因损坏而产生沿轴向窜动变形时,触发保护触点,使保护触点动作,再通过连接触点的保护线路传送到控制警报系统进行报警并及时停机 特点:结构简单、维护方便、成本低廉、灵敏度高、安全可靠,出现问题及时报警并停机	辽宁铁法能源

（续）

序号	专业	成果名称	成果内容	推荐单位
142	机电运输	混合井井筒装备异形吊盘设计及安装施工工艺	混合井井筒装备施工包括一套罐笼提升系统及一套箕斗提升系统。井筒装备施工内容复杂，施工工艺烦琐，安全隐患大。根据混合井井筒装备施工内容及井筒平面布置，设计异形吊盘，改进施工工艺，利用异形吊盘进行井筒装备施工。第一次落盘时，安装井筒所有托架牛腿、电缆托架、箕斗罐道梁、箕斗封闭板，以及箕斗罐道等，一次性完成箕斗间所有装备的安装任务；起盘过程中安装井筒剩余装备 （1）混合井井筒装备施工用异形吊盘设计 （2）利用异形吊盘一次性安装箕斗间所有装备内容	淮南矿业集团安装分公司
143	机电运输	副立井安全高效整体打运液压支架方案研究	工作面安装时，液压支架等大型设备通过技术研究，及时解决打运过程中存在的装卸车及重心偏差等问题，做到设备整体安全高效打运下井，并通过方案实施，及时满足和保证井下工作面快速安装，减少人员投入，缩短工期，提高劳动效率，同时降低职工劳动强度，确保矿井安全高效生产和工作面快速连续接替	淮南集团西部矿业公司
144	机电运输	防止水泵被淤埋的泥沙过滤器	每一根过滤网只用1.5~2.0 m的ϕ720 mm钢管就可以制作10 m以下的过滤网。将ϕ720 mm钢管断成500~600 cm，用ϕ14 mm钢筋每隔10 cm进行电焊连接，再用铁纱网进行包裹，如此透水性、过滤效果更好，而且质量轻，节省了钢材，作业方便	华能伊敏
145	机电运输	地下室井口有害气体密封装置	在疏干井管上焊承接盘，疏干井扬水管的弯头盖与承接盘之间用10 mm软胶垫连接，使有害气体不能通过井口直接排进地下室。在弯头盖底座上设两孔贯通井口，一个为电缆孔，另一个为通气孔。通气孔由软胶管连接至地下室通气管内，使井内气体排放到室外空气中。电缆孔用密封胶进行封堵密封，回水孔用胶管引至井管，引出2寸短接用卡子固定，最后用砖和水泥砌一个井台。如此有效地控制了有害气体外泄对工作人员造成的伤害	华能伊敏
146	机电运输	防潜水泵电机脱落装置	采用扁铁笼箱式方法，用4根0.4 mm厚、40 mm宽的扁铁将水泵电动机与扬水管直接连接，在扬水管接处用螺栓固定，并用10号铁线对箱笼进行捆绑加固。当泵体电动机脱落时，电动机会落在笼箱内，避免了泵体电动机坠井及电缆伤人事故，避免了财产设备损失	华能伊敏
147	机电运输	筒状稳钉起钉器	在筒状稳钉通孔内放置一个可以拧进稳钉的攻丝螺栓，形成一个套筒型结构，在外侧螺栓顶部焊接两个螺母，螺母另一端通过螺纹连接一个圆筒状提拉杆，利用惯性快速向上拉动提拉杆将稳钉拔出，不用使用太大的力气即可将稳钉拔出	华能伊敏
148	机电运输	一种轮式挖掘机边减拆装置	该装置可以轻松地完成轮式挖掘机边减锁紧螺母的拆装问题	华能伊敏
149	机电运输	一种履带式推土机支重轮更换装置	解决了在更换履带推土机支重轮时，支重轮无法被一步吊装到位的问题；同时解决了更换支重轮存在的安全隐患	华能伊敏
150	机电运输	一种电动轮试验台	研制了一套电动轮试验装置，将电动轮在此装置上模拟实际工况进行试验运转。在运转期间，可以检测电动轮是否有异响、震动、漏油等不正常现象	华能伊敏

附件2 全国煤矿优秀"五小"成果目录(三等奖)

(续)

序号	专业	成果名称	成 果 内 容	推荐单位
151	机电运输	一种发电机与液压泵同轴度校正仪	发电机与液压泵同轴度校正仪可以有效地校验液压泵轴与发电机轴的同轴度,通过增加液压泵垫片调整其同轴度,以达到理想数值,可以保证发电机向液压泵平稳传递扭矩,进而有效地保障设备的可靠性	华能伊敏
152	机电运输	大型矿用挖掘机风路解冻装置	该风路解冻装置是在原设计管路接头处,将双通阀门改装为一个三通阀门,其中两个口分别连接风管,保持畅通,第三个口用于风路结冻时加注酒精,并在加注酒精的口上方焊接一个防酒精喷出的帽,防止酒精喷出伤人。该装置操作方便、安全	华能伊敏
153	机电运输	一种极寒天气手动注油装置	在极寒(-40 ℃以下)天气下通过设备改造,在不改变原自动润滑系统工作的情况下,加装一个气路二通阀门,并焊接特制连接头,实现手动长风向回转机构、推压机构注油	华能伊敏
154	机电运输	电铲的开底杠杆	为了增加开底杠杆的使用寿命,在材质和热处理不变的情况下,将整体式头部焊接型改为整体锻造式	华能伊敏
155	机电运输	电铲提升卷筒的迷宫型密封结构	WK-10B电铲原密封为J型密封,不能适应现场工况要求,卷筒漏油严重。密封圈改造前,先检查提升减速机壳体的形位公差,检查减速机壳体安装密封部位是否变形,如圆度超过2 mm,则要对其进行修形,或加大密封圈与密封环的径向间隙,以保证提升卷筒在工作过程中不发生干涉和摩擦 以厂家提供的图样为依据,根据提升卷筒的实际尺寸及将密封圈与密封环按图纸进行加工,并将提升卷筒送到机修处进行加工,以保证其精度 (1)由于减速机箱体产生较大变形,修整其变形比较困难,为了保证检修质量,达到预期的密封效果,将提升减速机壳体运回厂家,修复变形后对所有轴承孔和卷筒密封环重新进行加工,保证了各轴之间的同轴度。组装时要根据现场实际情况进行组装,组装时先将提升卷筒吊装到减速机箱体内进行预装配,以确定密封环在提升卷筒上的实际位置,进而确定密封圈的实际位置 (2)将密封环锯开成两部分,与提升卷筒组焊到一起。为了保证焊接精度,现场采取画出基准线进行找正的方法,将密封环夹持到卷筒上再定位点焊。密封环径向偏差(圆度)不大于1.5 mm,轴向偏差不大于2 mm,焊接时焊缝为连续焊,焊缝处不得漏焊。密封环接口处焊接前,要先打坡口然后再焊接,密封环焊接到提升卷筒后,如发生变形,要先修形,使其径向间隙偏差不大于1 mm	华能伊敏
156	机电运输	一种带式输送机滚筒清扫器螺旋倒料装置	该螺旋倒料装置由电动机、减速机、链条、链轮、螺旋杆、轴承座等部件组成。螺旋杆是一根长圆管,表面焊接具有一定螺距、旋向、直径的薄钢板,依靠螺杆泵原理,实现倒料功能,是清料的主要部件。螺旋杆两端用轴承座支撑,轴承座与集料槽通过螺栓连接。电动机与减速机一体,同样用螺栓固定于集料槽。电动机与螺旋杆通过减速机与一定的链式传动系统连接。通过改变链轮齿数比即可控制螺旋杆转速快慢,即实现清料速度改变	华能伊敏
157	机电运输	一种空气滤清器的除霜装置	该装置是在推土机发动机吸气口处安装一个用120目铜沙网制作的预滤器,冰霜被铜沙网挡住,每2 h清理一次预滤器,可以有效地延长空气滤清器的使用寿命,一般每周更换一次就能满足使用要求	华能伊敏

(续)

序号	专业	成果名称	成果内容	推荐单位
158	机电运输	一种氮气缸或举升缸的拆装装置	该装置是一种露天矿自卸车氮缸修复架,其中在装置底部设有一个放油槽,在油槽中放置一个支撑块调整不同长度氮缸的检修高度;在侧面设置一个三角形支撑架,与油槽共同构成支撑力;支撑架上面设置一个支撑板,与支架焊接,支撑板上面钻4个孔;另外设置一条铁链,此铁链两端与螺栓焊接 检修时,将缸筒贴靠支撑板并垂直放置,缸芯一端朝上;用铁链将氮缸与支撑板装卡,用螺栓固定到支撑板上面。氮缸下部放置大小适当的支撑块,调整氮缸的装卡高度 拆解时,将氮缸中的氮气放净。在缸芯自重作用下油脂从氮缸中流到下部放油槽中,避免了油脂外溢。拆卸氮缸上固定螺栓后,将电动葫芦用吊具与缸芯上端座孔连接。垂直向上抽出时,由于重力与电动葫芦向上的力,保障了缸芯与缸筒的相对平行度,避免了缸芯与缸筒之间的磕碰 装配过程与上述步骤相反	华能伊敏
159	机电运输	带式输送机改向滚筒的锁定调整装置	该装置使用时,将调节套筒上的耳座与改向滚筒机架相连接、螺杆与地锚圆环链连接。启动移动液压站,操作空心液压油缸将螺杆推出,液压油缸活塞伸出推动螺杆,实现改向滚筒位置调整。调节装置主要部件为不锈钢,采用梯形螺纹,并设置了清扫螺母,防止螺杆部位生锈、粉尘等造成螺母受卡	华能伊敏
160	机电运输	综放工作面后部刮板输送机机头自动调高装置	(1) 利用该装置将后部刮板输送机机头自动调高装置安设在后部刮板输送机机头架底部上,根据现场实际情况,自动调节后部机头卸料口高度,实现自动调节、动态调节、快速调节。该装置结构简单、实施容易、设计新颖,非常适合推广应用,且具有安全可靠、操作简单、维护方便等特点 (2) 该装置每年为公司创效 30.5 万元	华电煤业集团有限公司
161	机电运输	链条升降器的实用新型专利	该装置是一种刮板输送机链条的升降装置,目的是为了升降链条以便于更换输送机刮板和压条。该装置由千斤顶、横梁、提链钩、销子组成。使用步骤是将要更换的刮板、压条转输送机机头交叉处,松掉螺栓将链条升降器放到要更换的刮板、压条旁边的溜槽中部,将提链钩钩住中双链,固定好后,打千斤顶将销子提起。将需更换的刮板、压条抽出,换上新压条,千斤顶卸液,取走链条升降器。紧好螺栓,更换刮板、压条完毕。该装置轻便、结构简单,使用方便,提高了更换刮板、压条时的工作效率,减少了工人的劳动强度,提高了更换刮板、压条的安全系数,可在煤矿链条检修中大力推广	华电煤业集团有限公司
162	机电运输	快速更换刮板输送机刮板装置	(1) 由于输送机刮板更换量较大,未使用专用工具之前,每更换一个刮板需 30 min,占用大量检修时间,导致无法按时开机生产;使用专用工具后,每更换一个刮板只需 5 min,提高了更换刮板的效率 (2) 降低了工人的劳动强度,节省了检修时间 (3) 目前国内还没有更换运输及刮板及压条的专用工具,计划申请专利	华电煤业集团有限公司
163	机电运输	采煤机拖缆装置改造	改造后的采煤机拖缆装置既保证了工作面降低采高为 2.8 m 时采煤机正常通行的需求,又有效保护了随机移动的电缆夹及电缆夹内的供电电缆、供水管,避免了采煤机供电电缆、水管损坏事故的发生,确保了安全生产,可创造价值 51 万元	华电煤业集团有限公司
164	机电运输	月亮田矿改造粉矸石弧形筛降低介质消耗	(1) 将筛缝由 0.4 mm 降低为 0.3 mm,将振动击打翻转弧形筛更换为 FSH-1230 型直线筛 (2) 引用高效浓缩旋流器 (3) 提高入料泵压力 (4) 提高振动筛频率	贵州盘江精煤股份

(续)

序号	专业	成果名称	成果内容	推荐单位
165	机电运输	土城矿采煤工作面液压支架抬底油缸使用与改进	（1）使用抬底油缸，拉架时保证底座抬起，避免铲起底板过多浮货，影响采煤工作面的文明生产，同时减少了清扫浮货的劳动力 （2）使用抬底油缸，拉架时保证底座抬起，减轻了拉架过程中产生的阻力 （3）将原来油管接入口改进成油管接入槽，可防止缸体相对缸套向上运动时将油管折断，从而有效地保护了油管。使用抬底油缸拉架方便、安全 （4）制作材料满足强度要求，使用安全	贵州盘江精煤股份
166	机电运输	气缸盖水压试验装置	该装置用于内燃机车气缸盖的低压试验，对气缸盖内腔进行 1 MPa 水压试验延续 5 min，用灯检查气缸盖外壁过水套配合处，闷盖、螺堵及喷油器安装孔不得有泄漏或冒水珠现象，以达到检修工艺标准要求。经打压试验的汽缸盖在装车使用中，未经发现汽缸盖与过水套之间有渗水泄漏现象，达到检修工艺标准。该装置使用效果良好，为企业节省成本 2.3 万元（购置新设备需 3 万元）	阜矿集团
167	机电运输	内燃机车气门锁夹组装台	该拆装工具用于拆装气门弹簧，采用组合式结构，利用杠杆原理，将气门弹簧压紧、放松，达到拆装气门弹簧、锁夹的目的。气门弹簧、锁夹拆装工具主要由液压钳、连接杆、支撑架组成 气门弹簧、锁夹拆装工具与液压钳配合使用，可以方便快捷地进行气门弹簧锁夹的安装操作。使用效果是：由于设计有液压钳支撑装置，使气门弹簧锁夹在整个安装过程中不会弹落，且实施安装方便，极大地提高了工作效率及精准度。降低了员工的工作强度，为企业节省成本 2.7 万元（购置新设备 3 万多元）	阜矿集团
168	机电运输	提前使用冬季油、延长浸油时间	冬季检修车辆时，油枕在浸油过程中温度要求较高，机油在 24 h 内对油枕浸泡不彻底，油枕含油量不足，在运用中轮轴与轴瓦油膜太薄，造成燃轴严重现象。从技术进步、管理创新的角度出发，研究防寒期间提前使用冬季油，由原来油枕浸油 24 h，延长至浸油 48 h，使机油能充分地浸入油枕，达到油枕浸油工艺标准 经使用，效果显著，预计可降低燃轴率 30%，且减轻了工人的劳动强度，提升了检修质量，使冬季防寒期间检修成本合计降低 10000 多元	阜矿集团
169	机电运输	轴箱拉杆拆装工作台	该装置用于内燃机车轴箱拉杆拆装，主要由活动钳身、固定钳身、底座、丝杆等部分组成。丝杠由电动减速机传动，推动活动钳身顶杆，完成轴箱拉杆拆装过程。该装置可以方便快捷地进行轴箱拉杆拆装操作。经实践，该装置拆装一个轴箱拉杆约需 0.5 h，而且操作简单、安全可靠。在轮检中，每车 24 台大概需要更换的有 50% 左右，修理一个轴箱拉杆，价格为 2000 元左右，合计近 3 万多元，有了此装置，按检修计划，每年可为企业节省 20 余万元，极大地提高了工作效率及检修质量标准。制作此装置为企业节省资金 18 万元（购置新设备 18 万元）	阜矿集团
170	机电运输	滤芯清洗机	该装置清洗效果好、完成效率高、节约配件、节省人力。内燃机车滤芯的清洗、再用，减少了新滤芯领用率，降低了材料消耗。每年清洗内燃机车滤芯约 80 个，清洗效果好，完成效率高，保证了机车良好的动力。该滤芯清洗机操作和维护简单、方便，安全性强	阜矿集团
171	机电运输	纪奎式旋转卡轨式车场阻车器	许多近水平斜巷道或车场内车辆不易停稳，用小杆木楔阻车造成材料浪费，用挡车棍操作较复杂，实际运用效果差，用吊梁直接不起作用，给车场停车埋下隐患。经过多次研究和试验，制作了该车场阻车器，操作简单、安装方便，阻车效果好，完全满足车场内停车阻车的需要 旋转卡轨式车场阻车器用 20 mm 厚钢板切割制作，用一个销轴连接，用螺钉固定在铁路上，制作简单，操作灵活，来车前脚一碰阻车器便立起来，需要移动阻车器位置时可在要安装地点的铁路上钻两个孔，旋转卡轨式阻车器便轻松安装到位	肥城矿业集团

（续）

序号	专业	成果名称	成果内容	推荐单位
172	机电运输	大巷冲尘车设计制造	大巷冲尘车整体结构分为四部分：电源部分、潜水泵、水箱部分、喷水部分。自行设计电源装置，采用电机车上的蓄电池，自制加工大巷冲尘车车厢及调控装置	肥城矿业集团
173	机电运输	主副井钢丝绳出绳口清扫装置	主副井车房的出绳口安装钢丝绳清扫装置，此装置分上下两部分，中间安装有清扫钢丝绳用的毛刷，毛刷可以方便更换，配合车房内部挡绳板，能够很好地清理钢丝绳表面的粉尘、淋水等杂物	肥城矿业集团
174	机电运输	新型树脂锚固剂安装器	新型树脂锚固剂安装器由主管、副管、组合推杆、挡片、底部挡圈组合而成。使用时通过组合推杆在副管内伸缩活动，将锚固剂推至钻孔内，安全实用，提高了劳动效率，操作便捷	鄂尔多斯市中北煤化工
175	机电运输	液压单体支柱联锁防倒装置	该装置将独立的单体结合在一起，形成一个支护体系，增加安全性能；生产成本较低，适用性强	鄂尔多斯市中北煤化工
176	机电运输	唐家会矿井掘进工作面耙装机后部大倾角运输方式的创新应用	选择耙装机后部大倾角斜巷运输方式，成为制约迎头安全、生产的关键。在耙装机后方安装一部40 t的刮板输送机，并根据设备结构特点，通过对设备的创新和严格现场使用管理，实现了在大倾角斜巷掘进迎头使用刮板输送机辅助运输的目的	鄂尔多斯市华兴能源
177	机电运输	主井下段输送带卸载仓加装缓冲板	由于转载输送带带强小、距离短，加上主井下段输送带卸载仓落煤点距离转载输送带垂直高度达到3.6 m，煤流对转载输送带的冲击力和频率都很大，这就导致转载输送带受损严重。在下段输送带卸载仓加装缓冲板后，就将煤流的冲击转移到了缓冲板上，再由缓冲板把煤平缓地送到输送带上，对输送带相当于零冲击，很好地保护了转载输送带，延长了其使用寿命	鄂尔多斯市华兴能源
178	电气自动化	副井提升冷却风机变频设计推广	EM303B-055G/75P变频器体积较小，并且接口丰富，控制方式灵活，非常适合现场使用 在升级变频冷却方式的同时保留原有接触器控制方式。以备在无须变频的炎热夏季白昼和在变频器故障无法使用的情况下使用。变频器频率给定设置为VS（电压端子给定）方式，外接变频器电流显示，电动机温度显示，输入电压显示。具有运行闭锁输出、故障闭锁输出等 风机变频器采用三菱FX系列PLC控制，PLC型号为FX1N-24MR，采用三菱温度模块进行温度采集，通过程序换算，进行温度控制变频器启停和频率输出 改造后变频器接触器与原有风机交流接触器相互闭锁，避免了两者同时输出，造成短路，损坏设备。风机变频器电控构造和程序编写采用完全自主研发设计，具有完全产权，且经过反复调试后确立了风机温度分级调节机制 PLC控制闭锁包括原交流接触器闭锁、变频器接触器闭锁、运行闭锁、故障闭锁等，利用变频器自身故障继电器，采用变频器自身电源控制，即使变频器失电，仍能实现故障闭锁。增加一组控制柜内温度PT，实现对变频器柜体内部温度的监控和报警，避免过热，损坏设备	淄矿集团

(续)

序号	专业	成果名称	成果内容	推荐单位
179	电气自动化	高压二通创新接线工艺	井下高压二通在使用中绝缘低，存在重大的供电安全隐患。由于井下掘进工作面拆卸、安装频繁，高压橡套电缆中间接头多，大部分高压二通又不能投入使用，矿材料计划日趋紧张，在3M电缆中间冷缩头供应不上的情况下，利用废旧的高压二通隔爆外壳内部电缆连接进行方式创新，由两同型号电缆芯线使用铜套管直接对接，再利用绝缘套管包裹，达到高压电缆供电绝缘要求。改造后使用效果良好，消除了电缆接头绝缘低的重大安全隐患，制作电缆接头工艺安全可靠，使高压二通变废为宝，不仅给日常维护节约了时间，而且减少了维修成本，又创造了可观的经济效益，可在全矿推广使用	中煤新集
180	电气自动化	高压防爆开关馈电状态监测问题的解决	目前国内馈电状态的监测一般采取两种方法：一种是把馈电传感器卡在馈电开关负荷侧的电缆上，通过电缆的对地电场进行馈电状态监测，但由于井下环境复杂，馈电传感器抗干扰性能差，可靠性不高，现基本已不再采用；另一种是通过电压转换模块将电压转换成低电流信号进行馈电状态监测，但目前国内的电压转换模块仅能对1140 V及以下电压进行电压转换。由于受井下供电条件及断电范围要求的限制，目前我矿（公司）全部回采工作面及部分采掘工作面采用高压（10000 V）防爆开关作为馈电开关，并进行瓦斯电联锁，对高压馈电开关进行馈电状态监测成为一个问题需要解决，但上述两种馈电状态的监测方式都不能满足此需要。由于高压防爆开关内部都有不止一对的辅助接点，这些辅助接点的动作与高防开关的通断（有电无电）状态是一致的，也就是说当高防开关通断时，辅助接点也打开或闭合，利用这些辅助接点的通断状态就可反映出高防开关的通断状态 利用高压防爆开关的无源辅助接点进行有电、无电状态的监测，具有安全性、准确性高的特点，很好地解决了高压开关馈电状态监测的问题。此方法利用现有设备进行改造，不增加任何设备投入和成本	中煤新集
181	电气自动化	乳化泵站手动反冲洗过滤器装置	综采工作面使用的液压单元大部分均采用乳化泵站提供的乳化液作为动力源。乳化液从乳化泵站供液，中途经过供液管路及液压元器件循环回到乳化液泵箱，在此乳化液循环过程中，存在大量杂质污染乳化液，因此要想较好地重复利用乳化液，必须配备较好的过滤装置。通过不断摸索、设计及加工了一套乳化泵站手动反冲洗过滤器装置。乳化液两路进液—进液截止阀—反冲洗截止阀（排污阀）—过滤器—两进液连接管路—出液截止阀—冷却泵箱 工作原理：①当进液2管路需要反冲洗时，截止阀1、6打开，截止阀2、3、4、5关闭，水流通过过滤器A—进液1、2连接管—过滤器B—截止阀6—排出污物。②当进液1管路需要反冲洗时，截止阀3、5打开，截止阀1、2、4、6关闭，水流通过过滤器B—进液1、2连接管—过滤器B—截止阀5—排出污物 此手动反冲洗装置为增设的一套装置，装置中的过滤器极易更换及清理，极大地提高地工作效率	中煤新集

(续)

序号	专业	成果名称	成果内容	推荐单位
182	电气自动化	电力设备温度在线检测预警研究与应用	选煤厂6 kV开关站高压开关柜上下端隔离开关处于封闭的柜体内,日常工作中开关触头位置接触情况无法巡检更无法进行测量与检查,存在因大负荷状况或接触刀口松动造成开关过热甚至造成火灾事故的隐患。为避免事故的发生,确保供电系统的安全可靠运行,因此对高压供电系统进行研究,在隔离开关的静触头上安装温度传感器,以无线方式将检测的温度发送到终端,实时监测温度情况。电力设备温度在线检测预警装置采用无线温度传感器和先进的无线传输技术,选用无线传输传感器,达到了实时监测效果,解决了巡检部位隐蔽出现问题不能及时发现,造成事故扩大的隐患。该项目在同类型开关站具有极大的推广价值 电力设备在线检测预警的研究,关键点在于实现实时监测、实时实现信号传输,信号可以直观地观测,同时可以向上位机传输信号,实现远程通信。选型时以安全投入运行且不影响供电安全为首选条件,要求必须满足装置稳定可靠、温度测量准确、信息传送灵敏、受电磁场影响小、装置电池待机时间长等特点。实时监测待测点温度信息;温度每变化一度发送一次、每5~10 min再刷新一次,正常负载情况下10~20 s左右采集一次数据。温度没有变化的情况下,5~10 min刷新一次记录,温度发生变化时,接收一次数据;实时将获得的信息传输至传感分析仪;测温主机带有输出控制。通过无线传输方式与无线温度监测主机进行连接最远实现10 km的传输。此项目应用于选煤厂6 kV开关站高压开关柜,安装投运以来,性能稳定,各开关刀闸数据测量准确,安全性能较好,消除了因开关刀口过热带来的安全隐患,直观地显示了测量点的温度,有效地预测了虚接点的温度。该装置可减少岗位人员,达到减人增效目的;节省材料费用,间接增加了经济效益,通过减少事故,保障正常的供电安全,消除机电事故隐患	兖矿集团
183	电气自动化	煤仓给煤机探查新工艺的研究与应用	使用6寸显示器、探头、数据线、移动电源研制成煤仓给煤机探查器,解决了人员需进入观察存在的危险	新汶矿业集团
184	电气自动化	平行扒装感应断电闭锁装置的应用技术	在迎头打眼、支护与扒装平行作业时,在距迎头6~8 m处安设一组横杆,横杆通过顶板下垂的闭锁保护装置连接,闭锁保护装置断电器通过信号线连接到扒装机开关内,在扒装过程中当人员误入扒装机范围内时碰触横杆,感应断电器通过馈电开关切断扒装机电源。该创新最主要利用传感器的长闭触点与开关中的闭合点接通,当人员触碰后,自动断电保护开关保护装置受外力作用发生摆动,自动断电保护开关工作,动断点断开,实现扒装机开关切断电源,扒装机停止运转。实现了"扒斗行程内"的无人值守,同时避免了监护人员监护不到位导致的安全隐患	新汶矿业集团
185	电气自动化	电机车新型警示红灯	电机车新型警示红灯具有制作工艺简单、成本低、使用故障率低、节约材料和电能、安全可靠等特点,有效地减少了维修量,节约了灯泡等材料消耗,降低了用电量,具有良好的社会效益和经济效益	新汶矿业集团
186	电气自动化	继电器故障速查装置	(1)自制变压器及整流装置,交流电压变化范围0~400 V,直流电压变化范围0~50 V,适用于多种电压等级的继电器 (2)配备不同型号的插座,根据各类设备所用的继电器所需电压,调整多功能机电器故障速查装置旋钮,得到允许电压,将继电器插入相应插座,查看指示灯,即可显示继电器的线圈、触头的好坏,方便快捷	新汶矿业集团

附件2 全国煤矿优秀"五小"成果目录（三等奖）

（续）

序号	专业	成果名称	成果内容	推荐单位
187	电气自动化	副井口安全门控制改造	将原来置于一层信号房中的安全门控制开关移至二层平台，实现副井口一层、二层能共同控制安全门的开关，由原来的信号工一人操作完成信号、安全门等工作改为信号工和把钩工两人分开完成开关操作，并实现二层平台与一层信号房的闭锁关系，只有在二层平台发出信号解除闭锁关系后，信号工才可以进行相应的操作，相比原来的一人操作更安全、更可靠 （1）由把钩工完成安全门、自动罐帘的开关操作，相比以前的喊话通信，更科学、更安全、更可靠 （2）更易于现场操作管理、现场手指口述等	小常煤业
188	电气自动化	后运输机电流负载超载自动报警制作与应用	在后运输机控制开关中负荷电流信号加装一套电气保护装置，通过工作面语音通信装置传输到工作面，电流信号超过设定值将在语音通信中报警提示，放煤工可以根据语音提示控制放煤量和放煤速度，从而保证后运输机不超负荷运行，达到了安全生产的目的 利用加装的单相电流表实时监测后运输机电机负载电流，将报警电流值设定为电机额定电流80%，当后运输机电机负载电流达到设定值，工作面语音通信系统提示："后运输机电流负载已超载，请停止放煤"，员工通过提示信息减小放煤量，避免了后运输机因过载出现烧毁电动机等事故	同煤集团
189	电气自动化	自制弯电缆套夹	井下外线组检修人员在井下给高压开关移做电缆头接线时，遇到185 mm²、300 mm²交联电缆时，由于电缆较粗、发僵，在往电源接线柱和负荷接线柱接线时需要把电缆头弯曲调整到接线柱上，在实际作业中极其不便，特制作弯形电缆套柄 用4分铁管加工为呈120°弯形，用12 mm圆钢焊接在弯形套管一端成F形，能夹住交联电缆端头使接线头任意左右弯曲，很容易就能把185 mm²、300 mm²电缆头弯曲调整压在接线柱上	同煤集团
190	电气自动化	激光电池充电装置改造	激光指向仪是掘进工作面的重要物资，是保证工程质量、指导工作方向的专用器材，虽然"个头"不大，但却非常重要，在使用过程中，由于井下的条件比较恶劣，潮湿空气和煤尘常常将充电口氧化腐蚀造成损害，经常充不满电，或者纯粹充不进电，只能更换电池，但是一套激光指向仪厂家只给配两块电池，常常因为电池坏了就得更换整套激光指向仪，成本很高	神华国能（神东电力）集团
191	电气自动化	顺槽栅栏断电闭锁装置	由于12401工作面实行双巷掘进，在辅运顺槽掘进时必须用梭车。在生产中煤尘大、视线不好、路面不平整、转弯多环境下经常会出现工人误入栅栏进入梭车运行区域。为了从本质上解决这个问题，总结研究设计出栅栏断电闭锁装置。工作原理：在连òu一号车处设置栅栏防止人员进入梭车行走区域，在栅栏上安装了一个输送带跑偏保护，跑偏保护和梭车馈电闭锁串联，在人员开栅栏进入工作面时触动跑偏保护梭车馈电闭锁跳闸，梭车断电停止运行实现"行人不行车，行车不行人"	神华国能（神东电力）集团
192	电气自动化	变频带式输送机减速器外置强制冷却装置设计	12401工作面巷道带式输送机设计3800多米长，计划安装4部带式输送机完成掘进煤运输，其中第二部带式输送机为2500 m变频带式输送机，其在整个主运系统中起至关重要的作用。但是由于该设备在设计之初就有弊端，减速器没有设计内部冷却（该型减速器已经彻底停产，中心矿区以前使用的这代产品也大部分搁置不用），在带式输送机延伸达到1650 m左右时，该减速器产生高温（80~90℃），并且传递给驱动电机，导致电机也相应产生高温，已经到了不可使用的地步	神华国能（神东电力）集团

(续)

序号	专业	成果名称	成果内容	推荐单位
193	电气自动化	电缆槽盖板	在生产过程中,工作面煤帮容易产生片帮,移架时很容易挤伤电缆;且炭、矸块容易进入电缆槽内,一旦炭、矸块进入电缆槽,再加上刮板输送机的不断移动,也很容易损伤电缆 为有效防止此类事情发生,在原有电缆槽上部铺设带式输送机的基础上,增加电缆槽盖板,对电缆槽内部电缆、管路进行封闭管理,避免炭块等进入电缆槽内部,造成电缆损伤,有效避免了机电事故发生 本产品是基于安全生产的总体要求,针对综采工作面炭、矸块容易进入电缆槽损伤电缆进行加设,通过改制后,效果良好,设备运行可靠,工人检修强度明显降低,电缆故障显著降低,有效解决了电缆易损的问题。避免了机电事故及次生事故的发生,为公司年度安全生产工作做了有力的保障。其次,安全生产标准化工作得到提升。检修工作明显减少,同时创造了安全的生产环境,社会、经济效益显著	山西长治王庄煤业有限责任公司
194	电气自动化	自制开关柜静触头隔板分离装置的应用	该套装置将模仿断路器小车的底座,即简易的小车底座上安装滑轮和隔板分离机构,可以简单地像摇动断路器小车一样进行操作,使静触头上、下隔板进行分离,完全阻隔操作人员在狭小的空间内动手操作,保证 0.7 m 的要求,消除潜在的安全隐患	山西潞安集团余吾煤业有限公司
195	电气自动化	对库区电磁阀运行温度过高的改进	(1)更换一个加大了的电磁线圈,增大了阻抗,减少了线圈内的电流,降低了功耗,减少了热量 (2)在原线路上并联一个整流模块,使电磁阀芯内的电流值在启动时保持额定电流,以利于启动;开启后保持在最小值,维持运行,这样就算电磁阀长时间通电,功耗也保持在最低,有效地减少了温度的上升,也间接起到了延长电磁阀使用寿命的作用	山西晋城煤业集团
196	电气自动化	多芯控制电缆航空插头检测设备	该设备外部控制板上有两对插头。一对可以用来检测综采工作面喊话器连接线与插头,另一对可以用来检测综采工作面端头站连接线和插头以及其他同类型插头的多芯电缆。在控制面板的右端是一块文本显示屏和操作按钮。在测试仪的后部是一根外部电源线。测试仪的内部有一台用于接收信号和输出指令信号的 PLC,一台为 PLC 和显示屏供电的本安电源模块。测试仪供电后,显示屏将显示主页,可以选择测试芯线的种类。把需要测试的多芯电缆连接好后,选择芯线种类,即开始测试多芯电缆的通断。当被测试电缆各个芯线都完好时,测试仪内部的 PLC 输入端将接收到 24 V 电源信号,PLC 置位,开始工作。然后从 PLC 输出一个信号到文本显示器,从而将测试结果显示在屏幕上。如果芯线全部完好,将显示"OK" 这款多芯控制电缆通断检测仪是机电创新工作室自主设计的一台操作简单、实用性强、性能可靠的快速检测多芯控制电缆的仪器	山西汾西矿业集团
197	电气自动化	刮板输送机温度监测与报警装置	刮板输送机是煤矿生产中常用的输送设备,其工作状况直接影响着综采工作面的高产高效生产。通过对刮板输送机的工况监测,可以及时有效地发现输送隐患,便于科学合理地安排检修周期和时间,从而减少和避免事故发生,降低因事故而造成的损失。由于煤矿井下环境特殊、恶劣,输送机的工况监测目前只有对电机设备的大功率报警装置,而对于输送机电机温度在线监测基本上是空白。电机温度过高会使得电动机发生不可修复的损坏,严重时会造成火灾等威胁矿工生命安全的事故,因此需要设计刮板输送机温度监测系统,从而对刮板输送机综合保护装置进行优化。主要研究:应用温度传感器、单片机、嵌入式防爆计算机等组成温度监测系统,对井下综采工作面刮板输送机多点温度在线监测,并将数据及时通过数字信号反馈到对应显示器中,通过现场运行,获得了输送机典型工作温度数据,同时将原先设计的大功率报警装置融合在一起,当温度达到设定值上限时,报警装置发出报警信号,并切断电源 创新点:实时监控刮板输送机多点的温度情况,并实时显示出来,当超过设定值上限时,通过大功率报警装置报警、断电	山西汾西矿业集团

附件2 全国煤矿优秀"五小"成果目录(三等奖)

(续)

序号	专业	成果名称	成 果 内 容	推荐单位
198	电气自动化	智能型多路大电流监测报警装置	本装置由主机和电流传感器组成,主机安装在设备列车的集控室中,电流传感器安装在监测设备开关的接线腔内,电流传感器通过电流值传送信号,电流信号远距离传输时不会受线路阻抗影响。该装置主机由电源板和控制板组成。本主机电源使用AC127 V电压,AC127 V电源通过电源板变压器、整流桥、稳压块后分别得到DC24 V、DC15 V、DC5 V,供给控制板上的各模块使用。控制板由单片机和各功能模块电路组成。电流传感器传送的电流信号首先通过隔离放大电路变成电压信号后,单片机控制模数转换模块采集电压信号到单片机中,单片机把采集到的电压信号计算后得出实际电流值,显示于面板的液晶显示器上。该装置具有报警值设定功能,工作人员通过操作面板按键,可分别设定各设备的报警电流值,并具有存储功能,每次开机后不必重复设定报警值 创新点:当监测设备的电流值大于该设备设定的报警值时,该装置自动发出报警声,同时屏幕上进行闪烁报警,当输出继电器与井下扩音系统连接后,声音可通过井下扩音系统传送至工作面	山西汾西矿业集团
199	电气自动化	水泵的远程定时操控	利用现有竖井信号系统、水泵开关,实现远程操控	山西汾西矿业集团
200	电气自动化	机组延时报警启动装置	机组延时报警启动装置是指:采煤工作面机组在启动运行之前先报警"系统运行、注意安全",延时一定时间之后接通电源运行截煤的警示装置。此装置经过延时报警告知采煤机上下20 m范围内工作人员注意采煤机即将运行立即撤到安全地点,保证了采煤工作面工作人员的人身安全	山东能源集团
201	电气自动化	电弧熔炼炉用水冷电极圈保护装置	本电弧熔炼炉用水冷电极圈保护装置,是将水冷电极圈固定到电弧炉支臂,避免水冷电极圈掉入钢水中;通过由多层可以承受高压、大电流冲击的云母组成的高压绝缘体,将电弧炉工作时产生的高电压、大电流与水冷电极圈、炉体、操作平台完全绝开来,延长了炉盖的使用寿命,降低了生产成本,提高了经济效益;杜绝了钢水爆炸引起的人身和设备事故的发生	山东能源集团
202	电气自动化	基于光耦隔离的带式输送机PLC控制保护与老集控保护融合改造	制作光耦隔离板将现场两套保护合并为一套,并把原来的打点信号提取出来作为一种保护,给现场安全带来好处,该改造成本低廉,占用空间小,运行安全稳定,优于继电器隔离	平煤神马集团
203	电气自动化	带式输送机运输系统自动化运行流程设计与实施	用一台PLC保护控制箱满足两台带式输送机和给煤机的保护和控制要求,节约设备和人工	平煤神马集团
204	电气自动化	主井冷却风机变频调速改造	通过先期的系统模拟,设计出一套闭环自动控制系统,保证风机转速调节的及时性及准确性。该系统是基于反馈原理建立的自动控制系统。所谓反馈原理,就是根据系统输出变化的信息来进行控制,即通过比较系统行为(输出)与期望行为之间的偏差,并消除偏差以获得预期的系统性能,抗干扰能力强。项目通过主提升电机内的温度传感器采集信号,传输至PID控制器的输入端。经采集的信号在PID控制器内与原设定值进行比较,利用差分信号控制变频器的输出频率,调节冷却机的转速,以改变供风量,最终目的是保证主提升电机在可靠的温度下运行,保证设备的安全、可靠运转。此次改造共使用PID控制器1台、变频器1台(带电抗器)、控制柜1台、交流接触器2台、电缆若干 项目实现后,可根据主电机的内部温度实时通过调整冷却风机转速来改变供风量,有效地提高冷却风机的运行效率,节能效果显著。另外,项目实现后因风机运行效率提高,可有效地延长风机的使用寿命。在原有系统不变的情况下,增加该系统,冷却风机就有两种运行方式:变频自动运行和工频自动运行,在系统出现故障时,可自动切换至工频运行,大大提高了系统运行的安全性、可靠性	淮北矿业集团

（续）

序号	专业	成果名称	成果内容	推荐单位
205	电气自动化	风泵自动控制装置	利用电磁阀来控制风泵供气的开停，具体控制过程：水位控制器根据水仓内水位的不同，来控制电磁阀的开、关，当水位蓄水到高水位时，电磁阀控制阀自动开启，风泵进行排水；水仓排水到中水位后，电磁阀控制关闭，风泵停止排水，水仓开始蓄水。本装置水位的选择可人为调节。自2015年1月在我矿各采区水仓、截水沟投入使用以来，均正常运作，减少了用工量，降低了能耗，节约了成本。本装置优点：①本装置电源为交流36 V或127 V，井下荧光灯、照明综保均可取到电源，取电方便，不需要单独放线路；②功耗极低，仅电磁阀消耗功率20 W；③投入成本低，能极大地节资降耗；④不需要人员看管，实现了无人值守	淮北矿业集团
206	电气自动化	一种挖掘机滤器的自动清洗装置	35立挖掘机设备机仓尾部安装有4组通风装置，其中3组向机仓内打风形成负压，1组给电气室通风，主要用于各变频器柜空气流通散热，风量大小及清洁度非常重要，而实际设备运行由于环境煤尘大导致风道滤器常常堵塞，需要停机进行人工清理，否则满足不了电气室散热要求，易出现电气故障。为解决上述滤器堵塞问题，设计一套用于滤器煤尘清理的自动控制装置，基本原理是从设备风泵接出4组风道，分别连接至16组滤器处，系统工作由4个电磁阀集中控制，实现定时及循环工作模式，电磁阀由设备PLC通过相应编制程序控制，从而实现挖掘机工作状态下定期自动循环对滤器吹气除尘，节省设备停机时间，减轻劳动强度	华能伊敏
207	电气自动化	KJZ3-1500-9组合开关进口驱动单元整流装置的技术攻关	KJZ3-1500-9组合开关进口驱动单元的整流装置为驱动单元内部，与驱动单元主体不能进行分离，而市场上没有专门的整流桥装置出售，购置整流桥意味着再购置一台驱动单元。攻关小组于2015年7月18日成功攻克KJZ3-1500-9组合开关进口驱动单元整流装置的技术，运行良好，为进口驱动单元的维修积累了丰富的经验。此维修项目为公司节约成本20万元	华电煤业集团有限公司
208	电气自动化	3400跑车防护装置自动化控制系统	（1）在3400绞车房安装监视、摄像系统，从而帮助绞车司机观察挡车栏是否到达正确位置，探头安装位置以能观测到6道挡车栏及架空乘人装置上、下车点位置为宜，探头采用520线低照度高清彩色摄像头，14寸显示器内置9画面切割器，可存储30天视频画面 （2）跑车防护装置由编码器作为测距装置，采用高精度旋转编码器检测矿车运行距离，把旋转编码器安装在绞车深度尺上，随绞车的运行检测矿车的运行距离 （3）采用HW PLC编程器实现自动化控制，主从式通信方式；3400绞车房信号控制采用RS485工业控制总线通信模式	肥城矿业集团
209	电气自动化	选煤厂原煤仓下给煤机变频器公用改造	通过对PLC模块的编程和配电柜改造，实现一台变频器对两台给煤机变频控制。改造后现在的16台给煤机实现变频给煤，可使入洗原煤中的块煤及末煤比例能够合理调节，还能有效地解决水煤可能造成滑仓情况，并节省了8台变频器的控制成本	鄂尔多斯市中北煤化工
210	信息化	GPS在煤矿塌陷区青苗赔偿测量中的应用	在小面积塌陷村庄范围测量中，因村庄与村庄之间的建筑物和遮挡物太多，通视性极差，用全站仪测量要先布置导线避开遮挡物再逐一测量，且需要从附近高精度的测量导线点开始，所花的时间太多，所测得结果不能马上出来。为了提高速度而测量结果精度不变，借助先进仪器开发其功能的特点，大大节省时间和人力。GPS测量的最大优点就是测站之间无须通视、定位精度高、观测时间短、人力消耗少、操作简便、全天候作业。用GPS测量只需一个人手持GPS手簿直接连续测量，整个作业过程全由微电子技术、计算机技术控制，自动记录、自动数据预处理、自动平差计算出结果，这不仅能满足测量需求，而且使用方便、经济实惠	中煤新集

附件2 全国煤矿优秀"五小"成果目录（三等奖）

（续）

序号	专业	成果名称	成果内容	推荐单位
211	信息化	采区低洼地自动排水监控系统的创建与应用	由于井下巷道一般布置在煤巷且沿煤层的倾角掘进，巷道出现不少低洼地。采区低洼地排水是保证煤矿安全的重要环节之一，人工排水存在安全可靠性差、浪费人力、工作效率低等问题 本项目采用低洼地远程监控系统，实时监测水泵和电动机的运行状态、低洼地水位趋势变化、管路流量等，并能在地面进行开停控制；同时安设监控摄像装置，实现在线监测；采用分布式网络结构，满足当前系统应用的需要，还可以随时扩展系统规模 自2013年10月至今，在矿井六、七、十采区6个低洼地先后安装该系统并应用，解决井下采区及边远巷道低洼地排水自动化问题，提高水泵有效利用率，延长使用寿命，减少事故发生，减少事故停机时间，降低生产成本；减少看护人员和工资投入；改善工作环境，提高劳动生产率；有效保证巷道通风、行人安全；实现动态管理和自动化，满足了信息化管理要求，保证了安全生产	兖矿集团
212	信息化	利用人员定位开发便携仪器智能管理系统	便携仪器智能管理系统是基于人员定位系统进行设计扩展而成的子系统，该系统由电脑主机、定位天线读卡器、扫描器、人员信息识别卡和具有识别标签的便携仪组成。在发放便携仪器时，只需领取人携带定位识别卡，读卡器能够自动识别领取人的姓名、单位、工种、照片等信息，工作人员核对无误后，将具有识别码标识的便携仪器用扫描枪扫描，系统自动生成领取便携仪的数量、种类，并自动记录领用时间且储存于数据库中。在交回便携仪时，只需将便携仪放入领还台，工作人员使用扫描器进行扫描，系统便会记录领取人员使用时间、便携仪的完好状态、仪器归还时间，完成了便携仪的发放与回收过程。系统解决了便携仪器以往发放过程中出现的收发耗时、利用率低、漏检、超时使用、统计汇总查询烦琐、失误率高，纸质账本易损坏、丢失等问题。系统软件以Windows 2003/XP平台为运行环境，采用.Net开发的集数据采集与信息处理的综合数据库管理系统。系统采用SQL Server 2005数据库，以B/S模式开发而成，系统功能强大、操作简单、用户界面友好、可靠性高、实用性强，可实时查询便携仪器发放记录和使用情况。软件设计功能模块包括系统设置、系统操作、系统资源、历史查询等功能 2013年3月系统经设计试验后，在实际应用中，提高了仪器的发放速度，避免了误发、冒领等情况的发生，解决了以往的纸质记录易损坏、统计困难等一系列问题 创新点：①利用人员定位系统现有的硬件和软件资源，开发便携仪器智能管理系统，实现了系统开发零费用开支；②系统自动生成设备（甲烷便携仪、甲烷氧气两用仪、小灵通等）的唯一标识条形码，使用扫描器方便快捷地录入设备发放信息，使设备与领用人员信息准确对应，提高了设备发放的准确率和工作效率	兖矿集团
213	信息化	虹膜考勤批量修改工具	使用的虹膜考勤系统，前端采用B/S架构，原系统不具备批量修改功能。由于人事改革，所有员工的所属部门均有所改变，每月员工调动的更改都需要手动登录考勤平台进行修改，工作量巨大。因此，设计了一款可以批量修改人员部门的软件，实现了每次只需要1 min，可以完成全矿人员信息的修改。创新点：根据现有部门中的数据库表生成新信息系统的数据表结构，通过编写特定的JavaBean程序来完成，将已生成部门程序中"能变的"部分利用变量替换常量的方式来将其转化成程序中"可变的"部分，从而实现程序的自动套用	新汶矿业集团
214	信息化	员工入井全家福安全寄语演示系统	利用井下人员定位系统，通过定位探头扫描员工入井芯片，LED大屏自动显示当前员工的全家福照片和安全寄语，增强员工幸福感和责任感，提升员工的安全意识、亲情意识和责任意识，逐步使员工从要我安全到我要安全的转变，从而提升煤矿的安全管理水平。现场应用情况良好，对员工内心触动很大，提升了员工安全责任意识和煤矿的安全管理水平	同煤集团

（续）

序号	专业	成果名称	成果内容	推荐单位
215	通风与瓦斯煤尘防治	节水高效型综合降尘技术	通过对降尘工作原理的系统研究分析，设计了综合降尘室，包括两级节能型风水喷雾配合捕尘装置及内设扰流冷凝降尘装置，取得了良好的降尘效果 （1）在工作面回风流间距 30 m 范围内设置两道全断面捕尘装置，该捕尘装置采用可伸缩不锈钢框架结构，在框架上设置一层 32 目捕尘网，表面喷涂银粉层 （2）在两道捕尘网的上风侧顶板上分别安设一道触感式节能型风水喷雾，要求风水喷雾能够覆盖巷道全断面。喷头方向和巷道顶板成 30°角。触控传感器置于带式输送机中心线上，距离输送带上面 300 mm （3）冷却扰流系统的组装：冷凝扰流板由 500 mm × 500 mm 规格镀锌板制作，用铝制铆钉铆在 4′镀锌钢管上，4′镀锌钢管与冷凝板共同形成冷却扰流系统，冷却能量来自矿井供水管路中的水流（井下作业环境中的温度高于矿井供水管路中水流的温度） （4）冷却扰流系统安装在距上风侧捕尘网 10 m 范围内，安装时与巷道顶、底板垂线成 45°固定在顶板上，4′镀锌钢管使用胶管串接 创新点：①采用新型节能型风水喷雾，大大提高了水幕的雾化效果；②增加全断面捕尘网配合水幕捕尘，增加了捕尘效果；③增设冷凝快速降尘装置式，缩短了落尘区距离，大大提高了降尘效果；④提高了系统运行稳定性，降低了维护成本	兖矿集团
216	通风与瓦斯煤尘防治	综合降温法在 2422 工作面的应用	增加矿井排风量，提高工作面风量，将工作面调整为三进一回的"W"型通风方式；加强支护，扩大通风断面，采取打设木垛、超前注浆锚索支护、增加支设点柱数量、放顶扩断面穿钢管支护、专人卧底扩断面等措施进行巷道超前维护；安排管理人员分三班到现场进行盯岗，创新提出"据需调风降温措施"，动态对工作面生产地点风量进行调整。采取通风降温方案后无须再运行降温设备，可节约降温费用 347 万元	新汶矿业集团
217	通风与瓦斯煤尘防治	光干涉式甲烷测定器干涉条纹找光片及光谱投影精调模板图	找光片可以快速找到干涉条纹；光谱投影精调模板图可以快速调整干涉视场，在长度仅仅 1.2 mm、宽度仅仅 0.4 mm 的分划板通光区，省时省力的精调光谱达到黑、细、亮、间隔均匀、视场足够、条纹清晰的要求	新汶矿业集团
218	通风与瓦斯煤尘防治	回风隅角吊管抽采技术及配套装置	发明了回风隅角的吊管瓦斯抽采装置，利用锚索钻机施工抽采钻孔，利用筛孔管悬吊于钻孔内部，外部封孔进行回风隅角的连孔瓦斯抽采，替代了回风隅角埋管抽采和超前低位钻孔抽采，有效降低回风隅角的瓦斯浓度 创新点：创新性地将瓦斯治理钻孔封孔管由孔口封孔改为孔底悬吊，孔口封堵工艺使得在顶板垮落时，回风隅角吊管也能及时地抽采到底部高浓度瓦斯	新汶矿业集团
219	通风与瓦斯煤尘防治	无压式调节风门	（1）相比传统设施，该设施采用百叶窗式调节，在风压较大地点更轻松省力、方便精确调节掌控风量 （2）调节风窗直接安装在风门上，省去了专门修筑墙体，省去了加工风窗的人工、物料 （3）一对风门共有 8 个 650 mm × 900 mm 的调节风窗，能够充分满足风量调节需要，相比传统调风设施有更大的调风范围	神华国能（神东电力）集团

（续）

序号	专业	成果名称	成果内容	推荐单位
220	通风与瓦斯煤尘防治	胶运巷框架捕尘网	为减少周边矿井随风流进入井下巷道的煤尘量，在外运主斜井井口安设了框架捕尘网。煤尘遇到捕尘网后，黏结在网片上，间歇洒水冲洗网片，达到除尘目的。采用捕尘网除尘可以达到 24 h 除尘，比人工冲洗巷道除尘减少了水资源和人力的使用，减少了排水系统的维护工作量；比全断面喷雾洒水降尘减少了用水量，避免了喷湿作业人员衣物的不便	神华国能（神东电力）集团
221	通风与瓦斯煤尘防治	工作面上隅角气水喷雾	工作面生产过程中上隅角瓦斯容易积聚，以往采用风障导风的方式进行处理，不符合规程规定和要求，另外当采煤机过机尾时风障收回，容易造成瓦斯积聚，引起瓦斯超标等。现在上隅角安设气水喷雾，生产期间打开气水喷雾，一方面可以有效起到降尘作用，另一方面将瓦斯稀释冲淡，有效避免瓦斯积聚造成瓦斯超标 本产品是基于瓦斯治理的总体要求，针对综采工作面上隅角瓦斯容易集聚进行风吹稀释冲淡，上隅角瓦斯浓度有了明显降低，控制了上隅角瓦斯积聚问题；同时也降低了工作面的煤尘，改善了员工工作环境；煤尘减少了，巷道清洗工作量也明显减轻，且有效避免了煤尘堆积，避免了灾害发生	山西长治王庄煤业有限责任公司
222	通风与瓦斯煤尘防治	瓦斯抽采钻孔封孔技术优化与研究	钻孔抽采瓦斯是煤矿生产治理瓦斯灾害的根本措施。井下钻孔封孔作业过程中，若遇到孔内塌孔和钻渣积累，易发生钻孔喷孔，煤、岩颗粒从钻孔内高速喷出，伤害钻孔封孔作业人员，大量瓦斯涌出造成瓦斯超限事故。该项目中发明的封孔防喷装置，采用容म缓冲原理，能有效杜绝封孔时由塌孔、堵孔导致的孔内突然喷孔，避免封孔作业人员伤亡、损坏设备及瓦斯超限事故的发生。该装置质量轻，加工工序简单、取材方便，使用简单，人员作业时，使用该装置安全方便 通过在现场使用该装置，以前的喷孔伤人事故和瓦斯超限事故得到了彻底的遏制	山西焦煤华晋公司
223	通风与瓦斯煤尘防治	煤流感应自动喷雾	井下带式输送机运输过程中常伴有大量煤尘产生，不仅污染生产环境，还危害劳动者身体健康，是煤矿主要灾害之一。现场职工不能根据煤流情况及时开启或关闭喷雾装置，导致喷雾降尘装置不能发挥最佳作用。针对此类现象，研究制造了此装置，该装置可以智能判断煤流情况，选择性自动开启喷雾，杜绝带式输送机停机或者空载时喷雾常开现象	平煤神马集团
224	通风与瓦斯煤尘防治	细雾降尘装置	该装置雾化效果好、用水量少，人员经过不会淋湿衣服，地面无积水；过滤器降低了喷嘴堵塞概率；同时，设有反冲洗排污装置，便于维护排污，大大增加了使用寿命，是煤矿降尘的得力助手	平煤神马集团
225	通风与瓦斯煤尘防治	回采工作面采空区抽放瓦斯埋管三通阀	此三通阀连在每个抽放点处，远距离控制此三通阀的阀芯，改变阀体中瓦斯的流向，达到了调节抽放的目的。在传统埋管抽放瓦斯时，抽放瓦斯管在两个抽放点间需并行排列一段，当里面的抽放点达不到抽放效果后改为外面的抽放点。利用此技术既提高了抽排瓦斯效果又节省了抽放瓦斯管道	辽宁铁法能源

(续)

序号	专业	成果名称	成果内容	推荐单位
226	通风与瓦斯煤尘防治	露天煤场喷雾降尘装置	除尘喷雾机采用喷雾重力降尘技术，利用局部通风机产生高压风压，加装锥筒增压，采用雾化喷头通过高压将外接水源雾化成粉尘大小相当的颗粒，在风机作用下，将雾定向抛射到指定位置，在尘源处的上方或周边进行喷雾覆盖。粉尘颗粒与溶液颗粒接触而变得湿润，被湿润的粉尘颗粒继续吸附其他粉尘颗粒，逐渐凝结成颗粒团，在自身的重力作用下快速沉降到地面，从而达到除尘的目的	华电煤业集团有限公司
227	防治水	采区潜水泵与多级泵联合排水研究与应用	投入2台90 kW多级泵及两台5.5 kW潜水泵，通过水位仪自动控制开泵。当水位到达设定的上限后，启动器自动控制潜水泵启动，潜水泵上水后给多级泵提供引水，然后启动器启动多级泵运行，多级泵通过吸水管子将水仓内水排出。在多级泵引水管路与吸水管路之间加设一趟联通管路，让多级泵自身吸水时，还能通过引水管路排水，使多级泵通过两趟管路同时排水，达到多级泵排水、潜水泵排水、多级泵助力潜水泵排水共同将水仓内水排出的目的，当水位下降到达下限后，水泵停止运行。将多级泵单独排水升级为联合排水，增加流量，提高效率	新汶矿业集团
228	防治水	超前探角度仪的设计	使用后大大提高了超前探施工人员确定角度的速度与精度，为做好探放水工作提供了有力的支持	晋煤集团
229	防治水	底抽巷的应用——疏放太灰水、采空区积水	（1）通过施工底抽巷，使灰岩裂隙增多，缓解太灰水压力；在底抽巷内通过探测、疏放灰岩富水区积水，以排除太灰水突水隐患 （2）在底抽巷内向4号煤采空区打钻，疏放4号煤采空区积水，简单易行、实用，又不影响5号煤巷道的施工 经济效益及社会效益： （1）施工底抽巷后，缓解了太灰水压力，太灰水局部富水区也能得到疏放，有效减少了太灰水突水事故的发生 （2）通过底抽巷疏放4号煤采空区积水，不仅简单易行、安全可靠，而且不影响5号煤巷道的施工（不影响生产衔接），更能降低5号煤巷道的施工难度，减少水害隐患	山西焦煤华晋公司
230	防治水	自动排水水仓	水仓分为沉淀池和吸水池，中间加有过滤网，污水经沉淀池沉淀后进入吸水池。当水位达到1 m高度时，水泵进行自动排水，在90 s的时间水位下降100 mm，为此自行设计制作了水位浮标，通过这个设置可以估算工作面的涌水量，省时省力省人工	华电煤业集团有限公司
231	爆破技术与器材	无声爆破剂的使用	无声爆破剂的使用，解决了工程施工及矿山开采中，不方便使用炸药或使用机械、人工破碎效率低的条件下，将混凝土、岩石免爆破裂的难题	山西晋煤集团
232	防灭火	膨润土在采空区防治自然发火中的应用	膨润土（俗称白泥）具有膨润性、黏结性、吸附性、催化性、触变性、悬浮性以及阳离子交换性等特殊性质，和水搅拌黏性较大易吸附于其他物质表面上。膨润土在采空区防治自然发火中主要应用于采空区注浆、防火密闭施工和高温点裂隙封堵等三个方面 创新点： （1）优化通风系统时，需要封闭巷道，利用密闭墙充填膨润土的方式进行封闭，可以省去施工沙杖子的工序，节省原材料，使施工工艺更为简化 （2）利用膨润土填充代替高分子材料填充在降本增效方面有显著优势 （3）膨润土与水混合黏性好，利用其充填较严密、不漏风、封闭效果好的优势有效治理了密闭漏风及闭前有害气体超限的问题 （4）在处理工作面末采高冒点及容易高温发热地点时做到严密不漏风，比注水效果好 （5）在采空区注浆上能够解决黄土稀缺的难题，真正做到工作面采空区的注浆工作	神华国能（神东电力）集团

附件2 全国煤矿优秀"五小"成果目录(三等奖)

(续)

序号	专业	成果名称	成果内容	推荐单位
233	防灭火	煤矿井下防灭火注浆注氮管路及其回撤时的拆除方法	改进前:预防采空区遗煤自然发火,采用预埋管路法向综采面采空区注氮(浆),在进风巷铺设2趟注氮管、1趟注浆管。注氮时,把2趟注氮管间距30 m先后埋入采空区,先埋入采空区30 m的1号管开阀门注氮(2号管阀门关闭),随工作面推进,当2号管进入采空区30 m时,打开2号管阀门开始注氮(拆除埋入采空区60 m的1号管),如此循环、交替注氮;注浆时,注浆管随采面推进每隔30 m断开,不连续,难以保证始终埋入采空区后方30 m;所有注氮(浆)钢管全部埋入采空区,均不回收,造成了材料浪费严重 改进后:采面进风巷敷设注氮(浆)软管各一趟,管路端口(加工拖环)与采面端头支架拖环相连,移动利用端头架做牵引,注氮(浆)管随采面推进移动,始终埋入采空区不少于30 m,巷道固定的注氮(浆)管路随采面推进逐节拆除回收,并重新连接移动"拖管",如此循环注氮(浆),且回收管路可复用 创新点:解决综采面回采时推进距离难以与固定6 m长钢制注氮(浆)管路相吻合,造成管路被埋(被压)、拆除难度大的问题;解决原方案导致全部管路埋入采空区难以回收、循环利用,造成材料浪费严重的问题。 应用情况:2013年2月至2016年1月,应用于井工二矿11煤9个综采工作面,回收4寸注浆管2197根、2寸注氮管4394根,节约成本175.8万元	中煤平朔集团
234	选煤	兴隆庄煤矿选煤厂大块煤矸机械分选系统技术改造	(1)改造前选煤厂大块煤矸为人工手选工艺,+300 mm大块煤矸经人工手选带式输送机,人工拣选块煤 (2)超大粒度破碎采用整机性能先进的SSC新齿型分级破碎机,选煤厂大块煤矸为机械分选工艺,大块煤矸经带式输送机转载至齿辊破碎机破碎到-250 mm,去动筛跳汰机分选出块煤 创新点:①消除人工拣矸,减轻工人劳动强度;②超大粒度破碎采用整机性能先进的SSC新齿型分级破碎机,把+300 mm大块煤矸破碎至-250 mm,汇入动筛跳汰机洗选;③提高机械选矸处理能力,实现50~300 mm物料全部入洗;④提高相关带式输送机的运输能力,消除安全隐患,改造后运量达500 t/h	兖矿集团
235	选煤	重介质自动添加模式的研究与实践	原添加过程中,重介质通过输送带进入合介桶内,与水、煤泥混合后,经泵达到三产品旋流器内,在秋冬季经常出现结块现象,极易造成介质泵的管路堵塞,增加事故率,导致系统内悬浮液密度不稳定。现在介质库内地面以上用水泥砖块新垒出7 m³的浓介质料池,通过泵、管道与合介桶相连通,平时用铲车将介质直接铲到介质料池内加水搅拌,当合介桶内介质不足时,直接通过开启介质坑泵向合介桶内打料	新汶矿业集团
236	选煤	优化浮选结构提高浮选效率的研究与应用	增加浮选机一室与二室之间的溢流堰高度,从而延长物料在浮选一室的分选时间,提高浮选效率,从而提高精煤回收率,增加尾煤灰分,稳定产品质量的效果	四川广旺集团公司
237	选煤	重介至动筛循环水管路改造	从重介车间引一条直径100 mm、长约320 m的循环水管路至动筛车间,用于清扫卫生。管路连通后,动筛车间不再使用矿上污水处理站处理过的水,实现厂内洗水闭路循环。减小重介车间水消耗压力,避免重介停产时对动筛生产的影响	山西长治王庄煤业有限责任公司

（续）

序号	专业	成果名称	成果内容	推荐单位
238	选煤	煤泥水系统防粗工艺改造	在原先洗煤厂煤泥水处理工艺中，旋流器溢流，精煤及精煤泥离心机A、B、C溢流，都会出现不同程度的跑粗，导致大颗粒煤泥（大于0.5 mm）很难被浮选出，不仅不能有效地利用宝贵资源，也会增加煤泥水中的固体物含量，使煤泥水浓度偏高，同时大颗粒煤泥无法从二级浓缩池中处理，会造成大颗粒煤泥2次以上循环，增加入料泵及管道磨损 为了改变这一现状，在旋流器溢流及A、B、C离心机溢流煤泥水进入浓缩池之前，增加一块孔径为0.3 mm的倾斜固定筛，工作原理为：旋流器溢流管与A、B、C离心机溢流管全部进入倾斜固定筛过滤，筛下煤泥水进入二级浓缩池然后由浮选机浮选；筛上煤泥水进入一级浓缩池，将跑粗影响降到最低	山西陵川崇安关岭山煤业
239	选煤	压风机及风包自动排水改造	加工安装好的电磁自动排水阀，在实际使用过程中排水效果良好，使用半年以来，未发生一起因排水不畅造成电磁阀、线圈等设备损坏的事故。此项成果，极大地降低了生产配件费用，降低了设备故障率，保证了洗选系统的正常生产。洗煤厂共有10台压风机，8台低压风机，2台高压风机，购买一个疏水阀3000元左右，年消耗在20个左右，就此项配件费用可节约6万余元；若由于排水不畅，造成压风机机头损坏，可节省一台机头的费用30余万元	华电煤业集团有限公司
240	综合利用	采用蒸汽干燥技术实现低质煤泥的综合利用	利用发电厂富余的低压蒸汽作为热源，把煤泥通过干燥机烘干自然成型后，就可以作为发电厂的燃料煤	山东能源集团
241	综合利用	用水改造项目	我矿用水一直使用清源水站自来水，为了降本节能以及满足环保除尘、日益增长的用水需求，保障生活生产，对现在的供水方式和管路进行了改革，利用身处山沟的有利条件，具有丰富山间水资源，清淤拦沟建坝，建成面积十多亩的水源地。每年能为企业节省20多万元的用水成本	新汶矿业集团
242	综合利用	矸石砖厂余热利用技术研究成果	采用耐腐蚀防结垢低温余热回收器及余热蒸汽锅炉回收砖厂焙烧窑抽排烟温差及砖窑排烟温度制备洗浴热水，以满足矿区职工洗浴热水需求。另余热蒸汽锅炉产生的蒸汽用于工服烘干、补充洗浴热水、冬季参与矿区建筑供暖或副井口保温与防冻。余热利用项目不但省去了以往建设锅炉的大笔建设费用和投入，减少了废气排放，而且可加快矸石砖窑冷却段的冷却速度，大大提高了生产效率，节省了自用煤消耗	新汶矿业集团
243	环境保护	哈拉沟煤矿井下水复用系统	采空区中遗留的铁器在水中缓慢反应生成大量Fe^{2+}和Mn^{2+}离子。该种水质的矿井水接触到空气，会迅速形成难溶于水的Fe^{3+}沉淀物；而锰离子氧化时间较为缓慢，经过一段时间的反应，会形成难溶于水MnO_2沉淀物。如果直接使用此矿井水复用，不仅会污染管路，还可能堵塞设备的冷却系统、液压系统等，严重威胁井下工作面设备运行安全，所以复用前需要将原水进行处理。井下水复用系统利用射流器直接曝气，使空气中的氧气与水中的Fe^{2+}充分接触，氧化成Fe^{3+}沉淀物；利用加药装置，使高锰酸钾溶液与水中Mn^{2+}充分反应，形成难溶于水MnO_2沉淀物。最终通过设备过滤室将Fe^{3+}沉淀物和MnO_2沉淀物从水中分离出来，使水中Fe离子和Mn离子含量达到国家饮用水标准。处理后的清水储存至清水池，由MD155-30×9型多级离心泵二次提送至用水工作面 采用该系统不仅节约了用水成本，而且减轻了矿井系统的排水负担，同时降低了矿井水外排对周边环境的污染。按矿井井下复用水量为150 m^3/h计，全年可节约用水成本约391万元	神东煤炭集团哈拉沟煤矿

(续)

序号	专业	成果名称	成果内容	推荐单位
244	环境保护	一种露天矿沙棘育苗技术	为了改变露天矿排土场沙棘苗成活率较低的现象,提高排土场绿化效果,本发明提供一种沙棘育苗技术,该技术不仅使排土场绿化时沙棘成活率提高,而且能够降低露天矿绿化成本,提升生态恢复效率	华能伊敏
245	矿山节能	自给密封水	在安太堡选煤厂主厂房前新建泵房,需要一台150-75直列泵,一套过滤销套及一台清扫泵,4寸管路150 m,6寸管路30 m。此项目:投入少,维修费低,降低成本;洗水经过初步净化后,循环使用,可减少外排对环境的污染 根据既定的技术方案自行设计安装该系统,并对全部系统逐个测试。在大家的共同努力下,到目前为止运行状况非常好,正常每天运行24 h,带6个系统58台泵的密封水,按每台泵24 h所需水48 m^3,58台泵所需水2784 m^3,一个月共使用水8.35万 m^3,按照清水的价位5.9元/t计算,全年共节约591.18万元,完全解决了溢流池跑溢流的问题 创新点:该项洗水闭路循环的处理技术,投入少,维修费用低,为中心节约了大量的资金预算,降低了成本,同时清洁了环境,不仅保证了周边居民的用水健康,而且避免了对周边地区的水体造成污染。节能减排是国家"十一五"期间可持续发展重要目标,因此该技术的推广应用具有划时代的重要意义	中煤平朔集团
246	矿山节能	公共设施节电管理与应用	对机关大楼特种设备和公共设施进行节电管理,节能降耗,安装时控器和光控器等自动辅助设备。本项目实施2个月以来,与上年同期相比,共节约用电量1.34万 kW·h	新汶矿业集团
247	矿山节能	太阳能系统节能环保再利用	经济优势小锅炉全年的运行成本为97071.5元。太阳能热水器的运行成本只有一个方面:购买及安装的一次性投入,报价为87863元。由此可见,太阳能热水器运行成本较低,除一次性投入外每年节约91584元,在洗煤厂的成本控制上有很大的经济优势 环保成本:由于小锅炉属于旧锅炉设备,无脱硫、降尘等环保处理设备,未经处理的烟雾直接外排,对环境造成污染,不符合当前的环保要求,对洗煤厂的环保工作造成隐患,并且环保局对烟雾污染处罚机制较为严格,因此可能增加的潜在环保成本无法估量,而太阳能热水器属于利用绿色能源,不存在环保问题,因而在洗煤厂的环保成本上占绝对优势 节能减排:由于2015年集团公司要求洗煤厂单独计算节能量,锅炉自用煤的能耗占洗煤厂能耗较大比重,按照0.5719 tce折标系数计算,每降低100 t自用煤消耗,洗煤厂的能耗指数将降低57 tce,对于洗煤厂的节能工作意义重大	山西晋神能源有限公司沙坪洗煤厂
248	矿山节能	直读光谱氩气节流技术	采取本项成果之前,直读光谱仪的氩气24 h保持气流(待机时保持较小气流),按照统计数据显示,2天用一瓶氩气,一年用183瓶氩气。经过采用本项成果后,3天用一瓶氩气,一年用122瓶	山东能源集团

煤矿先进适用技术

煤 炭 开 采

基于物联网技术的暗斜井轨道绞车智能化系统研制

肥城白庄煤矿有限公司

一、基本内容、创新性

(1) 利用物联网技术增加红外、视频、绞车速度、天轮温度等传感器，新增的这些传感器基本不需要对原绞车控制系统作硬件上大的改造，而是直接连接到矿山物联网上，从软件逻辑上就可以实现新增传感器与原控制系统的逻辑控制功能。

(2) 通过对数据融合和预测估计的理论分析，将人员识别信号、绞车运行方向信号、防跑车的挡车器等安全设备信号、道岔指示信号与绞车运行实现联动控制和闭锁，并辅以无线视频监控，实现多参数、多联动的闭锁控制，从而成倍提升运输安全性。

(3) 将无线视频融入现场，采用符合本质安全标准的 LonWorks 现场总线，实现安全设施的联锁、联动、远控。

二、适用条件

该项技术，可以实时监督和监控井下要害（危险）场所的现场情况，在工作区域和施工现场可以监督现场工作和施工人员的工作进度和违章情况，在危险的有人职守区域将摄像仪改为远程监控区，这样就可以避免或减少井下各个要害（危险）场所事故的发生，减少了现场设备维护和岗位值守人员，保证煤矿的安全生产。该技术适用于条件复杂、恶劣、危险的煤矿井下现场和其他非煤矿山行业。

在矿山物联网的架构思想下对原有信号系统进行升级改造，研究设计依照绞车运行轨迹及方向，实现行人的识别与报警，对防跑车等安全设备信号、道岔指示信号的安全运行与绞车运行实现联动控制和闭锁，并辅以无线视频监控，实现多参数融合与多闭锁联动的事故预判与快速处理。

三、应用情况及推广前景

该技术已在肥城白庄煤矿有限公司、山东新陶阳矿业有限责任公司、山东鑫国煤电有限责任公司 3 家单位得到推广应用。应用结果表明：该技术先进、针对性强，对降低工人的劳动强度，降低维修、维护费用，降低事故率，节约电能，改善工作环境，具有非常重要的现实意义。下一步准备在山东兴杨矿业有限责任公司、内蒙古鄂尔多斯煤炭有限责任公司阿尔巴斯二矿投入使用。

汪家寨煤矿电液控支架应用

贵州水城矿业股份有限公司

一、基本内容、创新性

工作面平均倾斜长度为 152.8 m。项目内容：SAC 支架电液控制系统使用 108 套配套支架（中间支架 ZYF6400/16/25D 98 架，过渡支架 ZYFG6400/17/25D 10 架）。

在工作面实行自动控制，通过在支架上安装的控制器、压力传感器、行程传感器、电液控制阀，实现液压支架的自动移架、自动推溜、自动放煤、自动喷雾等成组或单架控制。也可以实现对支架的单个功能进行控制。

二、适用条件

（1）在进行缩管作业和主进主回管路更换作业后，必须在工作面端头处断开供液管路，进行管路冲刷作业后，才能恢复正常供液。

（2）保持乳化液泵站、乳化油等存放点的环境清洁，设备上方用篷布遮住，坚持用带过滤器的手摇泵添加乳化油，防止杂质污染乳化液。

（3）乳化液泵站各级滤网、过滤器和管路每班检查，及时清洗，保持清洁，乳化液箱两个月彻底清洗一次。

（4）每班测量乳化液的浓度；井下现场建立乳化液管理记录（每班至少 3 次：班前、班中、交班），详细记录乳化液箱内液体的浓度值，还要建立各级管路和过滤装置的检查记录、液箱及设备各部位的清洗记录等。

（5）支架的反冲洗过滤器滤芯、主阀先导滤芯，严格按照系统使用手册的要求定期更换。

三、应用情况及推广前景

实施"液压支架电液控制系统项目"能够大大提升行业产品自动化水平，实现煤矿节能降耗，保障煤矿安全高产高效生产。据测算，在采用电液控制系统后，普遍增产 15 万 t/a，按 300 元/t 利税计算，该套 SAC 系统每年可为该矿带来 4.5 千万元的利税。同时实现了工作面跟机自动喷雾，改善了现场作业环境和劳动条件，保证了作业人员的身体健康。每天现场操作人员由一个班 6 个人减少至 2 个人。按井下 110 元一个计时工计算，一年节省人工工资 110 元×4 个×3 班×365 天 =481800（元）。电液控支架一年使用下来节省材料费用将近 50 万元。

多功能永磁直驱带式输送机

冀中能源集团有限责任公司

一、基本内容、创新性

多功能永磁直驱带式输送机是在原可伸缩带式输送机的结构基础上，研制下输送带上料、下料装置，实现下分支运支护材料的功能；同时机身纵管不再只起支撑作用，经设计改造后可输送压力不大于 10 MPa 的水和风，作为消防管路使用，减少输送机沿线管路的铺设；另外对一向体积庞大的机头进行改造，通过研制直驱式永磁电动滚筒代替了传统的外挂式驱动装置，并且更加节能，符合节能、高效的时代发展方向。

二、适用条件

带式输送机主要用于煤矿井下综采、普采和掘进工作面的顺槽及巷道运输，以及非煤矿山中的地上长距离物料运输，是矿山开采的主要配套设备。目前煤矿和非煤矿山带式运输均采用单方向输送物料的运行方式，输送带利用率低。同时，煤矿井下空间狭小，这就对设备的外形提出了更高的要求。该矿研制的多功能永磁直驱带式输送机不但可以满足普通顺槽及巷道运输，而且能够实现双向合机运输，同时大大简化了传动系统。

三、应用情况及推广前景

多功能永磁直驱带式输送机项目，2015 年 3 月在冀中能源峰峰集团大社矿进行工业性试验，现场试验效果良好，永磁直驱电动滚筒的应用使带式输送机的节能效果和物料输送效率得到了很大提高。该项目为煤矿巷道运输系统优化升级提供了有效的途径和方法，具有广泛的应用前景，可以在国内巷道运输中推广使用。

系列煤矿用巷道修复机

冀中能源集团有限责任公司

一、基本内容、创新性

系列煤矿用巷道修复机是一种多功能巷道修护设备，可对巷道顶板、底板及侧帮进行破碎、挖装、铲平等日常维护作业，也可以对大块的岩石、煤块进行破碎，以便装运。

该机工作时工作臂可以沿车身轴线旋转±180°，同时配有一运输送机，可以满足挖掘、侧掏、翻转、破岩、装车、起吊等各项动作要求，实现挖掘毛水沟、顺槽卧底、破岩、清理浮煤、清理带式输送机底部、平整巷道及小型配件吊装等多种功能。

二、适用条件

系列巷道修复机主要用于煤巷、半煤岩巷、全岩巷，巷道坡度不大于±32°，也可用于非煤矿山巷道修复作业。该系列设备性能可靠、适应性强，可全断面修复，挖掘及破碎能力强，可直接输送矸石，替代了煤矿井下巷道挖掘、扩修、顺槽卧底等辅助作业主要依靠人工体力劳动的方式，实现了"机械化减人"，大大减轻了工人的劳动强度，提高了生产安全性。

三、应用情况及推广前景

该系列设备目前在冀中能源、淮北矿业、郑煤集团、辽源煤业、淮南矿业等大型煤炭集团应用效果良好，该设备的使用提高了工作效率，节约了人力，真正实现了全机械化操作，有利于安全生产；与常规的人工修复相比，巷道修复机操作方便，工作人员远离工作面，无废气排放，无油雾污染，噪声低，安全高效。

该设备小巧灵活，性能可靠，可在巷道掘进、巷道修复、顺槽卧底等多个目前劳动力密集的作业方面，完全代替人工作业，并大幅度提高作业的安全性，具有很好的应用推广前景。

矿用防爆锂离子蓄电池无轨胶轮车

冀中能源集团有限责任公司

一、基本内容、创新性

矿用防爆锂离子蓄电池无轨胶轮车采用锂电池防爆技术、小尺寸大载重车辆整体结构布局设计、防爆箱体轻量化技术、防爆电制动回馈技术等专用技术，实现了无尾气、噪声污染，安全性高的煤矿井下无轨运输方式。

二、适用条件

国内煤矿井下运行的无轨胶轮车，除极个别车型外，全部采用防爆柴油机为动力，柴油机的噪声和尾气排放给井下环境带来较大污染，严重威胁着井下职工的身心健康。矿用防爆锂离子蓄电池无轨胶轮车的研发和应用可以有效地解决此问题，它以矿用隔爆型动力锂电池为动力源、零排放、无污染，并且解决了柴油机胶轮车长距离下坡制动时摩擦片发热失效的问题，保证了行车安全。

三、应用情况及推广前景

矿用防爆锂离子蓄电池无轨胶轮车目前已经在山西中煤华晋集团、鄂尔多斯中天合创集团、神华集团等多地区安全运行2年，应用效果良好。目前全国防爆柴油机无轨胶轮车的保有量在10000台左右，直接受影响人群20万人以上。如果大面积推广应用，可以解决防爆柴油机胶轮车的尾气污染、噪声污染、安全性低等问题，具备很大的市场前景和良好的社会效益。

西部侏罗纪煤田瓦斯资源化开发及阶梯式利用关键技术研究与工程示范

陕煤化集团彬长矿业公司大佛寺煤矿

一、基本内容、创新性

（1）查明了彬长矿区侏罗纪低阶煤孔隙发育的新特征，揭示了储层瓦斯解吸过程"阶段性控制"的新机制；建立了低阶煤储层瓦斯排采的产能预测模型；提出了"分布式矿区瓦斯近零排放多联产能源系统"，实现了以"瓦斯浓度"与"能量品位"为导向的双效阶梯式利用的新工艺；形成矿区"煤与瓦斯协调开发""瓦斯抽采与输送工艺相匹配""瓦斯浓度与利用模式相适应"的彬长矿区侏罗纪低阶煤瓦斯协调开发与利用系统工程新模式。

（2）在抽采工艺上，构建了规划区"地面多井型引导式瓦斯排采"、准备区"井下长钻孔立体网络化递进式抽采"、生产区"井下立体钻孔主动递进式卸压瓦斯抽采"新技术，创建了低阶煤高瓦斯煤层"井上下抽采相协同、三区递进相协调、瓦斯抽采与采动卸压相耦合"的"二三二"瓦斯高效抽采工艺。

（3）在技术装备上，研发了瓦斯浓度智能调节与自适应调配系统，集成创新了"自回热型抽采低浓度瓦斯与乏风瓦斯协同氧化一体化利用关键技术装备"，构建了矿区瓦斯能量阶梯式利用新型热力系统。

（4）在工程实践上，建成了全国首个"煤矿乏风瓦斯规模化氧化发电示范工程"并列入"国家级绿色矿山示范单位"，实现了"矿区瓦斯近零排放能源系统产业集群"的CDM认证与CERs的商业化运行，提出了彬长矿区以瓦斯为产业导向的"煤炭资源安全开采—煤层瓦斯阶梯式开发—矿区瓦斯阶梯式利用"三位一体的瓦斯资源绿色循环经济发展新模式，取得显著成效。

二、适用条件

该项目针对低阶煤储层瓦斯资源化开发及高效利用的技术难题进行研究,对我国类似矿区瓦斯的资源化开发及阶梯式利用均具有重要的指导意义和推广应用价值,将极大地推动我国煤矿瓦斯资源的开发和高效利用科技的发展与进步。

三、应用情况及推广前景

该项目研究成果确定了彬长矿区侏罗纪煤层瓦斯高效抽采的有利区域,构建了彬长矿区侏罗纪低阶煤储层日产 30 万 m^3 瓦斯地面规模化开发系统工程,并在彬长矿区大佛寺井田进行了工业化应用。"二三二"瓦斯高效抽采技术新模式,使得大佛寺煤矿全矿井瓦斯抽采率达到 73.2%,研发了抽采低浓度瓦斯安全输送系统、氧化装置进气瓦斯浓度智能调节与自适应调配系统,实现了"高浓度瓦斯安全添加、乏风瓦斯浓度自适应调配",保证了系统运行的稳定性与安全性,发明了"自回热型抽采低浓度瓦斯与乏风瓦斯协同氧化一体化利用的关键技术装备",改善了氧化装置温度分布的均匀性,使得进排气温度小于 30 ℃,提高了热利用率并降低了排热损失;乏风瓦斯氧化装置最大处理风量为 61010 m^3/h,甲烷最低氧化率不小于 95%,自维持稳定运行的最低甲烷浓度为 0.25%。"分布式矿区瓦斯近零排放多联产能源系统"实现了以"瓦斯浓度"与"能量品位"为导向的双效阶梯式利用的新工艺,使得能源系统的电效率达到 25%,总能量利用率达到 70%。形成了彬长矿区以瓦斯为产业导向的"煤炭安全开采—煤层瓦斯资源规划开发—矿区瓦斯阶梯式利用"三位一体的循环经济发展新模式。

高压水预裂条件下射流切割煤体提高块煤率技术应用

陕煤化集团神南矿业公司孙家岔煤矿

一、基本内容、创新性

开展高压水预裂条件下射流切割煤体提高块煤率技术应用项目,形成"高压水预裂+射流切割煤体"提高块煤率的成套技术工艺和方法,有助于解决孙家岔龙华矿业有限公司目前存在的块煤率低、松动爆破产量不能保证、安全管理风险高等突出实际问题。

第一,高压水预裂煤体增加次生裂隙。在 2-2 上煤层中施工钻孔进行超前综采工作面高压水预裂煤体,使得煤体在高压水作用下形成次生导向裂隙。

第二,对高压水预裂后煤体进行射流切割,保证块度。应用射流设备对高压水预裂后煤体进行切割,弥补高压水预裂裂隙发育的不规则性,保证块度均匀。

第三,总结不同高压水预裂及射流切割煤体参数与块煤率及投入成本的函数关系,确定最高块煤率下高压水预裂及射流切割煤体参数取值范围。

第四，根据工业性试验过程中设备及工艺存在的问题进行针对性改进，保证形成成套的"高压水预裂+射流切割煤体"提高块煤率技术工艺和方法。

第五，完成次生影响因素的应对和防治（综采工作面矿山压力显现等）。

二、适用条件

适用于硬度大、节理裂隙不发育、截割性差的煤层，表现为采动对硬煤影响较小，煤壁稳定，这一方面为大采高技术提供了有力的地质保障条件；另一方面，煤层采前变形小，对顶板支撑作用明显，导致悬顶，带来工作面支架冲击灾害等安全隐患，尤其是硬煤综采过程中采煤机割煤速度慢，效率低，牵引速度无法提升，而且采煤机截割过程中粉煤多，环境污染严重。

三、应用情况及推广前景

厚煤层开采提高块煤率是增加煤炭生产经济效益，降低生产成本消耗的一个重要途径。本项目研究不仅对解决孙家岔龙华煤矿厚煤层的破碎性，控制煤层可截割性，提高块煤生产率，增加企业效益具有直接重要意义，而且对于控制煤炭成本、降低比能耗、煤尘污染、预防瓦斯以及防治支架冲击灾害，构建适合孙家岔龙华煤矿清洁高效块煤开采成套技术和工艺都具有极为重要的意义。同时，对神南公司的张家峁煤矿、柠条塔煤矿、红柳林煤矿等煤矿开发综采面提高块煤生产率技术，增加企业效益，防止煤尘污染、释放瓦斯和顶板冲击灾害等方面也具有重要意义，对陕北侏罗纪类似条件矿井清洁开采和提高经济效益均具有重要的推广应用价值。

5000万吨级矿区巷道支护技术创新体系及应用

西山煤电（集团）有限责任公司

一、基本内容、创新性

鉴于西山矿区煤层地质条件日渐趋于复杂，普遍出现困难支护类型巷道，现有巷道围岩控制理论无法有效解决的局面，项目从地质力学测试、围岩控制理论、支护设计方法、锚杆支护材料标准和支护技术规范制定及支护技术人才培养等方面开展研究，取得如下创新性成果：

（1）绘制出西山矿区地应力分布图，划分出西山矿区巷道顶板稳定等级，确定出西山矿区巷道顶板结构面类型。

（2）提出近距煤层巷道围岩控制理论及方法，提出强烈动压巷道围岩控制的基本原理及方法。

（3）研制出抗变形、高强度锚杆托板；研发出大变形、高承载锚索托板。

（4）制定出西山矿区煤巷锚杆支护材料标准和煤巷锚杆支护技术规范；开发出西山矿区煤巷锚杆支护设计软件系统。

二、适用条件

项目采用小孔径水压致裂法测试了地应力、围岩强度和围岩结构，能够系统掌握原岩应力分布特征、围岩类型和围岩结构对巷道稳定性影响，为巷道支护设计提供参考依据。同时研发出系列新型高强度拱形锚杆托板和锚索托板，在托板厚度降低状况下保证了承载能力，大幅降低了支护材料费用，可以在其他矿区大面积推广应用。

项目对于条件简单巷道，降低支护成本，加快掘进速度；对于复杂困难巷道，降低维修费用，尽可能实现一次支护满足巷道安全使用，特别是针对近距离煤层，提出了同向内错布置方式，解决了反向内错存在的弊端，降低巷道支护难度，同时下部煤层工作面间煤柱尺寸大幅降低，提高了煤炭回收率，对于解决近距离煤层巷道问题具有显著的优势。

三、应用情况及推广前景

项目在西山矿区开展了 26 个示范巷道建设，示范长度达 16185 m，取得了预期的技术经济效益，后期多数煤矿在类似煤层巷道进行了全面的推广和应用。共计采用研究成果推广应用巷道 46 条，新掘进巷道长度为 39762 m。随着开采深度和强度的不断增加，涌现出更多的复杂困难巷道，西山矿区是我国典型的近距离煤层分布矿区，该项目开展的近距离煤层巷道、强烈动压巷道支护技术可以解决大量的现场实际问题，特别是针对近距离煤层巷道提出了同向内错布置方法，很大程度上解决了近距离煤层巷道的支护问题，该技术具有广泛的应用前景。

巨厚新近系松散含水层厚煤层提高开采上限关键技术

山东新巨龙能源有限责任公司

一、基本内容

山东新巨龙能源有限责任公司煤系地层普遍被巨厚的第四系和新近系松散层覆盖，新近系直接上覆于基岩之上。目前主采煤层为 3 煤层，平均厚度约为 7.21 m。随着煤炭资源的开采，已开始涉及开采浅部煤炭资源的问题，采煤工作面局部基岩厚度小于 60 m，且由于浅部资源开采范围的不断扩大，煤层距松散含水层距离也越来越近，受松散含水层威胁程度也越加严重；为此，新巨龙公司对新近系下 3 煤层开采进行了研究，提高了开采上限，取得了一定成果。具体技术情况如下：

（1）根据地面钻孔岩芯及抽水资料，深入分析提限工作面浅部区域附近新近系底部地层的水文地质及工程地质特征、基岩风化带岩土工程地质特性，并对新近系底部地层及基岩与基岩风氧化带空间分布特征进行 GIS 拟合分析研究。

（2）对提限工作面新近系底部地层及基岩与风氧化带岩性、物理力学性质、沉积结构特征进行分析研究，分析新近系底部含水层与各含水层之间水力联系特征。

（3）分析研究新近系沉积结构特征、岩土样成分等因素对裂隙扩展的抑制作用及新近系沉积结构与基岩结构的阻水隔砂性。

（4）对提限工作面覆岩破坏规律分析及破坏高度计算方法进行研究，确定提限工作面安全煤岩柱留设类型及尺寸。

二、适用条件

本技术主要适用于浅部区域薄基岩条件下煤层开采及受新近系含水层威胁情况下提高工作面开采上限，可解放原留设的防水煤柱压覆大量煤炭资源。

三、应用情况及推广前景

1. 应用情况

新巨龙公司已成功完成 2301N、2302N、1303N、3301 工作面提高开采上限工作，多回收煤炭资源 51.6 万 t。

2. 推广前景

可在鲁西南区域推广应用。

含结核薄煤层机械化开采工艺及装备研究

新矿集团

一、基本内容、创新性

"含结核薄煤层机械化开采工艺及装备研究"是山东泰山能源有限责任公司协庄煤矿、中国矿业大学、江苏中机矿山设备有限公司合作完成的科技项目，通过联合应用"循环让压降阻技术""高压注水预裂煤体技术""异径截盘双截技术"和自主研制的"同心异径阶梯型滚筒"，实现了含结核薄煤层综合机械化爆破开采，解决了含结核复杂结构煤层的单产低的难题，实现了含结核薄煤层的安全高效开采，创造了巨大的经济效益及社会效益。

（1）针对含结核薄煤层截割和装煤难度大的问题，采用相似试验和数值模拟相结合的方法，创新性研制了同心异径阶梯滚筒，滚筒结构和截齿布置合理，提高了采煤机滚筒截割能力和装煤效率。

（2）为适应采煤机截割冲击负载大的工况条件，采用有限元设计方法，对采煤机截割部、牵引部等关键部件进行了强化设计，提高了整机的可靠性和使用寿命。

（3）结合薄煤层工作面矿压特点，研究提出了循环降阻让压和高压注水预裂煤体技术，降低了含结核煤体的截割难度，改善了采煤机的截割工况。

二、适用条件

含结核薄煤层机械化开采工艺及装备研究，主要研究同心异径阶梯滚筒，在含有大量硫化铁结核和夹矸，且断层多等复杂煤层中实现机械化开采。

三、应用情况及推广前景

自 2014 年实施"含结核薄煤层机械化开采工艺及装备研究"项目。在采煤装备上首次安装了异径同心滚筒，提高了采煤装备的破岩能力，在含有大量硫化铁结核和夹矸，且断层多等复杂煤层中实现机械化开采，取消该工况条件下采煤工作面爆破现象，其工艺和装备填补了国内外空白。已在新汶矿区山东泰山能源有限责任公司协庄煤矿、翟镇煤矿、新汶矿业集团有限责任公司孙村煤矿、良庄煤矿 4 个煤矿试验应用，具有极大的推广价值。

KSZ-2600 矿用岩巷快速掘进机

铁法能源有限责任公司 辽宁通用重型机械股份有限公司

一、基本内容、创新性

借鉴工程盾构机工作原理及设计理念，研制一种用于煤矿的短程防爆盾构机：矿用岩巷快速掘进机（专利号：ZL201410379077.4）。产品由刀盘（专利号：ZL201420435561.X）、盾体、推进、撑靴（专利号：ZL201420435548.4）、主梁、锚杆钻机、一运、后配套、电气、液压等系统组成。首台型号：KSZ-2600，截割断面直径为 2.6 m，整机质量为 125 t，总装机功率为 300 kW，可截割岩石硬度 $F5 \sim F15$。通过多项专利技术解决了工程盾构机结构复杂、造价高、不具备防爆要求无法在煤矿应用的问题；解决了煤矿硬岩没有综掘设备而导致效率低下且安全隐患突出的问题；解决了煤矿掘进和锚固作业独立进行、不能同步的问题；解决了煤矿掘进断面不能一次成型，经常出现超欠挖现象及冒顶、片帮等安全事故的问题；解决了煤矿掘进工作面无法有效降尘，从而导致尘肺病等职业病高发等问题。

二、适用条件

（1）海拔不超过 2000 m。

（2）环境温度 -20 ~ +40 ℃。

(3) 周围空气相对湿度不大于90%（+25 ℃）。

(4) 在有瓦斯、煤尘或其他爆炸性气体环境矿井中。

(5) 与水平面的安装斜度不超过10°。

(6) 无破坏绝缘的气体或蒸汽的环境中。

(7) 无长期连续漏水的地方。

(8) 污染等级：3 级。

(9) 安装类别：Ⅲ类。

(10) 围岩硬度：$F5 \sim F15$。

三、应用情况及推广前景

首台产品已在北京市房山区韩村河镇上中院村某军用检修隧道得以应用，取得了预期效果。近期，重庆市能源投资集团有限公司又与该公司合作研发适用于该集团和我国西南地区地质的重庆1号矿用岩巷快速掘进机。中国神华集团等国内其他大型煤炭企业也对此非常感兴趣，准备试用。综上，该产品具有广阔的推广前景，其不但能够应用于具有防爆要求的煤矿、石油、天然气等领域，也可应用于我国新兴的城市地下管廊建设，还可应用于水利工程、军事隧道工程、地铁、铁路、公路涵洞建设、铝土矿等非煤金属矿山建设工程等多个行业和领域。

富水软岩斜井快速施工技术

鄂托克前旗长城五号矿业有限公司

一、基本内容、创新性

本项目以长城五号矿井岩巷掘进施工为工程实践基础，针对西部地区软岩富水条件下的斜井快速掘进施工工艺存在的技术难题，系统研究了岩巷中深孔控制爆破理论与应用技术、支护设计与优化技术、快速掘进技术与工艺等，取得了较好的工程实践效果。本项目研究岩巷爆破和支护机理，进行岩巷爆破参数优化，提高炮眼利用率和单循环进度，改进了爆破作业技术，优化了爆破方案；针对岩巷掘进施工进行机械化配套研究，研究适合不同岩巷的综合机械化快速掘进成套工艺和技术，结合本矿现场施工实际情况，提出了小挖机与箕斗配合出矸，扒碴机进行扒矸石，井口设自动翻矸的设备配套工艺；加强施工组织，优化劳动组织，进行巷道安全、优质、高效掘进施工，采用新型高效排矸技术实现优质高效的岩巷掘进，获得最佳单进水平和较好的经济效益，对软岩富水条件下的斜井快速安全施工具有指导意义。

（1）综合利用超前疏放水、探水注浆封堵裂隙含水层涌水等各种探放水措施，实现富水围岩下山无水施工。超前掘巷，先期掘进5煤回风上山，摸清巷道围岩条件及赋水性质，为主、副斜井的施工提供依据。

（2）综合利用防治水技术，通过钻孔探放水、注浆减水等综合防治水措施，实现裂隙发育岩层富水条件下的无水施工。

（3）研究大断面下山中深孔爆破工艺，实现全断面一次深孔光面爆破。

（4）优化施工工艺，合理安排施工工序，实现各工序间平行作业，实现砂岩裂隙条件下斜井快速施工。

（5）优化支护工艺，多种支护方式相结合，保证支护效果的同时实现降低支护材料的消耗；研究裂隙发育、含水、大倾角条件下的破碎岩层锚网喷二次支护技术。

（6）优化长距离斜井快速排矸系统，加快排矸下料速度；采用小挖机与箕斗配合的方式进行排矸，大大提高了排矸效率。

二、适用条件

矿井建设过程中，尤其是新井建设期间，对陌生的地质条件，虽有地质报告，但往往勘探程度达不到要求，实际揭露地质条件会有很大差别，一些局部区域围岩破碎或富水可能勘查不出来。本技术适用于各类地质条件不详细的斜井掘砌施工。

三、应用情况及推广前景

（1）通过开展研究，加快了施工速度，长提升距离（1000 m）、大坡度（23°）、大断面（26.5 m^2）副斜井月度掘砌速度达到112 m，提升幅度超过50%。

（2）优化支护工艺，由原设计架棚锚网喷支护优化为二次锚网喷工艺，一次支护及时封闭围岩，防止氧化，二次支护拖后与迎头实现多工序平行作业，加快施工速度的同时，减少支护材料消耗达45%。

（3）利用综合防治水措施，创造出安全的生产环境。探放水与疏放水结合解放岩层水，超前探水注浆，提前对岩层裂隙进行封堵，提高了封水效果，减少了矿井涌水量的同时达到了节能降耗的目的。通过注浆堵水降低了岩层赋水性，减少了岩层水对锚杆、锚网等支护材料的腐蚀，延长了安全服务年限，安全效益显著。

（4）本项目综合了防治水、斜巷中深孔爆破、快速排矸、二次支护工艺、多工序交叉平行作业等配套快速施工工艺，可为类似条件矿井提供技术支持和经验参考。

长距离大埋深冻结斜井快速安全施工及监测技术

鄂托克前旗长城五号矿业有限公司

一、基本内容、创新性

（1）长城五号矿井主、副斜井穿越厚表土层超200 m，冻结深度达220 m，均创国内外之最,地质水文条件恶劣,给施工带来极大困难。在斜井施工技术尚不成熟的情况下,采用斜井冻结方案,实现了长距离、大埋深冻结斜井快速安全施工,促进了我国深厚表土冻结斜井施工技术的进步。

(2) 在进行系统工程类比后,结合斜井冻结表土工程实践,采用斜井直孔冻结方案,并进行局部保温,冻结管投运根据掘砌速度短段递增,合理地关停冻结管,节约了大量冷量和电量,冻土层采用爆破工艺,提高了掘进效率,为掘砌施工创造了安全、便利的环境条件。

(3) 开展了厚土层中斜井冻结壁与井壁温度场的监测研究,对施工期和解冻期冻结温度场进行了监测;开展了井壁应力场的监测研究,掌握了施工期和解冻期井壁的受力变化规律,对掘砌施工提供了关键的技术保障。

(4) 研究主、副斜井冻结段施工工艺,通过对迎头爆破掘进、打眼间隙出矸、合理组织后部绑筋、浇筑等工序进行优化,经过不断摸索、总结,优化改进,科学组织,实现了月掘进45 m,成井40 m,达到国内先进水平,形成了一套较完善的快速施工技术,实现了大埋深、长距离、支护工艺复杂条件下冻结斜井快速安全施工。

(5) 上述的研究成果成功地应用于内蒙古能源长城五号矿井主、副井筒冻结工程,保证了该工程的安全、优质、高效、快速连续施工。

二、适用条件

适用于通过深厚单层或多层薄层叠垒区域的含水流砂层井筒施工。如果流砂层为粉细砂,且含水丰富,揭露流砂层后,大量水和砂极易短时间一起涌出,造成迎头被水砂淤积而被迫停产,如对迎头进行强行排水排砂,极易造成周边含水砂层移动,不断补充至迎头位置,造成周边含水砂层出现大面积空洞,同时会对已成巷井筒施加剪切力,可能会造成已成巷巷道损坏。对这种地质条件的井筒掘砌,一般掘砌工艺无法顺利通过,并且存在很大的安全隐患,此类条件适用本技术。

三、应用情况及推广前景

(1) 本项目突破了200 m厚表土层中斜井冻结法凿井技术难题,为斜井井筒冻结法凿井提供施工和设计依据,将我国的斜井冻结凿井技术水平提升至新的高度,总体达到国际领先水平。

(2) 本项目研究攻克了200 m深厚表土中斜井冻结法凿井关键技术,形成大埋深、长斜井冻结法凿井关键技术和能力,为高产高效矿井建设提供凿井技术支撑,加快斜井的建设,从而充分发挥斜井开拓投资省、运营成本低、扩产能力大、安全条件好等优点,对我国大型化、集中化、机械化和自动化矿井的建设具有重要意义;可节省大量投资和生产成本,并进一步改善矿井的安全生产条件,因此具有显著的社会效益与经济效益。

(3) 我国西部有大量须通过厚表土及含水岩层的矿山斜井井筒需要建设,冻结法是通过厚表土及含水岩层最可靠的斜井开凿方法。本项目的研究成果可应用于这些井筒的建设,故有广泛的推广应用前景。

新型促进剂在树脂锚固剂中的应用

徐州矿务集团有限公司

一、基本内容、创新性

树脂锚固剂在低温矿井的使用过程中，由于施工作业环境温度低，出现凝胶时间慢、等待安装时间长、锚固力不足等情况，影响了施工作业的效率和煤矿的安全支护。因此，要提高树脂锚固剂的适用性，使其能在低温施工作业环境中正常使用并完全达到性能指标。提高树脂锚固剂在低温矿井应用的适用性，必须要加快树脂锚固剂在低温环境的凝胶时间。不饱和树脂发生聚合反应是树脂锚固剂的固化机理，在室温下即可逐渐固化。在生产使用中，为了能达到快速固化，需要加入固化剂组分。不饱和树脂加入促进剂后，发生交联聚合，自由基引发聚合，而固化剂必须达到一定温度才能分解出自由基，所以常温条件下须加入促进剂，使自由基从固化剂中分解出来。树脂锚固剂常用的促进剂为 N,N—二甲基苯胺，但是在低温条件下效果不佳。本创新使用 N,N—二甲基对甲苯胺代替 N,N—二甲基苯胺作为树脂锚固剂的改良促进剂，改变了原有产品在低温矿井凝胶时间漂移大、固化变慢、抗拔力和锚固力不足的情况，经徐矿集团天山公司俄霍布拉克煤矿使用，完全达到矿井使用要求，提高了树脂锚固剂的广泛应用性。

二、适用条件

本创新适用于矿用树脂锚固剂生产企业，尤其是向低温矿井供应锚固剂的厂家，N,N—二甲基对甲苯胺在低温环境作为树脂锚固剂的促进剂效果明显，凝胶时间优于原用的 N,N—二甲基苯胺，且掺量为 N,N—二甲基苯胺的50%。优化配方后，固化剂中的2,4—二氯过氧化苯甲酰的掺量减少50%，节约了原材料成本。

三、应用情况及推广前景

徐矿集团天山公司俄霍布拉克煤矿位于新疆维吾尔自治区中西部，阿克苏地区东部天山山脉，海拔2000 m左右，设计产量400万t/a。该地区夏季炎热，冬季寒冷，昼夜温差大，给树脂锚固剂的储存和使用带来了很大的影响。俄霍布拉克煤矿的井下温度较低，环境温度对于树脂锚固剂的影响较大。优化配方后的树脂锚固剂在该矿掘进二区试用。试用当天环境温度为3℃，在1.5 m深的钻孔内放置2支MSCK2335型号树脂锚固剂，共支护20组，两个迎头工作面各10组。按照超快型树脂锚固剂的搅拌时间为8 s左右，20组锚杆打入钻孔后，参照安装等待时间为25 s左右，撤下锚杆旋转设备，旋紧底部螺母，无锚杆松动或少许脱落。5 min后做锚固力实验，该20组的锚固力完全合格。由于本创新在未增加成本甚至比原成本降低的基础上提高了产品的适用性，未来推广市场可期。

煤矿深部围岩结构与应力场探测分析及控制成套技术

中国平煤神马集团

一、基本内容、创新性

（1）研发了煤矿深部巷道围岩结构面钻孔全景数字化探测分析技术，完成了防爆型仪器开发，可形成数字化岩芯，能实现对岩性/结构面数据的高精度解读分析和长期保存。

（2）研发了煤矿深部巷道围岩松动圈跨孔声波透射法测试技术及防爆型设备，实现了声波透射法松动圈测试技术对煤矿深部巷道围岩松动圈时空演化过程的长期跟踪监测。

（3）提出了流变应力恢复法地应力测试的创新技术，发展了地应力解算方法，研制了模拟岩体中受力传感性能的真三轴物理模拟试验机，掌握了三向压应力传感器和软岩相互作用规律，能够实现深部巷道围岩地应力的长期监测。

（4）完成了围岩钻孔结构面全景摄像分析程序的研发，建立了基于钻孔全景摄像系统的结构面统计模型，实现了多钻孔围岩结构面分析与三维可视化等功能。

（5）针对平煤矿区深部围岩赋存条件和巷道失稳特征，提出了集应力状态恢复改善、围岩增强、破裂损伤区固结修复、应力转移及承载圈扩大四位一体的深部巷道围岩稳定控制原理和深部巷道分步注浆及锚注联合支护稳定控制技术，并得到实施。

二、适用条件

该技术应用领域属于工程测试和巷道围岩稳定控制技术。该成果针对平顶山矿区深部巷道围岩赋存条件特征和巷道围岩稳定型控制的需求，研发煤矿井巷围岩结构数字化钻孔全景观测技术、巷道围岩松动圈跨孔声波透射法测试技术和深部软弱裂隙围岩流变应力恢复法地应力测试技术，提出了基于应力状态恢复改善、围岩增强、破裂损伤区固结修复、应力转移及承载圈扩大原理的深部巷道围岩稳定控制理论和深部巷道分步注浆及锚注联合支护稳定控制技术，可有效解决深部巷道围岩结构和地应力场探测分析及稳定控制难题。

三、应用情况及推广前景

研发形成的技术及装备，在平煤矿区一矿、五矿、十一矿等矿井进行了应用，正在全矿区进行推广应用，并将向国内其他矿区推广应用。

未来10年我国中东部主要矿区将进入超千米深部开采阶段，巷道围岩稳定控制和支护的技术难题对井下生产运输和通风安全造成严重影响，对矿区的煤炭生产形成制约。要有效解决深部巷道的稳定控制问题，首先需要查明矿区深部巷道围岩的赋存条件。本项目研发的技术实现了煤矿深部围岩结构精细探测和地应力场的长期监测，可为深部巷道围岩稳定控制提供有力的支撑。

平顶山矿区深部巷道围岩变形破坏机理及稳定控制关键技术研究

中国平煤神马集团

一、基本内容、创新性

（1）研制了大型真三维物理模型试验装备，创新了非连续、大变形测量方法，开发了深部巷道围岩非连续、大变形灾害的物理模拟技术，建立了深部巷道围岩峰后强度参数衰减的时空演化模型，揭示了深部巷道围岩的非连续、大变形灾变机理。

（2）发现了深部高应力巷道围岩松动圈破坏范围大，具有非对称、不均匀、分区破裂的新特征，获得了深部巷道围岩变形与控制围岩强度衰减变化的规律。

（3）开发了巷道围岩非连续、大变形灾害的有效控制成套技术，提出了深部巷道围岩均压、让压与主、次应力场耦合的协同支护理论，研制了适应深部巷道锚固支护的全封闭格栅混凝土结构、应力显示环、蛇形锚杆、锚杆预紧倍增器等支护材料与设备。

（4）首次制定了《深部巷道支护技术规范》，研发了平煤矿区深部巷道支护专家系统。

二、适用条件

目前在煤矿巷道围岩稳定控制理论及技术方面，已经取得了长足的进步，但随着开采深度的增加、开采强度的提高以及开采条件的恶化，我国煤矿巷道围岩稳定控制关键技术始终面临着一系列新的挑战，出现了许多前所未有的复杂困难巷道，如深部强动压巷道、深部软岩大变形流变巷道、深部高应力碎裂围岩巷道、特大断面巷道等，对锚杆支护和注浆加固方式提出了更高、更苛刻的要求。传统的单一的支护模式已很难适应深部巷道高应力、大变形、显著流变、强动压、碎裂化的要求，需要采取联合支护模式，才能有效控制深部巷道围岩的变形，但由于联合支护成本高等原因，得不到推广应用，因此该矿从不同类型巷道围岩变形破坏机理出发，提出和发展了一系列有效且经济的深部巷道围岩稳定控制关键技术。

三、应用情况及推广前景

项目在平煤集团公司四矿、五矿、九矿、十二矿成功应用，目前已在全矿区进行推广。项目以我国目前量大面广的深部地下工程稳定性控制理论与技术提供支持为出发点，应用现场实测、物理模拟、数值模拟和理论分析等多种手段，研究解决深部巷道围岩变形破坏模式及失稳机理、深部围岩稳定分级等关键技术（包含支护专家系统）及稳定控制技术，制定《深部巷道围岩分类及支护技术规程》，使本项研究成果成为指导今后平煤乃至其他矿区深部巷道支护设计和施工的规范性条文。项目研究将有助于推动煤矿深部开采技术的发展，也将对其他金属矿山的相关技术发展起到有益的促进作用，作为一项通用性很强的高新技术，同时具有良好的经济效益和市场推广前景。

深厚富水基岩立井井筒冻结及快速施工关键技术研究

陕西煤业化工建设（集团）有限公司矿建二公司

一、基本内容、创新性

针对影响西部地区富水基岩立井井筒冻结法凿井安全、快速施工的关键技术问题，采用理论研究、现场测试、室内试验相结合的方法开展，建立适用于深厚富水基岩的立井冻结壁厚度计算公式；成功研制适合于超深冻结管安设、固管的水泥浆液；首次利用冻结孔，采用单液水泥浆对地下水流速大、涌水量大、影响半径大的岩层实施充填灌注；首次在深厚富水基岩冻结井筒实施信息化施工；获得了主要岩层热物理、物理力学参数，以及人工冻结条件下岩层物理力学特性随冻结负温的变化规律；获得了主要岩层冻结扩展速率。新庄煤矿风立井深，冻结深度大，地下水流速大，涌水量大，冻结孔穿越700余米基岩层，钻孔、冻结管安设、井筒掘砌施工难度大，但由于采取了一系列有效措施，使得冻结壁交圈时间比预计缩短5天，井筒平均月成井100 m以上。

二、适用条件

研究成果应用于西部白垩系、侏罗系特殊的地层条件，采用冻结法施工的煤矿立井井筒，特别是为冻结深度大于900 m的富水基岩立井井筒冻结、掘砌设计和施工提供重要的理论依据和工艺技术借鉴。

三、应用情况及推广前景

新庄风立井冻结深度为910 m，是目前我国西部复杂地质条件下冻结深度最大的井筒，以该工程为背景开展深厚富水基岩冻结及快速施工的关键技术研究，不仅为新庄风立井井筒冻结施工工程安全顺利施工提供了保障，而且对今后西部千米以上立井井筒冻结法设计和施工提供了重要的理论依据和工艺技术借鉴。项目的成功实施大大提高了企业深厚基岩冻结井筒掘砌工程施工的技术水平和能力，提升了核心竞争力，降低了冻结能耗和生产成本，提高了施工效率，取得了良好的经济效益和社会效益。

陕西、内蒙古、山西、宁夏、新疆等地区新探明矿井煤田多数覆盖着白垩系、侏罗系地层，目前已规划建设的十余对矿井都需要穿过该地层，也将面临与新庄风井相类似的问题。其成果的推广应用主要集中在以下几方面：

（1）项目推导出的冻结壁厚度设计理论为西部地区富水基岩井筒冻结设计提供了理论依据。

（2）研发的固管水泥浆液可用于超深冻结管泥浆置换，可防止地层层间水的串通，也可用于全深冻结立井井筒，有效避免冻结管和孔壁之间形成环形导水通道导致马头门涌水甚至淹井事故的发生。

（3）获得的白垩系岩层热物理、力学参数以及各岩层的冻结速率，为其他矿井的冻结设计及冻结壁交圈预判提供了基础数据。

（4）项目提出的千米冻结井筒施工综合机械化配套模式、爆破参数优化方案及相应的技术措施、信息化施工技术、千米深冻结孔防偏纠偏技术、利用冻结孔灌浆减小地下水流速大影响冻结壁交圈等技术措施可大大提高冻结效率和井筒掘砌速度，降低生产成本，项目研究成果可供西部地区矿井借鉴，具有很好的推广应用价值。

赵固矿区厚冲积层薄基岩大采高巷道支护技术研究

焦煤煤业（集团）新乡能源有限公司

一、基本内容、创新性

（1）针对赵固二矿厚冲积层、薄基岩开采条件，研究提出了厚煤层大采高综采巷道冒顶隐患分级方法，确定了巷道高冒顶风险区域，为巷道支护设计提供了理论依据。

（2）研究提出了大断面综采巷道长短锚杆协调支护技术，解决了高冒顶风险区域巷道围岩变形量大、易冒顶的支护难题，控制了巷道变形破坏及冒顶事故的发生。

（3）采用围岩松动圈测试与分析的方法，揭示了采动影响下巷道矿压显现规律，提出了巷道支护和超前支护的对策。

（4）研究提出了基于巷道顶板分级的支护设计方法，确定了在稳定、中等稳定和不稳定顶板条件下的巷道支护方式和参数。

二、适用条件

在高应力巷道支护问题方面已经有了大量的理论指导和现场应用研究，如根据巷道围岩产生塑性变形的机理不同，将巷道围岩看作软岩，并将软岩分成膨胀性软岩、高应力软岩、节理化软岩和复合型软岩。在此基础上，又对各类软岩进行了分级，提出了软岩的临界深度和软岩巷道支护载荷的确定方法,为软岩巷道支护的定量化设计提供了依据。在高应力软岩巷道支护方面,形成了锚喷、锚网喷、锚喷网架、钢筋混凝土支护系列技术,料石碹支护系列技术,预应力锚索支护系列技术。随着采深的进一步增加,井巷围岩控制日趋困难,采用U型钢支护、工字钢支护、锚杆支护等不能有效地将巷道的变形控制在许可范围内,巷道的变形剧烈,巷道往往需要多次翻修。因此研究分析赵固矿区的变形机理和适合的巷道支护形式,有助于降低支护成本,保证巷道断面尺寸,提高围岩的稳定性。确定经济合理的支护参数以及实用高效的施工工艺有助于在经济和安全间找到一个最佳的结合点。

三、应用情况及推广前景

焦作煤业(集团)新乡能源有限公司应用该项新技术,可产生显著的经济、社会效益及投入产出效果。

(1)巷道支护材料费。对不同隐患级别围岩巷道进行有针对性的支护设计,节约了大量的锚索及其附件的使用,降低了支护成本。经估算,与巷道现有支护参数相比,Ⅰ级、Ⅱ级巷道可节约支护材料费387.50元/m,Ⅲ级巷道支护材料费与现有支护参数基本持平,Ⅳ级巷道平均增加直接材料费272.50元/m。

(2)掘进施工费。由于提高成巷速度,节省了掘进人工费和设备的租赁使用费;由于减少了锚索及其构件的使用量,节省了材料运输费用。经测算,可节省掘进施工费和材料运输费约357.10元/m。

(3)巷道围岩破坏冒落事故处理费。对不同隐患级别围岩巷道进行有针对性的支护设计,使围岩控制水平显著提高,防止了冒顶事件的发生。经测算,每条巷道将因此节省围岩破坏冒落事故处理费357.81万元。

(4)加快综采面投产进度。加快了巷道支护速度,使工作面提前投入生产。经测算,相比现有支护参数巷道,Ⅰ级、Ⅱ级巷道可提高成巷速度30%以上,工作面将提前投入生产,按日产7328 t计算,将产生巨大效益。

综上所述,新的研究成果的应用保证了矿井下安全生产,促进了赵固二矿安全高效建设,取得了巨大的技术经济效益,促进了矿区和谐稳定及可持续发展,在社会上树立了良好的形象,具有极高的推广应用价值。

沿空留巷高水材料巷旁填充技术

冀中能源集团有限责任公司

一、基本内容、创新性

沿空留巷技术的关键是如何在采空侧构筑合理有效的巷旁支护结构,以达到支护留巷、提高资源利用率的目的。

本技术方案利用高水材料作为巷旁支护材料代替传统支护材料。通过建立沿空留巷巷旁支护阻力计算模型，进行合理的巷内优化与巷旁支护系统设计，建立了新型高水速凝材料沿空留巷快速巷旁充填支护工艺与体系，确定了高水材料巷旁充填沿空留巷技术的关键技术参数。

高水材料所形成的支护体具有速凝早强，良好的承载、变形性能和空区密闭性，且材料易于远距离输送，机械化程度高，非常适合大规模沿空留巷的技术要求。

（1）采用的新型高水速凝材料凝固速度快，早期强度高，有良好的承载和变形性能，且构筑的充填体密闭采空区效果好。

（2）支护体采用柔性充填袋专利技术，使其受力状态得到改善，稳定性得到极大提高。

（3）充填工艺简单，且可实现材料远距离输送。

二、适用条件

高水材料沿空留巷技术可适用于各类地质条件，尤其对高瓦斯、机械化程度要求高、充填输送距离长等需求更能体现其良好的适用性。

三、应用情况及推广前景

目前为止，该项技术已经成功应用于邯矿集团陶一矿、陶二矿、郭二庄煤矿、云驾岭煤矿、亨健矿和山西赤峪矿等不同条件下的沿空留巷工程，其留巷效果显著，所留巷道可保持长期稳定。

高水材料巷旁充填沿空留巷技术的实施成功，提高了矿井开采的安全性，解决了采掘接替困难的问题，延长了矿井服务年限。同时，该技术的成功应用为我国其他矿区实施无煤柱开采提供了较强的技术借鉴与指导，为今后在我国煤矿中采用高水材料实施沿空留巷指明了方向，具有较好的推广价值，该技术曾获得中国煤炭工业科技进步一等奖，行业标准（NB/T 51047—2016）已经于2016年2月5日批准，2016年7月1日正式开始实施。

"两堵一注"带压式新型封孔工艺在胡家河矿的应用

陕西彬长胡家河矿业有限公司

一、基本内容、创新性

通过对国内外封孔技术进行对比研究，提出了"两堵一注"带压式新型封孔工艺，利用注浆泵将封孔器两端的囊袋充满浆液（先里后外），待两端膨胀后压力达到 1.6 MPa 时，封孔器中间爆破阀自动爆破打开，浆液进入中部环形空间，直至压力增至 2.0 MPa 时，注浆泵自动停止工作，从而实现多层带压式封孔，达到高效抽采的目的。该工艺具有以下特点和创新性：

（1）几乎杜绝了漏气现象，单孔瓦斯最大浓度是原有封孔工艺的 16~26 倍，大幅度提高了抽采效率。

（2）工艺操作简单、安全可靠，且受人为因素影响小。

（3）封孔器的长度可根据实际需要制作，减少了材料的浪费。

二、适用条件

钻孔封孔工艺是矿井瓦斯抽采工程的一个重要环节，也是影响瓦斯抽采浓度的一个重要因素。以往的封孔技术，封孔质量低下，漏气现象层出不穷。胡家河煤矿 4 号煤层的透气性系数为 $3.32~3.78\ m^2/(MPa^2 \cdot d)$，钻孔瓦斯流量衰减系数为 $0.033~0.0348d^{-1}$，煤层透气性低且吸附性极强。先后采用天固封孔材料、英诺封柔性膏体封孔材料及水泥砂浆"两堵分注"法封孔工艺，效果均不太明显，单孔最高瓦斯浓度均未超过 2.5%。

三、应用情况及推广前景

胡家河煤矿采用"两堵一注"带压式新型封孔工艺单孔瓦斯最大浓度是原有的天固封孔材料的 16 倍，是英诺封柔性膏体封孔材料的 26 倍，是水泥砂浆"两堵分注"法封孔工艺的 17 倍。已将该封孔工艺推广应用于 401105 备采工作面及 401103 掘进工作面，截至 2016 年 8 月已推广应用至 1134 个孔。该封孔工艺大大提高了钻孔的封孔质量，抽采效果显著提高，为矿井的安全高效生产提供了保障。

立井提升系统快速换绳技术

陕西彬长胡家河矿业有限公司

一、基本内容、创新性

通过与传统的立井多绳摩擦式提升机主提升钢丝绳更换方式进行对比，提出了交互式快速换绳技术。具有以下创新性：

（1）换绳方式的创新：采用更为先进的 YHC 型成套换绳装置，使用换绳车进行换绳。此项技术已获得国家专利，是对传统换绳方式的重大改革。

（2）换绳安全的创新：相较于传统换绳方法，新型换绳方式可同时确保设备及人身安全，在安全换绳方面取得了重大的创新突破和安全成果。

二、适用条件

交互式换绳技术适用于矿山立井摩擦式提升系统的安装、更换主提升绳和平衡扁尾绳等工作，它通过多组无极承载单元输送钢丝绳，在保证不损伤绳的前提下，通过用旧钢丝绳带动新钢丝绳实现回收旧绳放新绳，实现提升机与换绳车同步收放绳作业，利用两根绳作为连接，另外两根绳进行交互式换绳，可最大限度保证立井提升系统张力差的稳定性。

三、应用情况及推广前景

胡家河矿业公司在 2013 年 9 月底，应用立井提升系统快速换绳法完成了副立井提升系统首绳更换工作，通过此次实践验证了快速换绳技术，缩短了换绳时间，提前恢复生产，实现了效能提升。

新型交互换绳技术大大缩短了提升系统的换绳时间，减少了人员配备，减轻了劳动强度，提高了换绳效率，提高了换绳质量。新型的交互换绳技术，带来的不仅仅是技术上的突破，它也为换绳的安全性提供了重要保障。传统的换绳方式，稳车在放绳过程中有可能因为无法承受罐笼和钢丝绳的重量，对设备造成破坏，同时也对人身安全造成重大威胁，新型换绳车交互换绳技术则可以有效避免此类问题。

胡家河矿副立井提升水配重系统设计研究

陕西彬长胡家河矿业有限公司

一、基本内容、创新性

通过对立井提升系统进行分析，提出了"水配重"的概念，用水替代配重铁块来调节罐笼配重。具有以下特点和创新性：

（1）能有效简化配重调节流程，缩短配重调节时间。

（2）可以快速实现配重调节，提升液压支架的间隙副井可提升人员、物料，大幅度提升了副立井提升系统效率，保证掘进工作正常进行；

（3）安全效益显著提高，不需要拉移固体配重车，配重灵活可变，且效率较高，耗时短，在综采工作面回撤期间降低了防灭火工作压力。

二、适用条件

该技术主要应用于煤矿立井提升条件下的罐笼配重调节方式，尤其适用于在工作面生产与回撤期间，立井罐笼需要频繁调节配重的情况。

三、应用情况及推广前景

副立井提升水配重系统使用以来,简化了配重调节的工艺流程,降低了劳动强度,简化了工艺流程,大幅度缩短了配重调节的时间,提升了辅助运输的效率,大幅度降低了电耗,对立井提升系统配重调节是一个重大的革新。

胡家河矿副立井提升水配重系统在彬长集团率先实现,具有先进的理论和实际经验支撑,对立井提升类矿井的配重方式研究具有很大的借鉴意义,同时也为新建和投产的矿井运输系统建设提供了有力的技术参考,具有非常重大的推广应用价值。

基于多维信息的通风瓦斯在线预警系统开发研究

陕煤化集团彬长矿业公司大佛寺煤矿

一、基本内容、创新性

本系统基于通风安全理论、时间序列分析理论与方法,以矿井日常瓦斯监测数据为研究对象,分析监测点瓦斯监测数据的关联特征,以及关联巷道监测点瓦斯监测数据表现的强关联特性,基于监测数据关联分析进行瓦斯浓度预测方法研究,以此来提高预测结果的可靠性和准确性,作为预警分析的依据,再结合通风数据的关联性分析,构建这样的预警平台对于现场安全管理更具有指导意义。

主要创新点归纳如下:

(1)系统是基于矿井通风瓦斯理论、现代计算机技术及矿山实践的矿井通风安全日常管理与计算辅助决策系统设计的。

(2)系统软件突破了传统意义的通风安全分析软件的范畴,将通风与瓦斯异常防治有机融合,首次在国内实现了通风系统图、网络图和数据列表的关联互动,并实现了多屏系统的简约特征及联动操作能力,大大提高了矿井通风瓦斯监测数据分析的实际指导能力。

(3)实现了与监控监测系统的联动和监测数据的实时在线分析,可动态反映矿井的通风格局和瓦斯态势,完成对矿井通风系统安全水平的定量评价。

(4)基于实时监测数据和风网拓扑信息,构建了通风瓦斯综合分析模型,可以分析并确定矿井通风瓦斯的危险区域,获取矿井分区的瓦斯涌出规律,以及通风系统所有风道的风流和瓦斯流的波动规律,指示潜在的危险源和危险区域。

二、适用条件

本项目建设旨在构建以通风瓦斯监控信息在线分析为核心的通风安全日常管理技术支

持与预警控制平台,平台从多角度深入分析提取矿井通风瓦斯监测数据显现的客观规律,辨识监测数据所表达的"正常"与"异常"分界,进而实现对通风瓦斯异常的早期预警。

该平台还能实现对于全矿、全时段的通风瓦斯参数的智能化综合查询,使指挥人员、专业管理部门、相关科研单位专家能够实时共享通风瓦斯信息。

项目成果的应用将使得安全管理人员有效掌握矿井通风瓦斯显现规律,辨识瓦斯显现的局域性与全局性特征,获取监测数据可能隐含的"异常"征兆及"异常"的发展预测,有效提高隐患辨识和预警控制能力,并能以平台为重要枢纽,以高效率的信息共享保证宏观与微观的多角度、多维信息决策辅助,提高煤矿安全生产管理和保障水平,为实现煤矿企业安全生产提供有力的支撑。

三、应用情况及推广前景

"基于多维信息的通风瓦斯在线预警系统"现已在陕西彬长大佛寺矿业有限公司使用,取得了理想效果,该系统以通风瓦斯监测数据的实时在线分析为基础,以通风瓦斯安全监视为核心,构建了基于多分屏的矿井通风瓦斯安全综合分析与预警的信息平台,提供多维信息深度分析数据的网络化共享环境和以图形为主导的查询服务,能够深度分析并确定该矿通风系统所有风道的风流和瓦斯流的波动规律,并且以多视角的方式为工程技术和管理人员提供数据分析服务,大大提高了矿井通风瓦斯监测数据分析的实际指导能力,有效提高了该矿安全生产的预警能力和事故防范能力,实现对矿井通风瓦斯安全日常管理的技术支持。项目的推广应用,可以较大程度上增强通风瓦斯技术人员的分析能力,提升我国煤矿安全生产和管理水平,为实现煤矿企业安全、可靠、高效生产提供有力的支撑,这对促进我国煤矿安全形势的根本好转、保障煤炭行业的可持续发展具有重大而深远的意义。

小断面岩巷综合机械化快速掘进技术研究

陕煤化集团彬长矿业公司大佛寺煤矿

一、基本内容、创新性

(1)在小断面岩巷中引进使用 EBZ160 悬臂式综掘机,取代了传统的炮掘工艺。使用一段时间后发现在巷道掘进过程中,综掘机炮头截割齿受磨损严重,巷道除尘技术落后,人员组织施工不科学,影响巷道掘进进尺。通过引进 KCS-220 型节能矿用湿式除尘装置,根据巷道岩性更换耐磨截齿,改进综掘机截割功率,缩小铲板以适应小断面,加上掘进头合理的人员配备,巷道掘进进尺得到大幅度提升,日平均进尺 10 m,最高日进尺曾达 19.2 m,月进尺达 429.5 m,极大地缓解了 4 号煤层工作面接续紧张状况。

(2)通过采用岩巷挖装机,取代了人工装碴,对炮掘工艺进行了优化,优化了出矸方式,劳动生产率得到大幅度提升。

（3）CQ20A 机载液压超前支架主动支撑顶板，维护了矿井顶板安全管理。

（4）通过以上手段，大幅提高井下掘进巷道进尺，煤矿掘进机械化水平上升了一个新台阶，煤矿开采安全系数仍保持在较高水平。

（5）通过在高位瓦斯抽放巷中使用 ZWY–100/45L 防爆型履带式挖斗装载机，迎头出矸时可平行进行支护，节约了时间，提高了劳动效率。

（6）CQ20A 机载液压超前支架主动支撑顶板，有效解决了工作面顶板控制问题，避免了空顶作业造成的伤亡事故，减轻了工人的劳动强度，维护了矿井顶板安全管理。

二、适用条件

目前，我国煤矿岩巷掘进绝大部分以钻爆法为主，也有的采用掘进机进行整体掘进。实际施工应用的岩巷机械化作业线，主要有3种：第一种是气腿式凿岩机配耙斗装岩机作业线，掘进速度一般为100 m/月左右，此种方法应用最广泛；第二种是全液压钻车配侧卸装岩机作业线，在我国应用较少；第三种是悬臂式掘进机配梭式矿车、带式输送机（综掘法），在国内部分煤矿试用。

彬长矿区煤矿井下通过引进 EBZ160 综掘机掘进高抽巷，取代了传统的炮掘工艺，大幅度提高了掘进进尺；通过采用岩巷耙装机，取代了人工装碴，对炮掘工艺进行了优化，优化了出矸方式，劳动生产率得到大幅度提升；CQ20A 机载液压超前支架主动支撑顶板，维护了矿井顶板安全管理。通过以上手段，大幅提高井下掘进巷道进尺，煤矿掘进机械化水平上升了一个新台阶，煤矿开采安全系数仍保持在较高水平，可在煤矿井下掘进巷道中大力推广。

三、应用情况及推广前景

煤矿井下快速掘进技术是通过实现综掘工艺中掘进、支护、运输三大工序的掘锚一体化、支护合理化、装运机械化及其之间的优化配置，从而最大限度地提高单进水平和劳动效率，改善安全环境和工程质量，降低巷道成本的实用技术。

通过分析、研究、现场实践证明，CQ20A 综掘机机载超前支护装置结构合理，操作简单，能适应巷道顶板角度变化，可以有效解决大佛寺矿井下掘进工作面顶板控制问题，避免空顶作业造成的伤亡事故，减轻工人的劳动强度，为单巷综掘创造了良好的作业环境，该项技术具有很好的推广应用前景。

产品仓下快速装车系统

银河煤矿

一、基本内容、创新性

银河煤矿前期采用装载机人工装车的方式，该装车方式装车效率低，污染大，运行成本高。银河煤矿技术人员经过查阅资料、现场考察，根据列车自动装车系统的原理，对该矿的汽车装车系统进行了改造，设计安装了一套全自动装车系统。该系统是在产品仓下安装了可控闸门、电子汽车衡、显示屏等装置，待汽车通过仓下汽车衡时，完成空车称重、自动装煤、定量等一系列过程，实现快速、准确装车。

银河煤矿安装了该装车系统后，装车时间由原来的 10 min/辆，降到现在的 4 min/辆，装车效率大大提高，得到了广大客户的普遍认可，也吸引了更多客源。同时该系统的安装为该矿产量的提高创造了有利条件，减少了因销售不及时而影响生产情况发生的次数。

二、应用情况及推广前景

改装车系统的安装，减少了该矿装载机的使用，仅每年节约柴油费即达 60 余万元。同时也减少了因装载机装车造成煤尘分扬而对环境造成的污染。

银河煤矿采用该自动装车系统后，运行稳定，增效明显，该系统非常适用于汽车运输的煤矿，其场地占用率低，既减少了环境污染，又节约了资金。

矿井提升设备远程监测与故障诊断系统

西山煤电（集团）有限责任公司

一、基本内容、创新性

项目提出了基于本体的矿井提升机故障诊断方法、基于非均匀弦振波法测钢丝绳的张力的方法与技术、基于改进 EMD 方法的提升载荷与振动信号的耦合关系的辨识方法、全面完善（现场、局域网、互联网及移动互联网）的矿井提升机远程监测与故障诊断的新模式，在理论上解决了远程监测与诊断的技术难题，实现了大型矿井提升机设备的远程监测诊断与维修管理。

二、适用条件

本系统将设备诊断技术与计算机网络技术相结合，用中心计算机作为服务器，在提升设备上建立状态监测点，采集设备状态数据；而在技术力量较强的集团技术中心和高等学校建立分析诊断中心，为煤矿提供远程技术支持和保障。进行提升设备远程监测与故障诊断系统的构成研究，建立提升设备故障树，采用小波包技术、数据挖掘技术对提升设备诊断系统信号进行提取，并应用基于多传感器的数据融合综合信息处理技术进行故障诊断。系统硬件主要由提升设备监测与故障诊断工作站、远程监测与故障诊断中心站组成；软件由数据采集程序、实时监测程序和专家系统诊断程序组成。进行实验室条件下和现场提升设备远程监测与故障诊断试验，即在西山煤电集团和太原理工大学矿井提升设备远程监测与故障诊断中心实现对马兰矿副井提升机设备的远程监测与故障诊断。

三、应用情况及推广前景

系统于 2012 年初安装于马兰矿副井提升系统中，经过 3 年的运行验证，系统运行稳定，实现了大型矿井提升机设备的远程监测诊断与维修管理，为矿井提升设备安全、可靠运行发挥着重要作用。

本项目的成功实施，在生产中排除了设备与人员的安全隐患，实现了大型矿井提升机设备的远程监测诊断与维修管理，为矿井提升设备安全、可靠运行发挥着重要作用，具有明显的经济效益和社会效益，推广应用前景广阔。

三软煤层复合顶板下沿空掘巷锚网索支护技术应用

新汶矿业集团有限责任公司孙村煤矿

一、基本内容、创新性

（1）采用新型中空注浆锚索加固支护技术。采用注浆锚索注浆，增强围岩本身的强度。注浆后浆液将松散破碎的围岩胶结成整体，提高了岩体强度和内聚力、内摩擦角及弹性模量，从而提高了岩体强度，可以实现利用围岩本身作为支护结构的一部分，且与原岩形成一个整体，使巷道保持稳定而不易产生破坏。

（2）锚网索联合支护，重点控制顶板关键承载圈以内的岩体，使关键承载圈以内的岩体形成一个锚固体，控制上部岩层的破坏发展。

（3）采用沿空送巷小煤柱的留设及应用技术，根据倾向支承压力分布规律研究成果确立了区段煤柱的合理尺寸为 2~3 m。

（4）顶板破碎地点采用弧形断面+高强让压锚杆+网带一体化支护，减少了巷道的变形量。

二、适用条件

该技术适用于围岩压力较大的深部巷道、顶板煤层底板为软岩的三软巷道、顶板破碎松散的修复巷道以及复合顶板、三岔门大跨度特殊地点的加固施工等。孙村煤矿深部矿井三软煤层复合顶板下沿空掘巷技术研究与应用的项目成果在生产中的成功应用，解决了困扰矿井安全生产的一大难题，提高了煤炭资源的回收率，推动了煤炭科技进步，经济效益和安全效益巨大。

三、应用情况及推广前景

协庄煤矿、翟镇煤矿、华丰煤矿、华恒矿业、良庄矿业等应用"三软煤层复合顶板下沿空掘巷锚网索支护技术",通过采用此技术,节约了支护成本,一次支护一次成巷,减少大量卧底、开帮、修复所用的人力、物力和财力,经济效益显著,有利于矿井实现高产高效;有效控制深部巷道变形,改善边掘边修、前掘后修状况,缓解接续紧张局面;促进矿井安全生产,具有较高安全效益,间接效益大大超过直接经济效益;减轻工人劳动强度,简化工作面端头与超前支护,为工作面快速推进创造条件,有利于提高工作面单产;显著降低巷修费用,基本消除巷修对回采影响;减少支护材料运量,有利于快速掘进。通过以上措施的应用,各单位每年减少巷道维修及支护材料成本 200 余万元。

矿井纯净水—乳化油全自动配比集中供液系统技术研究与应用

一、基本内容、创新性

利用光明热电公司反渗透制水设备生产的纯净水引至地面缓冲水箱,自动配比系统将乳化油与纯净水按照设定的比例在管路中配比,配比合格的乳化液介质进入缓冲水箱,再通过井下缓冲水箱及专用管路输送至工作面泵站。

主要创新点:

(1) 选用光明热电公司反渗透制水设备生产的纯净水进行乳化液配比。

(2) 自动配比系统安装乳化液浓度自动检测装置,控制面板可实时显示乳化液浓度,实现乳化液浓度的可视、可控。

(3) 实现多水平、多工作面供液的逻辑控制,供液使用互不影响。

(4) 该系统配备两台乳化油添加泵,在全自动运行状态时,若乳化液计量泵 A 达到设定运行时间,B 计量泵将自动切换到运行状态。

(5) 整个系统运行数据传输至中控室,实现了远程监控。

二、适用条件

适用于矿井水的色度、浊度较大,同时矿井水为井下岩层渗透水,含有钙、镁离子,硫酸根离子,氯离子及细微颗粒物,尤其是钙、镁离子,造成水质硬度偏高的矿井。

三、应用情况及推广前景

矿井纯净水-乳化油全自动配比集中供液系统于 2014 年 1 月 3 日正式开始现场实施,

至 2014 年 2 月 13 日，完成管路施工、水箱安装、供水泵安装、自动配比系统安装、供电系统安装、控制系统安装、人员培训等工作，2 月 15 日，矿井纯净水－乳化油全自动配比集中供液系统正式完成。至今，矿井纯净水－乳化油全自动配比集中供液系统使用良好，自动配比系统、控制系统运行稳定。

纯净水－乳化油全自动配比集中供液系统投入使用后，延长了综采工作面液压支架的使用寿命，一个工作面开采结束后，液压支架不需要升井维修，在井下完成倒装液压支架 495 架，每架节约维修及运输费用 3 万元，年可节约 1485 万元。同时立柱、推移、阀组等配件的使用周期也大大增加，减少了零部件材料及维修人工费用 90 万元。

连采连充开采技术研究与应用

新矿集团

一、基本内容、创新性

采用全负压连采连充分步置换绿色采煤法开采，首先施工上下顺槽及开切眼，放出工作面后实现工作面具有两个安全出口、全风压进行通风，采用掘、采、充、留一体化开采工艺，即采用连采机进行支巷上分层掘进及支护、采用连采机进行支巷下分层回采出煤、采用全势能膏体进行接顶密实充填控制顶板、采用沿空留巷减少煤柱损失，采区的煤炭采出率可达到 95%；待充填物凝固且对顶板形成一定的支撑力时再进行二次开采煤柱和充填煤柱巷。

采充平行作业，充填快于采煤，以充保采、以充促采，实现了 50 人月产 5 万 t 的高效率。

低成本运行，对百万吨矿井而言，连采连充可与综采成本相近，经济效益优于综采。

对顶板实行完全不垮落法控制，确保地表控制在 I 级变形范围内；实现井下矸石不上井、井上矸石全下井，既提高了资源回收率，又保护了地面生态环境，实现了绿色开采，为"三下"压煤开采创出新路子。

二、适用条件

煤岩层赋存条件：适用于厚煤层开采，有利于生产提效。顶板岩性为巷道围岩稳定性类别中的 I 至 IV 类，有利于减少支护工作量。开采支巷的倾角为 8°～18°，有利于连采机（综掘机）的爬坡和自流式充填。

采煤工作面主要设备选型、井下提升、运输、通风、压风、排水等系统设备必须满足充填开采技术生产要求。

开采工作面必须形成全风压通风，且有两个安全出口，机械化连续开采连续充填，采煤与充填系统相对独立，实行采充平行作业；矸石、水泥、粉煤灰、水进行自动配制，全势能膏体充填，达到以充保采、以充促采的目的。

三、应用情况及推广前景

由于该矿井田范围内的煤层大部分被棋盘井生态园压覆，园区内有人工湖、清音塔、雕塑、亭榭等建（构）筑物，地表沉陷控制等级较高，生态园区压覆大量可采资源，严重影响矿井的可持续发展，该工艺为解放"三下"压覆资源，提高矿井的煤炭资源采出率，延长矿井服务年限提出了新路子。

经几个工作面的开采实践，试采工作面运行良好，各系统均满足安全生产及规程规范要求，通过地面岩移观测和安装充填体位移传感器及应力传感器，其充填减沉实际效果较好，最大下沉量为9 mm，满足了对地表变形的控制。

该采煤方法能够提高矿井资源回收率，延长矿井服务年限，可适用于多种不同类型矿井的生产。通过连采连充绿色开采，采用周边选煤厂洗选矸石和露天矿的固体剥离物以及周边电厂产生的粉煤灰做充填物，解决了地面环保问题，根据该矿井年生产60万t的能力，矿井每年消化矸石72万t。该项目的成功为"三下"压煤的规模化开采提供了一种有效解决途径，具有广阔的推广前景。

一种新型的掘进机内喷雾系统

泰安天元矿山设备安装有限责任公司

一、基本内容、创新性

在悬臂式掘进机中，截割系统担负着截割进给以及内喷降尘的作用，掘进机内喷雾水密封问题是一个世界性课题，目前并没有很好的解决办法。如果长时间使用易造成截割机内部窜液，使用周期一般只有1个月左右。为此研发并应用一种新的阶段性补偿式装置，该装置是一种承压能力高、具有密封阶段性补偿功能的水密封装置，在悬臂式掘进机内喷雾系统出现泄漏的情况下，可通过手工操作阶段性补偿装置实现水密封状态可逆，从而使整个悬臂段水密封系统实现长效使用，为掘进工作面的灭尘提供了可靠保障。该装置使用后，悬臂段内喷雾水密封有效时间从原来的1个月左右延长到3个月以上。该技术在悬臂段内喷雾水密封领域处于国内领先水平。

该技术适用于全部悬臂式掘进机，主要创新点有：

（1）提供的技术资料齐全完整，符合鉴定验收要求。

（2）该项目针对掘进机截割机构水密封系统，研制了密闭壳体密封自动内喷雾装置，在掘进机截割臂内的主轴上，采用高水基复合密封填料环作为密封件，两端加设两个环形油缸活塞，可对密封材料进行磨损补偿，具有摩擦系数低、耐腐蚀、实现水密封状态可逆等优点。

（3）该装置延长了掘进机截割机构水密封的寿命，降低了整个截割部因水密封串液导致的事故率，取得了良好的经济效益和社会效益。

二、应用情况及推广前景

在山能机械再制造车间大修掘进机期间，进行了掘进机截割机构水密封的改造。该水密封技术方案合理可靠，掘进机运行稳定，掘进机截割机构水密封密封效果安全可靠。

该技术适用于各型号悬臂式掘进机，具有很高的推广价值。该装置可实现自动补偿，保证内喷雾连续使用的降尘效果。内喷密封有效时间从原来的 1 个月左右延长到 3 个月以上。该技术在悬臂段内喷雾水密封领域处于国内领先水平，具有广泛推广应用价值。

SZZ1200/700 重型刮板转载输送机研制开发

兖矿集团大陆机械有限公司

一、基本内容、创新性

（1）研究了一种紧凑型伸缩机头的结构，利用两侧的液压推移缸可在不切断刮板链的情况下对刮板链的松紧进行调节，能够使转载机的链条张紧工作更加便捷。

（2）设计了一种可调型行走部的结构，适应不同工作面的高度起伏情况。

（3）开发了一种链轮的加工工艺和热处理工艺，提高了链轮强度、冲击韧性和耐磨性，延长了链轮的使用寿命。

（4）设计了一种不等厚中板结构的凸、凹槽，有效地解决了凸凹槽与其他部件的不等寿命的问题。

（5）研究了一种不对称铰接槽的结构，使在安装桥槽时不至于使凹槽在压力的作用下翻转，消除了安全隐患。

（6）开发了一种专用防脱电缆钩结构，提高了效率，安全可靠。

二、适用条件

SZZ1200/700 超重型刮板转载输送机是煤矿井下顺槽运输的关键设备，它位于工作面刮板输送机和顺槽可伸缩带式输送机之间，起转载输送煤炭的作用。使用刮板转载输送机可以避免顺槽可伸缩带式输送机机尾的频繁移动，从而保证工作循环的正常进行。

SZZ1200/700超重型刮板转载输送机主要由机头部、机尾部和自移装置三大部分组成。其中，机头部主要由伸缩机头、行走部、架桥槽、凸凹槽、铰接槽、调节槽、刮板链等部件组成；机尾部主要由中部槽、开天窗槽、卸料槽、机尾等部件组成；自移装置主要由推移缸、抬高缸、轨道和液控系统等组成。

三、应用情况

该设备于2013年8月在兖州煤业兴隆庄煤矿B10302工作面进行工业性试验。于8月6日开始在该矿安装调试，8月11日安装调试完成，8月12日开始正式投入生产，2014年3月升井。该工作面采用长壁后退式综合机械化放顶煤开采，工业性试验期间，工作面最高日产1.7万t，平均日产1.3万t。

2014年5月，设备升井检修后在7303工作面继续使用，并于2015年1月升井检修换面。通过在该矿井2个工作面的使用，该设备适应该矿井地质条件和地理环境，满足矿井生产工艺的要求，该设备在试验期间未发生异常故障，设备运行正常，状态良好，其技术性能指标达到设计要求，基本上实现了预期的开发目标。

彬长矿区富水岩层井筒非全深冻结施工技术研究及应用

陕西彬长小庄矿业有限公司

一、基本内容、创新性

主要研究富水弱渗洛河砂岩地层煤矿矿井非全深冻结法施工理论基础以及解冻后的水害防治。非全深冻结法凿井方案配合针对性注浆堵水技术可以有效地解决解冻后冻结管形成的环形水力通道以及其他涌水通道的问题。

针对富水弱渗洛河砂岩地层立井矿井冻结法解冻后由于环形水力通道以及其他渗流通道产生的水害隐患及现有灾害防治技术的不足，提出解冻后注浆防治水关键技术，简要地概括为"高低压并用，深浅孔结合，单液为主、双液为辅"彻底截断环形水力通道以及其他一系列渗流通道，治理冻结法施工水害问题。

二、应用情况及推广前景

彬长小庄煤矿主井、副井、2号副立井、风井4个井筒采用非全深冻结方案后，创造直接经济效益5480.73万元，工期缩短4个月以上。

采用该技术后，各井筒涌水量变化如下：

（1）主井于2010年11月15日开始注浆，2010年12月15日停止注浆。历时29天零18 h 10 min。水量由17.82 m^3/h 降到0.39 m^3/h。

（2）副井于 2010 年 8 月 21 日开始注浆，2010 年 9 月 2 日停止注浆。历时 12 天零 2 h 55 min，水量由 19.5 m³/h 降到 0.02 m³/h。

（3）2 号副立井于 2012 年 8 月 9 日开始注浆，2012 年 8 月 19 日停止注浆。历时 10 天，水量由 16 m³/h 降到 0.1 m³/h 以下。

（4）风井于 2012 年 8 月 19 日开始注浆，2012 年 9 月 12 日停止注浆。历时 24 天，水量由 25 m³/h 降到 0.1 m³/h 以下。

井筒基岩冻结法施工解冻水害治理技术研究及应用

陕煤化集团

一、基本内容、创新性

该技术针对立井冻结法掘进时冻结孔环状空间所带来的水害隐患及现有灾害防治技术的不足，首次提出了通过在有利地层施工环形措施巷，并结合插管引流注浆，在原冻结管位置形成一个环状混凝土隔水体，截断冻结孔环状垂向导水通道，以根治井筒水害的施工方法。该技术具有以下特点和创新性：

（1）通过实验，揭示了冻结孔的导水机理。

（2）提出环形措施巷防治水方法。

（3）分析了环形措施巷防治水的工艺参数，研究了环形措施巷防治水方法的施工工艺。

二、适用条件

矿井井筒冻结施工完成冻结壁解冻后，冻结孔与冻结管之间的环形空间便成为垂向导水通道，将立井从地面到井底所有的含水层连成一体，原来的隔水层失去隔水作用，增加了水害影响程度，立井冻结法掘进时冻结孔环状空间所带来的水害隐患及现有灾害防治技术又不足。

三、应用情况及推广前景

陕西彬长胡家河矿采用环形措施巷封堵冻结孔防治水方法对主立井冻结法施工水害进行了治理，在稳定岩层施工环形措施巷，彻底阻断了冻结孔环状空间的垂向导水作用，解除了水害威胁。治理矿井主立井冻结法施工水害后，矿井涌水量从 90 m³/h 下降到 2 m³/h 以下，治水彻底、效果稳定，保证了矿井安全生产。

胡家河矿井的水害治理技术研究是基于井筒解冻后的水害治理工作，该方法同样适用于井筒解冻以前，解冻前的施工，没有了冻结孔的探放水工作，将大幅度缩短施工工期，如果该方法能作为立井冻结法施工的配套工艺，也必将推动冻结法施工的应用和推广。

三维地震勘探技术在孟村矿井首采区的应用

陕煤化集团

一、基本内容、创新性

孟村井田地表条件为典型的黄土塬区，从地震勘探技术的角度看，黄土塬区地震勘探仍是一个世界级的难题。为了进一步查明彬长矿区孟村矿井首采区地质条件，为煤矿安全生产提供地质保障，对该矿区进行了三维地震勘探工作。

该项目通过大量研究，取得了下列方面的创新：

（1）首次提出了一套适合黄土塬区地震资料数据采集的方法，打破传统的观念，利用克朗地震野外采集设计软件实时跟踪设计。

（2）通过理论研究，经过多种静校正方法的测试，总结了适合黄土塬区复杂条件下的静校正方法，确定了初至层析反演静校正的技术方案。最终形成了适于黄土塬区地震资料"三高"处理的配套流程。

（3）本项目研究中，利用了地震多属性融合解释技术，从平面角度进行地质信息的解译，该技术综合了属性分析、图像处理与模式识别等多学科的优势，其成果清晰、直观、可靠，目前在国内外具有一定的创新性。

二、适用条件

三维地震勘探技术已成为煤矿采区构造勘探的主要手段，但是黄土塬地区地震勘探工作面临着许多特殊问题：松散的黄土严重影响了地震勘探的激发与接收，复杂的地表条件严重影响了地震资料的正确成像，厚煤层条件下小断层难以识别。

三、应用情况及推广前景

该课题成果目前已经推广应用的局矿包括：彬长集团大佛寺煤矿与胡家河煤矿、蒲白煤业公司西固煤矿、兖矿集团济宁二号煤矿、鲍店煤矿、兴隆庄煤矿、邢煤集团东庞煤矿、邢煤集团邢东煤矿、峰峰集团梧桐庄煤矿、淄矿集团亭南煤矿等。

巨厚软岩冻结法凿井井壁稳定性控制技术及应用研究

陕煤化集团

一、基本内容、创新性

本课题针对低强度、富含水、弱胶结巨厚软弱岩层通过现场测试，研究设计出适用于彬长矿区软弱岩层的井筒设计施工方案。主要内容有：结合现场测试数据对软岩力学特性反演与优选；对井筒围岩中的冻胀力与岩性、温度、水压及井筒深度相关性进行了分析；对富水弱胶结软岩冻结井支护井壁所承受的压力计算方法和合理的井壁结构形式进行分析研究；预测了井壁可能的破裂位置并进行应力分析，提出预防和治理措施。

二、适用条件

适用于冻结凿井井壁受力复杂，不仅要承受施工过程中围岩的不均匀冻胀压力，混凝土井壁结构的温差应力，还要承受解冻过程中井壁与周围岩土层的负摩擦力等，受力状态及加载过程都非常复杂的矿井；巨厚软岩冻结法凿井井壁稳定性控制技术可以实时监测施工井壁变形、受力状态，可以随着工程进展情况，实时优化井壁结构，使井壁结构更加合理地抵御该类特殊地层环境条件下井壁压力变形，保持井壁的长期稳定性。

三、应用情况及推广前景

孟村矿业有限公司采用"巨厚软岩冻结法凿井井壁稳定性控制技术及应用研究"相关研究成果，保证了井筒冻结凿井期间的施工安全，同时优化了井壁结构，节约了工程建设费用，对后期井壁安全进行预测分析，潜在经济效益巨大。

孟村煤矿回风立井井筒直径为 8.0 m、垂深 635 m，按传统设计井筒最下部井壁厚 1750 mm，混凝土标高为 C75；采用该成果后，最下部井壁厚 900 mm、混凝土标高为 C70，节省混凝土用量 18620 m^3，同时减少 18620 m^3 掘进量，少用 17 t 钢筋，节约投资约 750 万元。同时井筒建设周期缩短，带来了巨大的经济效益和良好的社会效益。因此具有广阔的推广应用前景。

旋挖钻桩基施工技术

华新建工集团土建分公司

一、基本内容、创新性

（1）可在水位较高、卵石较大、冻结土层等地层中施工。

（2）自动化程度高、成孔速度快、质量高。该钻机为全液压驱动，计算机控制，能精确定位钻孔、自动校正钻孔垂直度和自动量测钻孔深度，最大限度地保证钻孔质量。其工效是循环钻机的20倍，最重要的是，工程的质量和进度得到了充分保证。

（3）环保特点突出，施工现场干净。这是由于旋挖钻机通过钻头旋挖取土，再通过凯式伸缩钻杆将钻头提出孔内再卸土。旋挖钻机使用泥浆仅仅用来护壁，而不用于排碴，成孔所用泥浆基本上等于孔的体积，且泥浆经过沉淀和除砂还可以多次反复使用。

（4）自带柴油动力，缓解了施工现场电力不足的矛盾，并排除了动力电缆造成的安全隐患。

二、适用条件

煤矿井塔、井架桩基工程等黏土、粉土、砂土、淤泥质土、人工回填土及含有部分卵石、碎石的地层以及冻结土土层。

三、应用情况及推广前景

华新建工集团土建公司在内蒙古沙章图矿井井塔工程、横山堡矿井井塔工程的桩基础工程冻结土层中采用该技术，圆满完成了施工任务。此技术具有较广阔的推广前景。

液压技术在立井井筒装备施工中的研究与应用项目

徐州矿务集团有限公司

一、基本内容、创新性

本创新成果主要围绕传统使用木楔固定、顶丝闭锁装置、千斤顶固定等吊盘稳固装置存在不经济实用、效率低的缺点，自行研制了液压稳固装置。围绕打锚杆眼及梁窝的风动设备在施工中存在噪声大、职工劳动强度大等缺点，自行研发了液压钻机系统。其具有以下创新性：

（1）在吊盘升降系统中设计了稳定装置，能够适应不同直径的井筒，与井壁弹性接触，保护井壁。稳定装置能实现对准井筒中心进行升降，避免了吊盘在运行过程中刮盘、卡盘。

（2）设计了吊盘固定装置，通过液压推动装置钢衬橡胶接触件和旋转稳定装置的调节杆同时顶住井壁，保证了吊盘的平稳、牢固。

（3）应用了液压凿岩机和液压破碎镐施工锚杆眼和打梁窝，降低了劳动强度，减少了对环境的影响，提高了工效。

二、适用条件

自行研制的新设备适用于立井井筒装备安装工程中，包括煤矿、金矿和铜矿等生产系统矿井建设。同时液压钻机系统也适用于井巷内作业，应用了移动电源，扩大了作业范围。

三、应用情况及推广前景

本成果在新疆榆树田煤矿风井井筒装备安装工程中成功运用，不仅实现了吊盘在升降运行中和在作业施工中安全稳固，同时在打锚杆眼和打梁窝施工中加快了施工速度，提高了施工生产效率，极大地提高了施工的安全性，充分证明了新工艺不仅技术上可行，而且效果较好，取得较显著的社会效益和经济效益，具有较好的推广前景。

煤矿巷道新型泡沫混凝土自动化湿喷成套装备与工艺技术

兖州煤业股份有限公司

一、基本内容、创新性

项目以解决煤炭领域喷射混凝土粉尘问题为出发点，选择国家急需发展的煤炭湿喷装备及施工技术为研究对象，针对井下喷射混凝土主要采用干喷技术存在的问题，研制了集自动上料、搅拌、制泡—混泡、远距离输送及喷射为一体，同时满足井下煤巷快速封闭和岩巷高强支护作业的泵送式湿喷系统；设计了双轴反向"钢+橡塑"复合搅拌叶片，实现不同粒径、不同密度的物料均匀混合；研制了适合煤巷快速湿喷的轻质高强混凝土新材料；提出了湿喷混凝土配比设计中要满足"喷敷性"的理念；研制了湿喷混凝土的专用增稠剂、无碱液体速凝剂和润管剂。形成一整套完整的解决方案，能有效地控制围岩变形，减少锚喷面环境污染及粉尘对人体的危害，降低了工人劳动强度。

二、适用条件

该技术成果能满足煤矿煤巷和岩巷不同工况要求。利用泡沫混凝土与湿喷机组配合使用,不但能克服干喷法施工碰到的回弹率高、粉尘大、喷射强度得不到保证等缺点,而且还解决了现有湿喷法存在的原料供应困难、过快凝固、堵管等问题,还能节省材料,尤其是水泥用量,从而在很大程度上节省成本。该技术集自动上料、搅拌、制泡—混泡、远距离输送及喷射为一体,同时满足了煤矿井下煤巷快速封闭和岩巷高强支护作业要求,施工方便,机器设备操作简单,自动化程度高,工人施工密闭墙时劳动强度降低、生产效率高,比现有生产技术效率提高40%以上,广泛适用于各类矿山井巷与地下工程、建筑工程、隧道开挖等施工项目。

三、应用情况及推广前景

该技术解决了干喷法施工回弹率高、粉尘大、喷射强度不足等缺点,同时泡沫混凝土本身是一种轻质、多孔结构,因此还能大大节省材料,尤其是水泥用量,从而在很大程度上节省成本,具有显著的经济效益与社会效益。泡沫混凝土具有良好的延性,整体性好,抗震性能高,能够在围岩有一定变形条件下依然起到封闭支护的作用,有效缓解矿震的发生。另外,此工艺在减少巷道二次支护工作量、缩短采准系统形成时间周期以提高效率、改善工人劳动条件等方面也发挥了积极作用。由于泡沫混凝土本身的特点,大大提升了工人的劳动生产率;工作面现场粉尘含量大大降低,降低了矿工防护成本,每年可为企业节约可观的矿工个体防护、尘肺病治疗、防尘管理和技术专项资金。

矿用自动化湿喷工艺关键技术及成套装备

中煤北京煤矿机械有限责任公司

一、基本内容、创新性

国家规定矿建喷浆施工须采用先进的湿喷工艺,近年来,我国多单位进行了矿用湿喷装备的研究,但一直未形成过关产品,主要问题表现在:一是适应性差,包括设备对井下施工环境的适应性和成套装备与湿喷工艺的适应性;二是存在冗余结构,故障点多,可靠性差;三是自动化程度低,施工环境恶劣。本项目技术有针对性地解决了以上缺陷,形成适于矿建施工的自动化湿喷工艺及成套设备,属于国内外先进技术,实现了矿建施工真正混凝土湿式喷射技术,实现了混凝土湿式喷射施工机械化、自动化控制,湿喷施工操作人员由现在的6人,减少到3人,减少用工50%,施工中混凝土回弹率降低到3%~5%,减少回弹率90%,施工劳动强度降低,尘土污染降低,工程质量得以大幅度提升。

二、适用条件

（1）适用于大、中型煤矿，以及有色和黑色金属矿井的矿井建设喷浆施工。

（2）适用于巷道宽度为 3~7 m，巷道断面为 10~68 m² 的各种形状巷道的矿建喷浆施工。

（3）不同配置可分别适应轨道运输和胶轮运输巷道。

（4）适用于各类瓦斯矿井巷道的施工。

（5）适用于罐笼运输（设备可解体）和斜井运输条件的煤矿施工。

（6）适用于小、中型隧道的施工。

（7）适用于其他场所、小中型硐室的施工等。

三、应用情况及推广前景

目前，我国有大、中型煤矿500多个，每个矿都有掘进队5~6个，加上金矿、铁矿等有色和无色金属矿数量就更大。还有铁路和公路每年就要开挖几百公里隧道，特别是在我国铁路、公路建设重点地区的西南部和南部地区，为适应车速越来越快的发展趋势，线路尽可能少拐弯，隧道开挖量更大，因此项目具有广阔的市场前景。

控制开采与梯级截排关键技术在软岩露天矿的成功应用

华能伊敏煤电有限责任公司露天矿

一、基本内容、创新性

伊敏露天矿2011—2012年东帮出现边坡变形、滑动情况，威胁端帮带式输送机、破碎站等重要设施。为克服采矿活动对边坡的危害，采用分层选采、横采压帮等方式控制开采东帮露头煤。对滑体上部台阶进行集中卸载42万 m³，同时对滑体下部实施排土压脚。2013年采出变形区煤炭640万 t。为克服渗水对边坡的危害，采取梯级截排措施。在采界外布设小井进行一级拦截，共布置169口降水孔拦截四系层水侧向补给。在二、三台阶布设明排系统进行二级截排，通过顺水沟将涌水引至超降坑并抽排至污水厂处理。在三、四台阶设置集水坑、引水渠进行三级截排，向上台阶集水坑倒水作业。在16煤底板涌水区开挖顺水沟进行四级截排，将底板承压水引流至超降井。

二、适用条件

（1）软岩边坡稳定性较差，且存在边坡涌水。

（2）边坡岩性以粉砂岩、细砂岩为主，渗透性良好，松散系数较小，便于大密度布设小井帷幕。

（3）边坡平盘台阶具备明排系统布设条件。

三、应用情况及推广前景

2012年11月—2013年1月，滑体一、二台阶形成长550 m、宽55 m、高12 m的卸载区，累计卸载42万 m^3，2013年抢救性开采变形区煤量640万t，经济价值为25600万元。2012—2014年一级截排施工降水孔169口，出水量由1000 m^3/h降至340 m^3/h，出水点由39 m降至15 m，抽排水作为电厂循环冷却水，全年排量为1140万 m^3，节约水费3898.80万元。二、三、四级截排已形成完整的工作面排水系统，剥离后及时开挖顺水沟进行置换抽排，循环往复。截排水用于布设4座临时加水站进行采场洒水降尘，年利用量为120万 m^3。

控制开采优化了开采方式，提高了资源利用率，减少了能源损失。梯级截排水部分直接供电厂；底板残余水、大气降水等经污水厂处理作为电厂机组循环冷却水，保护水资源；剩余部分作为洒水降尘用水，减少地下水使用。此方法为本矿山带来了巨大的经济效益及社会效益，具有广阔的推广前景。

自移式破碎机半连续系统工艺在露天矿的应用

华能伊敏煤电有限责任公司露天矿

一、基本内容、创新性

伊敏露天矿于2007年末引入自移式破碎机半连续系统工艺进行煤炭开采，该系统由电铲、自移式破碎机、A型转载机、工作面带式输送机、B型转载机组成。该系统设计小时生产能力为3000 t，设计年生产能力为900万t。

该系统极大地丰富了本矿技术装备水平，实现了"以电代油"。一是减少了卡车运输过程中的大气污染；二是节约人力成本，提高自动化水平。运行人员、维修人员减少约56人，且系统实现了自动化控制，操作动作明显减少，安全程度大大提高；三是综合成本降低，相比于等能力单斗卡车采煤系统，每吨可节省成本1.5~2.0元；四是可靠性高，恶劣天气下也能正常生产，实现了运输系统的连续化、自动化，为电厂机组供煤提供了坚实保障。

二、适用条件

（1）半连续工艺适用于煤层、岩层赋存条件稳定，倾角较小的露天矿山，以便于带式输送机的布置与移设。

（2）半连续工艺运输成本低，适用于开采深度较大，运距较远（一般大于3 km）的露天矿山。

（3）半连续工艺对环境污染较小，适用于矿区附近有人员居住，对环境保护要求较高的露天矿山。

三、应用情况及推广前景

2012年至今，半连续系统年产千万以上，创造了巨大的经济效益。半连续系统减少运输车辆，简化生产组织管理，利于改善运输条件，提高交通安全系数，尤其在雨雪、大风、扬尘等不良天气下，半连续系统较好地克服了运输安全问题，有效地保证了电厂机组供煤的稳定。半连续系统无危害气体排放、道路扬尘，噪声污染小，改善了采场环境，减少了洒水量及道路维护工程量，保护了环境及水资源，具有巨大推广前景。

铁北矿新二采区右七片工作面水压致裂顶煤弱化技术

华能扎赉诺尔煤业有限责任公司

一、基本内容、创新性

水压致裂顶煤弱化技术的基本原理是利用钻孔水压力的作用，改变孔边煤体的应力状态，导致孔边起裂和裂缝扩展，进而利用裂隙水压力，控制水压裂缝的扩展，弱化煤体的整体力学特性。同时改变了煤体的渗透性能，使煤岩体充分吸水湿润，进一步软化煤体。进而依靠矿山压力的破煤作用，达到提高顶煤冒落性的要求。

定向水压致裂顶煤弱化技术所用的主要设备：高压泵或乳化液泵、风动锚杆钻机、KZ54型开槽钻头、BIMBAR-4水力膨胀式高压封孔器、LWGY-DN15/70涡轮高压流量计、YHY60（B）压力计、高压胶管等辅助连接设备。

定向水压致裂工艺流程：钻孔→开槽切缝→封孔→定向高压水力压裂→裂隙扩展，停止压裂。

为确定顶煤弱化的位置及层位，利用彩色钻孔成像技术，结合现场观测，针对综放开采工作面倾向不同位置及同一位置支架上方不同层位顶煤的破坏状态及放煤情况开展基础实测，并进行归纳分析，最终确定钻孔位置及钻孔深度。工作面内致裂采取间隔压裂的方式，即首日在130号、140号、150号及160号支架钻孔6.5 m开槽压裂，次日在125号、135号、145号及155号支架钻孔7.5 m处开槽压裂，依次循环致裂。下顺槽顶煤处理：为充分保证下顺槽巷道的完整性，下顺槽顶煤预裂处理在超前支护段进行，采取每推进20 m预裂一次。预裂压力在20 MPa左右，单孔预裂时间为15 min。

定向水压致裂取得的效果：有效地破坏支架上方顶煤的完整性，达到减小顶煤大块、提高顶煤回收率的效果。每米放煤量由致裂前的1635 t提高至2017 t，每米提高382 t。采用此技术不影响煤炭发热量。

二、适用条件

（1）适用于特厚煤层综放工作面"高含矸率，低回收率"的采煤工作面。

（2）适用于顶煤较硬，顶煤完整性强，冒放性较差，放煤大块较多的工作面。

（3）适用于采煤工作面初次放顶距离较长的工作面。

（4）适用于有瓦斯和煤尘爆炸危险的煤层，有助于释放瓦斯，降低煤尘，预防煤层自燃，防治冲击地压。

三、应用情况及推广前景

煤层水压致裂顶煤弱化技术具有安全可靠、管理方便、操作简单、成本较低等优势，适用范围较广。①安全：适用于有瓦斯和煤尘爆炸危险的煤层，有助于释放瓦斯，降低煤尘，预防煤层自燃，防治冲击地压。②环保：可降低工作面放顶煤和采煤过程中工作面环境煤尘和其他有害气体的浓度。③高效：技术工艺简单，软化效率高。④经济：技术成本低廉，可以与工作面生产平行作业，经济效果显著。因此，可以推广应用到综采放顶煤工作面冒放性较差、回收率较低的工作面。扎煤公司将逐步推广应用到灵露矿、灵东矿。

浅埋藏煤层上覆火区影响下的工作面综合防火技术研究

陕煤化集团

一、基本内容、创新性

（1）通过对露天煤自燃火区情况与井下钻孔观测，判定 30106 工作面上部 2^{-2} 煤层采空区高浓度 CO 主要来源于直线距离约 600 m 的露天煤自燃火区。

（2）根据地面测氡法探测、井下打钻测温、钻孔内氧气浓度检测、流水与出气温度综合分析，排除了欲封堵区域内存在高温点的可能性。

（3）通过在 30107 带式输送机运输带巷向上部 2^{-2} 煤层灌注天固充填材料，在 2^{-2} 煤层房柱式采空区形成了一道长约 460 m 的密闭墙。在充填带形成前、中、后，通过注氮气将 30106、30107 工作面上方的隔离区域 CO 浓度由原来的 1.2%，降至 0.0046% ~ 0.048%。

（4）30106 工作面采空区与 2^{-2} 煤层采空区沟通后实施的局部正压通风，保证了工作面周边 CO 气体未大规模侵入工作面，工作面上隅角 CO 平均浓度为 0.001%。

（5）通过项目实施，30106 工作面正常推进并实现工作面的安全回采、回撤。

创新性：本项目采用的"一探、二灭、三堵、四注、五正压"指导思想及对应的技术工艺，为解决我国西北地区高难度火区治理提供了一种参考，也是国内首次采用。

二、适用条件

受煤自燃火区影响的工作面防火。

三、应用情况及推广前景

项目研究成果适用于受周边火区影响条件下的煤矿，尤其是我国煤层埋藏较浅的榆林、鄂尔多斯、乌海等西北地区。该区域由于煤层埋藏浅、煤自燃火点多、地面裂隙发达，小煤矿房柱式采空区空间大，小煤矿和露头火区能影响到周围数千米的煤矿，造成开采矿井面临直接或间接煤自燃危害。受到灭火规划和施工进度影响，在短时间或者数年内，大部分矿井受到已存在火区的影响问题都不能靠灭火得以解决。以神木县为例，据初步统计，采空区和火灾隐患区主要分布在大柳塔、中鸡、孙家岔、店塔、永兴、西沟、麻家塔7个区域，并对146个煤矿造成安全威胁。所以项目提出的"一探、二灭、三堵、四注、五正压"指导思想及对应的技术工艺，是目前解决浅埋藏煤层上覆火区影响下工作面安全开采问题比较经济、有效的综合治理技术，具有较广阔的推广前景。

矿井采空区涌水复用应用

榆树湾煤矿

一、基本内容、创新性

井下矿井采空区涌水一直是困扰各生产单位的难题之一，由于井下环境和采矿地质条件的差异，各煤矿处理采空区涌水的方式也有很大差异。

榆树湾煤矿井下煤田地质条件优越，煤层平均厚度为 11 m，煤层倾角不大于 1°，而且采掘工作面顺槽走向长度较长，最短顺槽长度为 4500 m，最长的为 7800 m。目前开采分为东、西两翼采掘，东翼采区为主采面，西翼采区为辅采面，生产时井下要产生约 800 m³/h 的水量，如果全部排放至中央大泵房再排至地面将大大增加生产成本。因此必须探究如何有效利用采空区涌出的清水。

二、适用条件

（1）保证采空区水源的稳定性：为保证井下水仓内的水量，将几个采空区的采空区水用管路连接，全部排放至水仓内，从而保证水源的稳定。

（2）保证水压和水质。在管路两处分支口分别安装水质过滤器，安排专人定时管理，同时在各采掘工作面接口处安装压力表，随时观察供水压力，便于及时调整。

（3）多余清水处理。利用原有地面向井下供水管路，可以将多余清水直接排至地面供生产、生活使用。

三、应用情况及推广前景

矿井初步设计为地面水源井取水集中后统一向井下生产系统供水,由于地面水源井随着采空区的不断加大,水量急剧减少,无法正常满足地面和井下的用水需求,因此井下采空区老塘涌水复用,满足井下生产用水 150 m³/h 的需求,每年至少为矿井节约水费约 65 万元,污水站处理水费用约 70 万元,同时在条件允许的情况下,完全可以向地面供水,经简单处理就可以满足地面生活用水需求,有助于煤矿降低生产成本,具有较强的经济效益。

由于陕北地区煤田地质结构类似,因此矿井采空区涌水复用可以在周边新建矿井推广,形成示范效应,其社会效益不言而喻,有助于缓解榆林地区水资源紧张的矛盾。实现井下采空区老塘涌水重复利用,大大减少中央水泵房的排水压力,以及地面污水处理站工作量,减少了地面向井下供水量,对矿井合理取水用水有着较为实际和深远的意义。

新型双复合防砸耐磨技术在主运系统落料点的应用

神华神东石圪台煤矿

一、基本内容、创新性

为了延长主运系统漏煤斗及导料槽使用寿命,降低现场噪声和维护成本,引进了一种新型双复合金属层防砸耐磨材料,该新型耐磨材料的外观与其他耐磨钢板不同,采用了耐磨型 BTW 新型高锰高温材料堆焊复合而成,其主要性能是耐磨防砸,能减少冲击噪声,且使用年限能达 10 年左右。

采用新工艺,在漏煤斗受煤流冲击区域钢板表面,加设网状耐磨隔板,每隔 10 cm 增设一个耐磨棱,与钢板形成一个棱角。其主要工艺在于当棱角间隙内填满煤泥后,煤块、矸石砸落在钢板上,大部分冲击力都化解在棱角的煤泥里,对耐磨钢板起到缓冲作用。同时钢板网格内填充煤泥后,可以减小震动,降低噪声。

二、适用条件

该技术应用在主运系统落料点处,其主要性能是耐磨防砸,减少冲击噪声,且使用年限长达 10 年左右,大大缩减了井下电气焊修补次数,提高了漏煤斗的安全性能。在钢板长期受煤流冲击区域设计耐磨工艺,对耐磨钢板起到缓冲效果,解决了钢板焊缝开焊、磨损快、噪声大的问题,使用寿命提高了近 20 倍。

三、应用情况及推广前景

石圪台煤矿主运系统主要落料点有 18 个，每个落料点维护使用 12 mm 16Mn 优质耐磨钢板 45 m²，材料费用为 4 万元/年，人工维护成本为 1.5 万元/年。全矿每年使用材料 72 万元，人工维修费用 27 万元。使用新型防砸耐磨技术后，每个落料点投资费用为 4.5 万元，使用年限可达 10 年左右，10 年内可以节省材料费用 720 万元，节省人工成本 270 万元，共计 990 万元。

刨煤工作面转角开采工艺的创新与应用

铁法能源有限责任公司晓南矿

一、基本内容、创新性

晓南矿 N1-1401 刨煤工作面为北一采区第 2 个刨煤工作面，原设计为工作面长方形规则布置，掘进期间回风巷遇到断层，因刨煤机工作面采高矮，难以渡断层回采，必须修改设计，如按常规设计，回风巷侧躲开断层后继续掘进，运顺侧按原设计方案继续掘进到位后布置一个刀把型工作面，运输巷、回风巷平行布置。此方案造成煤炭资源浪费，经矿研究对设计方案进行优化，采取工作面转角回采布置二切眼的联合方式，通过调斜回采来完成转角过渡，有效地避免了资源浪费。

二、适用条件

旋转式综采技术用于开采三角煤，可以保证倾斜（或走向）长壁开采方法的连续性，减少因二次回收此三角煤所需开掘巷道、增设通风设施、安装运输设备、工作面安拆等方面的投入，能够最大限度地提高工作面的采出率。而采用的长短刀结合的旋转采煤工艺，比较适用于大角度旋转，具有工作面保持直线、循环调采角度小、减少巷道掘进量等特点。晓南矿 N1-1401 刨煤工作面整个旋转回采期间克服了工作面不等长、大角度旋转、防止输送机窜动、支架调整频繁等困难，成功地解决了旋转回采过程中的工作面及两顺顶板控制、设备调速、自然发火等方面的难题。

三、应用情况及推广前景

调斜回采分为 3 个阶段进行，准备阶段为回采拐点前 35~9 m 区域，期间调整工作面采高保持平稳，防止采高起伏大造成顶板不稳定；回采拐点前 9 m 后，进入调采阶段，拟定调采比例（即前后端头截深）为 1:4，将调斜开采区域分割成若干个小扇形转向斜切回采，原则上在不超过输送机最大弯曲度的情况下，可根据工作面地质构造情况及支架状态，随时调整好工作面不同区域的截深，以最快速度完成转向斜切回采。回采过拐点后，进入调整阶段，该阶段主要根据工作面输送机状态，适当调整两顺推进量，使工作面输送机达到正常状态，为对接二切眼创造条件。

N1-1401刨煤工作面不等长转角回采的成功，为今后不等长工作面调整，走向长壁和倾斜长壁联合布置、调整、大角度旋转回采等积累了一定经验，对于老矿井中相同类型工作面回采具有重大意义。

一种新型的掘进机喷雾系统喷嘴

泰安天元矿山设备安装有限责任公司

一、基本内容、创新性

该系统的喷嘴为三层螺旋式，喷水雾化效果好，水量大；外喷装有喷雾座，喷雾方向可以按需要调节，覆盖范围广。经在井下试用，达到了良好的效果，满足了井下掘进生产需要。

在掘进机叉形架上装配喷雾架，喷雾架上分上、中、下装三层喷雾座，喷雾座间有管路相通。喷雾座有3种不同角度。该外喷装置使用时可以按需要调节转向，使喷雾水按需要向不同方向喷出。喷雾座上装有螺旋式喷嘴，水量大，雾化好，降尘效果明显。

螺旋式喷嘴具体结构为：喷嘴分为外层喷嘴、中层喷嘴、内层喷嘴3层，其中中层喷嘴和内层喷嘴都有"T"型螺旋式沟槽，能够最大限度地增加喷雾水的流量。

二、适用条件

掘进机的内外喷雾系统主要用于灭尘、截齿降温、消灭火花、冷却掘进机截割电机及油箱，提高工作面能见度、改善工作环境、消除安全隐患。在掘进作业过程中起着重要作用，是安全生产的有力保障。

该公司现使用的内、外喷雾系统，内喷喷嘴形式为单层雾状喷嘴，喷嘴容易堵塞，流量低，效果不够理想。外喷方向单一，不能按需要调节方向，不能满足掘进生产的需要。为了解决这一问题，该公司科研人员设计研发了一种新型的三层螺旋式喷嘴，并获得了国家实用新型专利。

三、应用情况及推广前景

经过一段时间的使用，证明三层螺旋式内、外喷雾系统能切实提高喷雾水流量，同时增强雾化效果，扩大喷雾水的覆盖范围，为井下掘进生产创造了良好的条件，取得了良好的社会效益，具有很好的推广应用价值。

大倾角工作面"三位一体"防飞矸技术

华源公司燕尾沟煤业

一、基本内容、创新性

燕尾沟煤矿煤层倾角普遍在35°以上,最大倾角达到55°,这给安全开采带来很大困难,大倾角工作面防飞矸治理是进行安全生产的前提,是保障职工生命安全的第一道防线,经过该矿不断创新、改进,制定了以安全技术、安全设施、安全管理"三位一体"的防飞矸安全管理体系,并经实践证明,该创新工艺简单,对生产工序影响较小,且能够保证大倾角工作面的安全生产。

1. 安全设施方面

(1) 工作面人行道内每隔15 m设置一组自制人行道挡矸栏(1.5 m×0.8 m)。
(2) 机道与人行道间安装尼龙挡矸网。
(3) 机道内每隔15 m设置机道缓冲挡矸铁板(1.5 m×0.6 m×10 mm)。
(4) 1号支架设置刮板输送机机头挡矸铁板(2 m×1 m×10 mm)。
(5) 机身上部加工制作高度200 mm的挡矸板。
(6) 电缆看护工采用专用钩子(调整电缆)、机组司机采用专用机组开停机钥匙。
(7) 工作面每10架配备机道全封闭挡矸设施(单体柱、5 cm厚木板、尼龙网、专用挡矸吊挂钩)。

2. 安全技术方面

(1) 采煤机上行割煤上滚筒割底煤工艺。
(2) 采煤机上行割煤分段跟机移架工艺。

3. 安全管理方面

(1) 刮板输送机机头、刮板输送机机尾位置全封闭管理(刮板输送机司机站岗、设警戒)。
(2) 割煤时机组下方人行道全封闭管理。
(3) 工程质量验收员防飞矸设施检查维护制度。
(4) "开机不拉架、拉架不开机"管理制度。
(5) "三级安全确认"法。

二、适用条件

大倾角工作面"三位一体"防飞矸技术能够广泛适应各类大倾角工作面。

三、应用情况

大倾角工作面"三位一体"防飞矸技术,其挡矸设施制作简单、经久耐用,在经济投入较低的情况下，因地制宜，针对各个危险点分散采取管控措施，最大限度地创造了安全生产环境。其安全设施贴合生产实际、适用性广，安全技术工艺有效避免了人员处在不安全环境中，为杜绝飞矸伤人事故的发生，筑牢了安全基础。大倾角工作面"三位一体"防飞矸技术能够广泛适应各类大倾角工作面，杜绝飞矸伤人事故，保证了大倾角工作面开采的安全。

综采工作面运输巷电缆自移装置的应用

内蒙古福城矿业有限公司

一、基本内容、创新性

为解决综采工作面运输巷电缆不断随推采向外撤的问题，内蒙古福城矿业有限公司在带式输送机机尾以外输送带架子上垂直于输送带架子固定工字钢，将轨道走向固定在工字钢上，焊制底部带滑轮的电缆筐安设在跑道上，将电缆盘到电缆筐内，电缆筐与输送带自移机尾使用钢梁连接，电缆筐随自移机尾的牵拉自动前移。该自移装置由工字钢梁、道轨、自带小跑车的电缆筐、圆钢梁等组成，通过自移机尾外牵来实现电缆自移装置的外迁。该装置的应用减少了工人的体力劳动，并实现了电缆的快速外迁。

二、适用条件

本项目适用于所有煤矿支架式带式输送机运输综采工作面。

三、应用情况

该装置在福城矿业有限公司所有综采工作面使用，有效缓解了每次缩输送带时需人工整理盘挂电缆的工作量，降低了工人劳动强度，收到了较好的效果。既节省了劳动力，又实现了电缆的快速外迁。

超高水材料在防止煤炭自燃中的应用

徐州矿务集团有限公司

一、基本内容、创新性

张双楼煤矿7420工作面采空区出现煤炭剧烈氧化现象，7420工作面采空区密闭墙内检查一氧化碳浓度达到1800 μL/L，采用了注氮气、注二氧化碳等措施进行处理后，效果仍不明显，采空区一氧化碳浓度反复升降。一氧化碳浓度反复升降的过程说明仍然有漏风通道未被完全封堵严密，还在继续向采空区漏风，为煤炭氧化供氧。为堵严漏风通道，避免向采空区漏风，该矿采用了向7420上下巷密闭墙、9420上下巷密闭墙、7418刮板输送机子道与9420材料道煤柱等漏风可疑点注超高水材料的方式进行封堵。

超高水材料是一种新型的注浆材料，其水体积含量超高（水体积可达到97%），浆液流动性好，速凝早强，凝结时间和固结体强度可调。在7420采空区防火中应用超高水材料时，主要利用了其流动性和可凝结性，将其注到密闭墙里侧或煤柱煤体后，其浆液流淌到缝隙，将其填满，然后凝固、堆积，形成一个密不透风的整体，大大减小了向采空区的漏风量，达到降低采空区煤体氧化速度的目的。

超高水材料机理：A料、B料两种浆体混合后，发生反应快，形成一个交错坚固的网状骨架，骨架中包含大量的结晶水，网状骨架像海绵一样又吸附大量的游离水。

二、应用情况及推广前景

通过对可疑漏风点注超高水材料达到了封堵漏风通道、减少向采空区遗煤供氧的目的，有效控制了7420采空区遗煤氧化趋势，消除了7420采空区遗煤氧化自燃隐患，所以此项目具有很好的推广应用前景。

掘进巷道轻型掩护式临时支护设施

徐州矿务集团有限公司

一、基本内容、创新性

该装置主要由护顶栏、铰接四连杆机构和手拉葫芦3部分组成。护顶栏、铰接四连杆机构采用钢管加工，轻便且结构简单，安装和操作方便。

（1）装置在现场的适应性强。该装置通过操作铰接四连杆机构的运动状态，实现临时护顶的目的。

（2）护顶面积大，施工人员有更加宽敞的安全操作空间。

（3）结构简单，操作方便。①设计的护顶栏采用$\phi 18.5$ mm钢管和$\phi 10$ mm钢筋加工，质量约20 kg，便于搬运、安装和使用；②护顶栏采取吊挂旋转的方式护顶，操作简单。

二、适用条件

该技术成果实现了掘进施工中临时支护设施轻便、前探方便、便于安装和拆除、控顶及时等目标，降低了职工劳动强度，提高了工效。实现了临时支护，避免了空顶作业。

三、应用情况及推广前景

目前国内煤矿各掘进工作面使用的临时支护设施多为悬吊式撅顶道和安全点柱。撅顶道一般采用 $\phi 57 \text{ mm} \times 3500 \text{ mm}$ 钢管加工。它虽然结构简单，使用也不复杂，但在上、下山掘进时移动不方便，顶板破碎或顶板不平整时使用效果不好。主要表现为撅顶道撅不到顶板或因顶板起伏造成撅顶道前移不及时等。安全点柱笨重，控顶面积小，整体性不好，通常也起不到临时支护的作用，不利于安全生产。研制的轻型掩护式临时支护设施不仅能起到临时支护顶板的作用，而且具有控顶面积大、结构简单、操作方便等特点，改善了掘进迎头的作业环境，从而有效避免了顶板事故的发生。

综采工作面配套辅助设备跟进无轨运输车

兖矿东华重工机电装备制造分公司

一、基本内容、创新性

针对煤矿井下综采工作面辅助设备运输复杂状况，工作面延伸距离不断加长，以及远距离供电、供料难度大，安全管理形势复杂等问题，兖矿东华重工机电装备制造分公司开发研制了一种无轨运输车。该运输车采用高压乳化液泵站为动力源，由多节迈步自移列车单元组成，用于煤矿井下综采工作面所有配套设备、供电系统、供液系统等设备的无轨跟进运输。该无轨运输车利用迈步自移技术，实现整个综采工作面辅助设备跟进无轨运输系统的整体迁移；分体式导轨设计更能适应变坡或拐弯等恶劣工况；此种设备首次采用遥控或电液控型式液压控制系统，实现多节无轨运输车同步自移。

二、适用条件

该无轨运输车能够用于运送综采工作面配套辅助设备（包括油脂油桶、配件、喷雾泵、清水箱、清水过滤站、乳化泵、液箱、自动配比仪、进回液过滤站、高低压电缆、移动变压器、开关、集中控制台、组合开关等设备及易耗品）、供电系统和大量高压电缆、胶管和完成较大设备顺槽巷道运输，使其上述设备在工作面推进的同时同步跟进。综采工作面配套辅助设备跟进无轨运输车大大缩小了配套电气设备（比如移动变压器、组合开关等）距离工作面的长度，从而很大程度上减小了电压损失，避免了电压下降过大。它是由诸多列车单元组成的一个庞大的运输系统，运载能力强。它采用分体式导轨设计，无论是变坡作业，还是拐弯作业，适应巷道能力都很强。

三、应用情况及推广前景

该无轨运输车是兖矿东华重工有限公司研发的一项具有超强运输能力的装备，形成批量生产后，预计每年生产 10~15 套，为推动兖矿集团装备制造业运输设备类产品的系列化、成套化、高端化，缩小我国煤矿机械制造业与其他国家机械制造业的差距做出了贡献。

通过研究本无轨运输车，每年可节约劳动力成本 540 万元，显著提高了辅助设备运送效率和安全系数，改变了传统运输形式。该项目的推广应用，优化了传统综采综掘工作面配套设备运输工艺，为我国井下综采工作面配套辅助设备跟进运输提供了安全高效的先进设备，提升了矿井辅助运输效率和矿井的现代化形象，因此具有广阔的推广应用前景。

综放工作面端部交叉布置装备配套及支护技术

兖州煤业股份有限公司

一、基本内容、创新性

项目针对综放工作面两端部放煤效果差，煤炭资源回收率低，后部刮板输送机运行工况差等问题，开展了系统研究和开发，创新研制了综放工作面端部煤炭高效回收的关键设备。

（1）研究综放工作面后部刮板输送机驱动部布置方式，改变了后部刮板输送机机头部与转载机传统叠压搭接方式，发明了一种新型综放工作面后部刮板输送机交叉侧卸布置配套方式。

（2）研发新型双尾梁低位放顶煤液压支架和正四连杆低位放顶煤过渡支架，克服了综放工作面端部放煤困难的难题，有效提高了放煤能力，进一步提高了煤炭资源回收率。

（3）研究综放工作面运输巷道端部支护技术，开发了综放工作面端部支护自动化控制系统，实现综放工作面运输巷道端头区域支护的机械化和自动化。

二、适用条件

该项目整体技术成熟，适用于大型煤矿厚煤层开采。

三、应用情况及推广前景

该成果的成功实施，平均提高综放工作面煤炭资源回收率 1% 以上，能有效解决长期困扰综采放顶煤技术发展的诸多难题，使综采放顶煤技术得到进一步发展和完善。2012 年 1 月至今，该成果整体技术先后在兖煤澳大利亚有限公司澳思达煤矿、兖州煤业股份有限公司、榆林市千树塔矿业投资有限公司所属大型煤矿得到推广应用。近 3 年来，新增产值 87514 万元，新增利润 19949.8 万元，取得了巨大的经济效益和社会效益。

煤矿复杂井巷超大角度运输系统研究与应用

平顶山天安煤业股份有限公司

一、基本内容、创新性

（1）矿用大倾角（35°~39°）带式输送机。包括：输送机的倾角、托辊槽角、物料粒度、输送带花纹的形式与凹度、输送带速度等六者的关系；满足35°以上倾角的运输要求和强度要求的花纹输送带；35°~39°输送机的多机功率平衡变参数PID控制算法；具有输送带侧帮和上部挡煤功能的防撒料装置。

（2）坡度在16°~30°变化的矿用大倾角架空乘人装置。包括：高强安全型矿用吊箱式采空乘人装置；满足最大倾角在30°且坡度在16°~30°变化的倾斜井巷辅助运输需要的具有断绳抓捕功能的固定抱索器。

（3）矿用大倾角（30°）多转弯无极绳绞车。梭车防脱轨装置；弯度为120°，坡度为30°的球面型轨道及弯道转弯装置；基于模糊PID控制器的无极绳绞车的连续调速技术。

二、适用条件

本技术适用于大倾角带式输送机（35°~39°）、矿用大倾角架空乘人装置（30°）以及矿用大倾角多转弯无极绳绞车（30°）等急倾斜井巷，解决在煤矿井下急倾斜井巷中布置主运输或辅助运输设备的技术难题。

三、应用情况及推广前景

该技术自2013年3月至今已在中国平煤神马集团的平煤股份天力公司、香山矿、三矿得到了成功应用。应用情况表明，其有效解决了3个煤矿的井下主、辅运输问题。

目前，煤矿运煤运矸带式输送机化、乘人缆车化、煤矿采煤工作面大倾角风巷运输无极绳化，是煤矿主副运输系统的主要发展方向。

该技术克服了地理条件的限制，为煤矿企业及其他行业解决急倾斜巷的主、辅运输提供了示范实例和系统设计参考。技术的成果不但可以直接应用于平顶山矿区，还可以推广应用到河南省乃至全国的相关煤矿。

深井高应力富含带离散固化支护技术

开滦（集团）有限责任公司

一、基本内容、创新性

该技术结合开滦矿区实际，以主动支护理论为指导，实施深部软岩巷道支护新技术。通过预空置换、激隙泄压和带压注浆等综合技术手段改变围岩力学性质，提高围岩自身支护能力。利用预空置换技术置换部分软弱岩，预留巷道变形空间；利用激隙泄压技术人工制造围岩裂隙，既释放内应力，又为注浆浆液在围岩内均匀分布创造条件；然后采用多层次锚杆稳压注浆胶结技术向围岩内注入带压浆液，构建均质同性连续围岩体；围岩表面采用以钢丝绳或钢筋网为筋骨的多层混凝土封层，实现高强度、高韧度密贴封闭围岩体，并为在围岩中稳定浆液压力提供条件；支护完成以后，在监测监控条件下对围岩中实施二次或多次注浆，不断增强支护结构的工作阻力，以保持巷道支护长期稳定。

二、适用条件

主要解决深部矿井受复杂应力作用的极软岩巷道支护，特别是"小区域高应力富含带"复杂多变应力状态下的深部矿井巷道支护这一国内外长期得不到解决的技术难题。

三、应用情况及推广前景

该技术在实践中不断总结完善，已得到大面积推广应用（如开滦集团唐山矿业分公司、开滦股份范各庄矿业分公司、开滦股份吕家坨矿业分公司、开滦集团林南仓矿业分公司、开滦集团钱家营矿业分公司、开滦集团东欢坨矿业分公司等），具有支护效果稳定、安全可靠、支护成本低、大量节约钢材、适宜平行作业、施工速度快、节约大量人力物力等特点。

复杂水文条件下高产高效开采技术研究

开滦（集团）有限责任公司

一、基本内容、创新性

（1）通过理论分析、数值模拟计算、现场试验研究，对东欢坨煤矿顶板透水的机理、类型和影响因素等进行了全面分析，对工作面突水危险性进行了合理预测，通过现场勘探确定了工作面突水危险区域。

（2）针对东欢坨煤矿复杂水文地质的特点，形成了顶板水分离、振动筛水煤分离、沉淀池分离技术、工作面专用排水巷、水煤共采技术等工作面综合防水创新技术，通过现场实践，有效地控制了工作面突水，实现了煤炭资源的回收。

（3）通过对工作面顶板及片帮的稳定性等分析，确定了复杂水文条件下工作面高产高效的保障条件，并依此条件对工作面采煤设备的选型及顶板控制技术进行了研究。

（4）研究了矿井水资源化再生利用的技术，设计了矿井水处理的方案，确定最佳的工艺流程，使矿井水能够在经济合理的条件下成为可以利用的水资源。

二、适用条件

东欢坨矿复杂水文条件下煤层安全开采技术，集水文条件复杂、构造复杂等复杂性、特殊性（有褶曲、断层）于一体，技术难度大。该技术的研究成果，实现了对复杂水文条件下、构造复杂煤层的安全开采。

三、应用情况及推广前景

该技术解决了东欢坨煤矿复杂水文条件下工作面安全高效开采的技术难题，丰富和发展了复杂水文条件下开采技术，提出了防透（溃）水的新技术、新方法，为国内外同类条件煤层实现安全开采创出了新路子。

富水破碎岩体水泥基复合注浆材料研发及制备关键技术

山东能源集团有限公司

一、基本内容、创新性

针对软弱富水破碎岩体注浆堵水加固需求，研发了软弱富水破碎岩体堵水加固一体化注浆材料及工业化生产制备工艺。具有凝结时间可控（水灰比1∶1，37~87 min）、早强高强（28 d，37.8 MPa）、体积稳定性好（28 d，3.81%）、抗动水冲刷（0.5 m/s，91%）、抗渗性好等优点。形成了适用于新型材料注浆参数设计方法，对比分析了注浆压力、地下水环境和岩性等因素对注浆效果的影响，研发了隔压渗透封固注浆技术、注浆精确控制关键技术及梯度控制注浆技术，引导浆液在不同方向的运移、扩散，实现精确注浆的目的。从材料研发、注浆参数设计、工业化生产制备与现场应用等方面构建了富水破碎岩体水害治理技术体系。

二、适用条件

随着浅部资源日益枯竭，我国煤炭开采逐步转向深部，面对水文地质条件的日趋复杂，深部开采水害问题更加突出。在矿井富水破碎岩体及含水构造突水灾害治理方面，注浆作为最有效的技术手段在矿井突水灾害治理中得到广泛的应用。本技术基于传统注浆材料性能的不足，从控制注浆材料性能主导矿物角度出发，结合现代化的微观测试手段，改善水泥基材料性能，增强其黏结力，凝结时间可控，易于多条件下施工，克服复杂地质条件下地下水对其性能的劣化作用；在满足对富水破碎岩层注浆治理的要求前提下，开展工业生产制备，降低其生产成本。结合室内注浆模拟试验，分析其耐久性能，为矿井巷道运营期间使用寿命提供有效评估依据。

三、应用情况及推广前景

本技术成果应用于新矿集团新阳煤矿西翼运输巷道富水破碎岩体堵水加固工程，使得治理区域涌水量由 60 m^3/h 减少至 2.5 m^3/h，提高了巷道围岩长期稳定性，每年节约排水相关费用 240 余万元。王楼煤矿应用本新型注浆材料治理 13303 工作面断裂构造突水，涌水量由 650 m^3/h 减少至 120 m^3/h，每年节约排水费用 2800 余万元。

本项目研发的水泥基复合材料能够有效治理矿井水害，有效保护地下水资源，促进煤炭行业绿色发展，具有良好的环境效益；研究成果降低水害治理经济投入，在煤炭行业整体不景气的大背景下，有利于改善矿山企业的经营环境，实现企业高效发展，具有良好的行业效益与推广前景。

煤矿切顶卸压沿空成巷无煤柱开采关键技术研究

四川芙蓉集团实业有限责任公司

一、基本内容、创新性

煤矿切顶卸压沿空成巷无煤柱开采技术是采用爆破切缝超前预裂顶板，在周期来压作用下实现切顶，形成对上覆岩层岩梁的支撑结构，控制基本顶的回转与下沉变形，实现卸压作用，切落的顶板形成巷帮隔断采空区，从而保留工作面巷道，实现单面单巷采掘模式。该技术的创新性体现在：

(1) 提出聚能爆破顶板切缝技术。
(2) 形成恒阻大变形锚杆索支护技术。
(3) 实现矿压远程实时监测及预警技术。
(4) 建立切顶卸压沿空成巷工艺设计。

二、适用条件

该技术适用于煤层层间距大于 3.5 m 及以上、煤层顶板普氏系数 $f \geq 6$、煤层倾角在 30°以下的薄及中厚煤层工作面。

三、应用情况及推广前景

芙蓉公司白皎煤矿是四川省瓦斯突出和顶板灾害最严重的矿井,突出次数占四川省矿井突出总数的 67%。2009 年 7 月至 2010 年 12 月,在 2421 工作面进行切顶试验,切顶卸压成巷技术取得成功,之后在芙蓉公司下属 6 对生产矿井近 30 个采煤工作面进行了推广应用,切顶成巷超过 20000 m。节支回采巷道掘进和矸石提升运输费 6000 万元;多回收煤炭资源 40 万 t,增加产值近 10000 万元。安全上杜绝了瓦斯突出和爆炸事故,瓦斯超限次数下降 85%,消除了因留设煤柱而引发的煤层自燃事故,工作面顶板事故率为零。

该技术具有以下优势:①消除临近工作面煤体上方应力集中;②减小采掘比,提高劳动生产效率,操作简单,造价低廉;③避免留设煤柱引发的冲击地压、瓦斯突出、自然发火等。因此推广应用前景广泛。

高应力大断面破碎围岩复杂硐室综合支护技术研究

河南焦煤能源有限公司科学技术研究所

一、基本内容、创新性

通过对焦煤公司中马村矿多次返修的 39 泵房进行调研分析,认为高应力作用下的不稳定强流变岩层,支架受力不均等因素是硐室围岩失稳的主因,提出了锚网索一次支护和封闭支架刚性二次联合支护修复方案,围岩注浆加固方法。采用"锚杆+注浆+锚索+U型钢封闭支架"有效克服了围岩的流变,保证了硐室的稳定,取得了良好的经济效益和显著的社会效益,大大减少了硐室在服务期间频繁维修造成的大量人力、财力浪费和安全生产威胁;改善了劳动条件和作业环境。该套技术不仅可以提高围岩的自身承载能力,同时还能提高软弱岩层的稳定性;不仅能有效控制巷道围岩的流变,能够适应围岩较大的变形,而且通过刚性支护,将围岩流变控制在围岩内部。

二、适用条件

该技术主要适用于煤矿井下泵房、变电站等围岩破碎、变形剧烈、长期反复修理加固的大型硐室的修复加固。一般该类硐室具有断面大、硐室结构复杂、对工程质量效果要求较高等特点,该技术采用主被动联合支护,能长时间内有效控制硐室围岩的流变变形。

三、应用情况及推广前景

大断面流变硐室的加固成功为中马村矿及同类条件下的巷硐加固提供了有益的经验。目前该技术已成功在焦煤公司韩王矿 21 泵房与变电站和九里山矿 16 泵房修理加固中进行了推广应用，实施效果显著。

全封闭式 U 型钢棚复合支护技术在软岩巷道的研究及应用

河南焦煤能源有限公司古汉山矿

一、基本内容、创新性

古汉山矿巷道支护设计采用"锚网＋锚索＋喷浆＋全封闭式 U36 型钢棚＋工钢背板＋喷浆"复合支护，有效限制了围岩变形，减少了巷道返修工程量。

（1）结合矿井巷道围岩地应力高、膨胀性强的实际情况，为巷道支护提供了有效的技术途径。

（2）结合围岩变形特征，提出了锚网喷与 U 型钢棚复合支护技术，确定了抗让结合的支护原则，以及两次支护之间的合理时间。

（3）该支护技术设计新颖、结构合理、抗让结合、性能稳定、施工便捷、成本较低，是一种新型有效、适用性强的软岩巷道支护形式。

（4）修旧利废、变废为宝。利用回收升井的废旧工钢加工成"铁背板"，裱褙在 U 型钢棚后，实现 U 型钢棚的整体受力。

该技术消除了巷道多次返修对生产的影响，改善了井下作业环境，经济效益显著。

二、适用条件

"锚网＋锚索＋喷浆＋全封闭式 U36 型钢棚＋工钢背板＋喷浆"复合支护技术，适用于高地应力、巷道围岩破碎、软岩巷道支护、过断层老空等地质构造带各种地质条件复杂、围岩变化快的掘进巷道。

该复合支护技术可以应用于各种因巷道受压变形、底鼓、帮裂、围岩离层等因素造成的巷道失修，引进该支护技术可以实现"一劳永逸"。

三、应用情况及推广前景

通过在古汉山矿开展全封闭式 U 型钢棚复合支护技术，在围岩外部形成组合形"加固圈"，从而有效提升围岩的承载能力，达到长期支护效果，强化了巷道围岩自身的承载能力，是一种较为理想的软岩支护方案，在国内很多煤矿可以推广应用，社会效益明显。

以西翼运输大巷为例，每米修理单价为 15932 元，共推广应用巷道 890 m，合计产生直接经济效益 1417.948 万元。消除了因软巷道多次返修对生产的影响，改善了井下作业环境，经济效益显著。

全封闭式 U 型钢棚复合支护软岩控制技术利用 U 型钢棚全断面受力抗压原理，结合裱褙工钢背板共同承压技术，实现软岩巷道主动支护与被动支护完美融合，有效控制巷道持续变形，支护效果显著，在高地应力的软岩巷道具有很好的推广应用价值。

扎煤公司灵东煤矿带式输送机下山采用注浆锚索、注浆锚杆新支护工艺的实践

华能扎赉诺尔煤业有限责任公司

一、基本内容、创新性

采用中空注浆锚索、锚杆对巷道围岩进行注浆加固支护，支护效果显著提高，其支护机理与树脂端锚锚索相比可通过以下两方面进行分析。

（1）将端部锚固变为全长锚固。中空注浆锚杆先用树脂进行端锚，张拉预紧后通过锚杆内芯管进行反向注浆，使浆液充满锚索索体与钻孔孔壁之间的空隙，实现了由树脂端锚变成全长锚固，浆液在注浆压力的作用下向巷道围岩内扩散。通过注浆改变了锚索对巷道围岩的作用原理。

（2）注浆加固改变了巷道围岩的力学性质。

① 网络骨架作用。在注浆加固过程中，浆液在泵压及微裂隙的毛吸作用下挤压或渗透到岩体大大小小的裂隙中去，浆液固结后，以固体的形式充填在裂隙中并与岩体固结，这些充填的材料在岩体内形成了新的网络状的骨架结构。

② 黏结补强作用。当井巷掘进后，原岩体中应力平衡状态受到破坏，围岩应力重新调整，表现为巷道周边径向应力消失，切向应力增大，而出现应力集中现象。当集中的切向应力超过岩体强度极限时，巷道周边岩体首先破坏，产生裂隙，岩体原有的内聚力 C 及内摩擦角 φ 值下降，在巷道周围的一定范围内形成围岩破碎带。

③ 高压注浆对巷道围岩的压密作用。注浆浆液在泵压作用下，不但可以将相互连通的岩体裂隙充满，同时在压力的作用下还可将充填不到的封闭裂隙和孔隙压缩，从而对岩体整体起压密作用，压密作用的结果是使岩体的弹性模量提高，强度也相应提高。

④ 转变破坏机制的作用。经过加固后，裂隙内将充满加固材料，而且由于加固材料对裂隙面的黏结作用，就会使裂隙端部的应力集中大大削弱或消失，从而可使岩体的破坏机制发生转变。

二、适用条件

灵东煤矿带式输送机下山担负着二水平初采期间的煤炭运输任务,巷道设计全长606.2 m,巷道原设计支护形式为"锚网梁混凝土+铁棚复合支护"。根据实际揭露,带式输送机下山岩巷段岩层以泥岩、砂岩互层为主,围岩条件较为简单,围岩强度较低,胶结性能差且巷道掘出后极易风化;遇水膨胀、泥化等现象较为严重;巷道顶板易变形产生下沉、片帮、底鼓等给巷道施工带来一定困难,致使施工劳动强度大、掘进速度慢、被动支护巷道强度低、支护费用偏高等。

三、应用情况及推广前景

2014年12月下旬,扎煤公司经过实地考察决定在灵东矿带式输送机下山,开展中空注浆锚索、注浆锚杆的试验工作。在经济效益方面与传统的架棚锚杆支护方式相比,注浆锚杆、锚索支护比铁棚支护每米支护成本节约了2631元。应用中空注浆锚杆、锚索全断面支护软岩巷道,实现了锚杆的全长锚固,使得支护体与围岩成为完整的支护系统,取消了钢棚的使用,减轻了工人劳动强度,简化了作业工序,节约了大量的人力、物力,改善了巷道作业环境。通过高强锚注支护提高了巷道稳定性,极大地改善了安全生产环境,具有广阔的推广应用前景。

煤矿综合防尘成套技术研究与实践

冀中能源集团有限责任公司

一、基本内容、创新性

该技术为实现矿井粉尘综合高效治理进行的科研项目,提出了"产尘预控、捕捉沉降、封堵监控"的矿井防尘新理念。

该项目通过理论分析、实验室实验和现场试验,研究矿井粉尘控制技术和矿井粉尘运移规律,研发并应用了防尘新设备、新材料,建立了以煤层注水、防尘新技术装备、防尘新材料应用以及防尘在线监控系统信息化为主要内容的煤矿综合防尘成套技术体系,实现了防尘手段多样化、防尘设备系统化、监控系统信息化,提高了矿井综合防尘系统降尘率,改善了井下环境,显著降低了企业职工职业病发病率,达到了有效防控矿井粉尘的目的。其研究成果的技术水平达到国际先进水平。

二、适用条件

通过数值模拟研究表明,井工煤矿无论回采工作面还是掘进工作面上,粉尘快速运移带位于产尘点后20 m范围内,是工作面降尘的关键区域,提高降尘效果技术措施应在产尘点后 10 m 内实现。由峰峰集团自主研发的基于气水喷雾原理的成套降尘设备，在风压 0.4~0.8 MPa、水压大于 1 MPa 的现场条件下，降尘耗水量小于 30 L/min，喷雾有效射程达 7 m，有效降尘面积不低于 10 m^2，有效控制了产尘点和巷道中的粉尘扩散，取得了良好的降尘效果，可广泛用作煤矿作业场所的粉尘控制装备。

三、应用情况及推广前景

项目研究开发的成套矿井综合防尘新技术装备与方案理念的应用，成功降低了井下工作环境中的粉尘浓度，改善了采煤工人的作业环境，保障了煤矿职工的身体健康，提出了解决煤矿安全生产中矿井粉尘防治这一重大难题的完整的技术方案，同时大大降低了煤矿企业在职业病危害防治工作中的投入，煤矿综合防尘成套技术方案已在冀中能源峰峰集团有限公司多数矿井成功推广应用，项目研发的新技术设备在国内多地煤矿企业应用后广受欢迎。

壁挂式高强稳定型煤仓关键技术

陕煤化集团铜川矿业公司

一、基本内容、创新性

针对 4-2 号煤层底板围岩松软、遇水急剧膨胀等特点，取消煤仓下口给煤硐室承载结构，在有效控制煤仓围岩变形的基础上，构建煤仓自承载体系，利用仓壁围岩承担煤仓全部重量。

该成果的创造性和先进性如下：

（1）壁挂式煤仓取消了煤仓下口给煤硐室承载结构，利用仓壁围岩承担煤仓重量。

（2）圆筒形仓体掘出后，根据锚网支护承载结构补偿原理，对煤仓仓壁进行高强锚网支护，形成高强稳定型锚网支护承载结构，保证了煤仓围岩的稳定。

（3）同时沿煤仓周向在仓壁围岩内埋入工字钢托梁、工字钢仓体托架、工字钢仓体托架固定锚索，并在仓体下部又布置两圈承重锚索，然后支模浇筑钢筋混凝土，将工字钢托梁、工字钢仓体托架及承重锚索全部浇筑在钢筋混凝土内，形成两套壁挂式煤仓承重系统。混凝土仓体、煤及给煤机的重量全部通过工字钢托梁、工字钢仓体托架、工字钢仓体托架固定锚索及承重自锁锚索转移给了煤仓围岩，从而达到取消传统煤仓下口给煤硐室的承载结构的目的。

（4）为增强煤仓漏斗斜面混凝土耐磨性和耐冲击性，在漏斗斜面铺设一层 50 mm 厚 M80 型高强耐磨料，从而有效保护漏斗斜面承重工字钢梁，实现煤仓的长期正常安全使用。

二、适用条件

煤仓因给煤硐室围岩易受水、压力等因素影响,特别是给煤硐室强烈底鼓导致的煤仓不能安全、高效使用的情况。

三、应用情况及推广前景

本项目新型煤仓较好地解决了煤仓因给煤硐室围岩易受水、压力等因素影响,特别是给煤硐室强烈底鼓导致煤仓不能安全、高效使用的技术难题,研究成果可在铜川及类似地质条件下推广应用,具有广阔的应用前景。

井筒成功穿越流砂地质的科技创新

银河煤矿

一、基本内容、创新性

薛庙滩煤矿二号副斜井工程为300万t资源整合项目的矿建工程,井筒断面为直墙半圆拱形,井筒净宽为5.6 m,净高为4.6 m,净断面积为22.4 m^2,井筒主要承担矿井生产期间的辅助运输任务。

通过采取普通法施工加地面深井群孔强降水、井下超前导管疏水等一系列综合措施成功穿越富含水较强的流砂层,相对传统冻结法施工节约了近千万元的费用,工期相对提前了近5个月。

二、适用条件

此项方案的实施,为榆林当地相似水文地质条件下(砂土互层、黄土层大孔隙发育、砂砾层及风化基岩层承压水)煤矿的建井提供了经验,为建井穿越流砂层开辟了新的途径。

三、应用情况

在银河煤矿严格按照以上综合措施贯彻执行,于2012年12月顺利进入稳定基岩段。在穿越强含水层的流砂地段,整个施工过程中未出现溃砂溃水问题,实践证明,该矿采取普通的开挖掘进方法加综合治理措施穿越流砂层方法正确,措施科学合理。同时也取得了一定成果,进一步查清了区内地表水分布及突水水源分布情况;通过地面群孔降水,斜井穿越流砂层时充水量大大减小,工作面充水量约10~20 m^3/h,降水效果明显;通过一系列综合措施,使进入穿越流砂层段掘进条件明显好转,施工进度大大加快,最终彻底穿越流砂层,进入基岩,使井筒建设工程驶上快车道。

此次流砂层的成功穿越,面对如此纷繁复杂的地质环境,在技术人员少、资金紧张的情况下，以最少的（此一系列措施花费仅不到 500 万元人民币）资金花费，完成了一项原需要花费近几千万元（冻结施工）才能完成的工程，建井工期相比冻结法也大大提前将近 5 个月。

深井高地应力全锚技术研究与应用

新矿集团

一、基本内容、创新性

深井巷道围岩受力呈现多方向、多角度和非对称性，巷道开挖以后，原始应力状态遭破坏，环向应力变化导致围岩受力挤进，巷道出现顶板离层及两帮移近。端头锚固时，锚杆孔间存在支护裂隙，在碎胀及剪切作用下出现相对滑动，导致支护结构失效；在应力作用下，为实现围岩控制，在原有的加长锚支护基础上，应用全锚技术，采用慢速、中速树脂锚固剂与快硬高强水泥砂浆锚固剂配合进行锚固。全长锚固时锚固剂充满锚杆与眼孔缝隙，黏结作用体现在整根锚杆上，锚杆与锚固剂共同抵抗围岩的剪切与离层，密实的锚固剂增大了锚杆与锚孔之间的摩擦力，支护刚度加大，有利于阻止岩层发生滑动，保证了支护效果。

二、适用条件

在应用端锚支护时，杆体各部位的应力和应变相等，在锚固范围内，任何部位岩层的离层都均匀地分散到整个杆体的长度上，然而全长锚固时杆体与钻孔孔壁黏结在一起，使锚杆随着岩层移动承受拉力；应力、应变沿锚杆长度方向分布不均匀，杆体受力对围岩变形和离层很敏感，当岩层发生错动时，与杆体共同起抗剪作用，阻止岩层发生滑动，全锚支护共同作用于整个岩体，支护效果能实现质的提升。因此，采用具有强度大、刚度大、抗剪阻力大等特点的全长锚固技术，更有利于约束松软岩层围岩变形。

三、应用情况及推广前景

采用快硬高强水泥砂浆锚固剂与树脂锚固剂配合的全锚支护技术在围岩控制方面效果显著。

（1）当围岩发生离层时，全长锚固杆体能够依靠与围岩的摩擦力快速增阻，全锚有效地结合了围岩自身的强度，使得锚杆与围岩的耦合更加合理有效，提高了锚杆的锚固效果，增强了围岩的稳定性，具有良好的锚固效应。

（2）围岩锚固体强度提高后，可减小巷道周围的破碎区、塑性区范围和巷道表面位移，控制围岩破碎区、塑性区的发展，从而有利于巷道围岩的稳定。

（3）采用巷道全锚技术增强了岩面间的抗剪能力，减少岩层间的错动，提高顶板稳定性，能有效减少浆皮开裂、巷道底鼓等现象，成功地解决了深部矿井强水平应力影响下的软岩巷道支护难题，并取得了较好的社会效益和经济效益，保证了矿井服务年限。

筒仓滑模刚性平台结构体系施工技术

华新建工集团土建分公司

一、基本内容、创新性

（1）滑模施工采用辐射梁刚性平台体系，增加了滑模模具的整体性，减少了滑模模具的变形，能够有效控制筒仓变形。

（2）利用刚性平台作为仓顶锥壳式结构的模板支撑脚手架的空间支撑，将仓顶结构施工荷载传递至仓壁支撑。

（3）刚性平台支撑结构体系比传统满堂脚手架模板支撑体系施工工期节约 50% 以上。

（4）刚性平台支撑结构体系比传统满堂脚手架模板支撑体系节约费用 30% 以上。

（5）刚性平台支撑结构体系较传统满堂脚手架模板支撑体系大大改善了施工人员的作业环境。

二、适用条件

煤矿、选煤厂等工程中的圆筒仓构筑物。

三、应用情况及推广前景

该公司在内蒙古沙章图矿井及选煤厂、中心选煤厂及恒坤化工工程中的所有筒仓仓顶锥壳平台施工中成功应用滑模刚性平台高空搭设脚手架方法，圆满完成了施工任务。此技术具有较广阔的推广前景。

蒙西南地区斜井过新近系黏土层锚网喷支护技术

鄂托克前旗长城五号矿业有限公司

一、基本内容、创新性

内蒙古毛乌素沙漠西部地区被第四系风积沙及砂土层所覆盖，属隐伏式煤田，新近系全层厚度为 76.00～231.36 m，平均厚度为 164.23 m。据钻孔揭露，上、中部为棕红色半胶结红土层，由砂质黏土夹少量砾石组成，下部为棕红色亚黏土夹石膏薄层，底部为浅紫灰色半胶结砂砾层。黏土低电阻率，平均值为 20 Ω·M，曲线平直。

按常规设计，支护方式为混凝土砌碹。本技术选用"锚网喷 + U25 型钢棚 + 喷浆 + 挂网 + 喷浆"联合支护工艺，掘进后，先锚网喷（锚杆为 ϕ20 mm × 2200 mm，间排距 1000 mm × 1000 mm，锚固剂为 K2370，每根锚杆装一支 K2370 树脂药卷。金属网片为 ϕ6 钢筋网，网格 100 mm × 100 mm，压茬 100 mm，铁丝扭结）进行临时支护，喷浆厚度为 50 mm；拖后 20~30 m 架棚，棚间距为 1000 mm，架在两排锚杆中间；喷浆盖住棚子，喷浆厚度为 110 mm，再进行挂网，最后复喷，喷浆厚度为 40 mm。喷混凝土强度等级为 C20。

本技术创新点在于改变了原有黏土层不能锚网喷支护的观念，创出了一种新的支护模式，简化了施工环节，优化了施工工艺，有利于实现快速掘进。

二、适用条件

适用于黏土层接近成岩，具有一定强度，采用挖掘机破土困难必须采用爆破方式掘进的井筒施工。

三、应用情况及推广前景

（1）本技术在长城五号矿井工程实践，实现了迎头掘进、架棚、复喷三项工序平行作业，提高了施工效率，加快了掘砌速度。采用本方式，巷道每米造价和原支护方式基本一样，但是施工速度却有显著提高，月成井达到 145 m，比混凝土砌碹工艺成井速度提高了 180%。

（2）我国西部有大量须通过厚表土的矿山斜井井筒需要建设，本技术可应用于这些井筒的建设，故有广泛的推广应用前景。

斜井井筒穿越粉细砂层注浆加固施工技术

陕西煤业化工建设（集团）有限公司矿建二公司

一、基本内容、创新性

该技术所属领域为土木工程矿山类，是在粉细砂层斜井（平硐）井筒中采用小导管超前注复合化学浆液，浆液扩散渗透到砂层中反应生成硅胶、硅酸钙凝胶，沉积于介质体的孔隙中，使土体的强度和承载能力提高，将待开挖井井筒顶板和两帮加固成保护壳体，使井筒围岩的自承能力增加，使得掘进支护能在壳体的保护下安全进行。

该技术具有以下创新性：

（1）研发了模拟原装砂体注浆加固的试验设备，获得基本注浆参数，是粉细砂层斜井（平硐）有效地注浆加固方案。

（2）遴选出适合粉细砂注浆加固的注浆材料——JHX-3型注浆材料，渗透性强、可注性好、固结强度高且加固效果显著，环保无污染，经济效益好，浆材来源广且价格低廉。

（3）保障了开挖时工作面的安全和稳定；不必采用其他开挖机械，开挖方便，不影响进度。

（4）创新出适用于穿越粉细砂层斜井（平硐）（隧道）的以复合化学注浆加固技术为基础的"空间加固支护"理论体系，发展了斜井超前预支护体系。

二、适用条件

本技术适用于风积砂或沉积砂等相似地质条件下的矿山工程斜井井筒、平硐、隧道工程、城市地铁工程和其他类型地下工程的施工。能够有效解决斜井井筒（平硐）穿越粉细砂层掘进与支护、斜井（平硐）井筒处理冒顶以及处理地面构筑物砂层基础中不均匀沉降等问题。

三、应用情况及推广前景

该成果于2011—2013年在陕西韩城下峪口煤矿升级改造项目主平硐-01标段穿越粉细砂层中施工、下峪口地面构筑物不均匀沉降处理中应用，2012年在陕西韩城象山煤矿辅助运输系统改造缓坡副斜井-01标段穿越粉细砂层施工中应用，成功解决了井筒冒顶事故以及地面构筑物不均匀沉降的问题，大大提高了施工安全系数，保证了施工质量，得到了业主单位的高度评价，同时取得了良好的经济效益、社会效益和环保效益，具有广阔的推广应用前景。

矿井低能耗低成本局部除湿降温方法及装置

重庆南桐矿业有限责任公司

一、基本内容、创新性

本技术成果是一种矿井低能耗、低成本的局部除湿降温方法及以此方法原理研发的除湿降温装置。

矿井热害及其治理是采矿业界的科技难题之一。部分矿井采掘工作面温度高，超过《煤矿安全规程》规定，而且湿度也非常大。本方法运用"除湿干燥不变温+适度增湿降温"的原理实现空气长距离输送到作业地点后降温，工艺简单、效果好、运行成本低。具体方法是用除湿机在局部通风机附近将空气湿度降低，再输送到工作地点，通过湿帘增湿降温装置，使工作地点温度下降5~7℃。除湿、降温属小型化设备成熟技术，运输、安装简单方便；除湿机位置固定在回风侧，其所产生的热量随污风带入回风系统，不影响作业环境；湿帘降温装置随工作面推进而移动安装，距离作业地点近，温度回升极小，降温效果好。若井下空气湿度较小，只使用湿帘增湿降温装置也可达到降温效果。

二、适用条件

(1) 适用于煤矿井下、非煤矿山井下、车间、厂房局部地点湿度和温度超过规定要求的工作地点。

(2) 适用相对湿度范围，40%～95%。

(3) 适用温度范围，25～35 ℃。

(4) 除湿机电压，220～660 V。

(5) 供水水量，2～5 m^3/h。

(6) 水质，Ⅳ类（工业用水）以上。

三、应用情况及推广前景

局部除湿降温方法工艺简单、成本低、效果好，是压缩机降温成套设备成本的1/10、运行费用的1/50。经过在南桐矿业公司掘进工作面试用，温度下降5～7 ℃，湿度保持在65%～85%，满足《煤矿安全规程》规定，工作环境大大改善。

本除湿降温方法设备少、效果好、能耗低，适应性强，设计制作周期短、安装快，很好地解决了煤矿井下、非煤矿山井下、车间、厂房局部温度超标的问题，不但提高了环境舒适度，而且其初期投入少、运行费用低，适用范围广，推广价值高。

灾害防治

掘进工作面粉尘在线监测和自动控制除尘系统

肥城白庄煤矿有限公司

一、基本内容、创新性

运用粉尘在线监测系统，在原有粉尘在线监测功能的基础上，通过粉尘监控系统、喷浆机（综掘机）与电动除尘风机、回风水幕关联，实现了全尘浓度超过 4 mg/m³，电动除尘风机和回风水幕自动开启降尘，喷浆机（综掘机）开启作业，电动除尘风机和回风水幕自动开启降尘的关联控制。

充分利用电动除尘风机除尘效率高的特点，通过粉尘监控系统、喷浆机（综掘机）与电动除尘风机，实现了粉尘超限和高产尘设备启动后的自动除尘功能，杜绝了人为操作，提高了设备的使用效率，在掘进工作面建立了无尘安全区，为作业人员提供了健康的作业环境，达到了《煤矿安全规程》第六百四十条的要求。

二、适用条件

适用于在锚喷掘进工作面、综掘工作面和炮掘工作面。

三、应用情况及推广前景

该系统通过现场应用，实现了粉尘浓度时时在线监测；粉尘超 4 mg/m³ 时自动启动电动除尘风机、回风净化水幕和供水系统；喷浆机启动，电动除尘风机和回风水幕自动启动；对电动除尘风机和喷浆机运行状态实现在线监测；自综掘机铲板（耙装机前簸箕）后作业范围内粉尘浓度不超标五项功能。该系统运行稳定，有效利用了电动除尘风机除尘效率高的特点，杜绝了人为不使用除尘风机和防尘设施的情况，防尘设施利用率达到100%，建立了自耙装机前簸箕（综掘机铲板）以后的无尘安全区。经在线检测数据和肥矿集团职业病检测中心监测，无尘安全区内的平均加权粉尘浓度保持在 2.9 mg/m³，最大峰值为 3.8 mg/m³，达到了《煤矿安全规程》第六百四十条的要求，该技术具有良好的推广前景。

复杂条件下深部矿井奥灰水害地面区域超前治理技术

冀中能源集团有限责任公司

一、基本内容、创新性

该技术是峰峰集团针对大采深、复杂水文地质情况，为防止奥灰水害的发生，确保安全生产提出的，该技术防治水思路由一般的超前探测向超前治理转变，由局部单工作面治理向整体区域治理转变，变被动防御为主动治理，提出了时间与空间相结合的地面区域超前治理技术。

针对深部矿井水文地质环境极其复杂的情况，采用地面区域超前治理技术，一方面对异常区和奥灰含水层顶部进行注浆加固，封堵各类潜在的导水通道，切断奥灰含水层对上覆薄层灰岩含水层的强补给；另一方面通过对薄层灰岩含水层注浆改造，增强了煤层底板隔水层的阻水能力，"变相"增加了隔水层的厚度，提高了安全系数，以达到防止奥灰水害事故发生的目的。该技术的成功实施，对于解决复杂条件下深部矿井奥灰水害防治问题具有里程碑式的意义。

二、适用条件

该技术自 2012 年开始在峰峰集团九龙矿、梧桐庄矿、羊东矿、辛安矿逐步进行应用，积累了丰富的经验，满足了防治水工作要求，极大地提高了矿井生产接替的紧张问题，降低了井下钻探的安全风险，技术已成熟。使用条件主要受地面情况影响，如无房屋、道桥等地面建筑物均可开展此项工作。

三、应用情况及推广前景

该项目的研究，解决了井下超前探测与生产进度之间的矛盾以及井下施工高承压水钻孔面临突水的风险，为底板奥灰水的防治工作提供了新的技术途径，能够使矿井生产正常进行。该项目研究成果对和本区地质条件类似的矿区、矿井的底板水害防治工作可以起到直接的借鉴作用，在本区域或类似地质条件的区域具有很大的推广价值。

目前该技术在冀中能源峰峰集团九龙矿、梧桐庄矿、羊东矿、辛安矿进行推广应用，可解放大量的煤炭储量，经济价值是巨大的，同时防止了水害事故的发生，确保了矿井安全生产，保证了矿井生产的平稳运行，确保了广大职工的正常就业和工作，减少了社会不稳定因素，因此应用该项目具有明显的经济效益和社会效益。

铜川焦坪矿区侏罗纪煤层地面井组瓦斯预抽采技术

陕西陕煤铜川矿业有限公司

一、基本内容、创新性

2008年，陕西陕煤铜川矿业有限公司和中煤科工集团西安研究院在铜川矿业有限公司下石节煤矿进行了 JPC – 01 井瓦斯抽采试验，实现了日产超千立方米的目标。通过3年多的抽采实践显示：该井日产气量最高达 1512.3 m^3/d，产气相对稳定，阶段产量持续稳定在 1000 m^3/d 左右，稳产时间接近3年，抽采试验效果良好。为进一步提高下石节煤矿地面瓦斯区域预抽的效果，2011年3月，该公司计划继续立项，以 JPC – 01 井为基础，在其周围再部署3口井，形成了"1+3"地面瓦斯抽采井组。井组排采时的井间干扰使 JPC – 01 井的单井产量增加，3口新部署井的单井产量也明显高于单井排采时的产量，单井最高产气量达到 1900.9 m^3，井均稳定产气量为 1500 m^3 以上，从而提高了地面抽采井组的产气量。地面井组瓦斯预抽采试验的成功，不仅为焦坪以及类似矿区矿井瓦斯防治探索了一条地面预抽新途径，而且也预示了我国西北侏罗纪低煤阶、低含气量煤层气具有良好的开发潜力。形成了一套适合焦坪矿区低煤阶、低含气量储层地面瓦斯抽采工艺，为焦坪矿区及类似地区的矿井瓦斯治理和利用开辟了新的技术途径。

二、适用条件

建议该项目成果可在和焦坪矿区地质条件类似的矿山进行推广应用。

综掘司机呼吸装置

枣庄矿业集团高庄煤业有限公司

一、基本内容、创新性

综掘机司机呼吸装置利用矿井下局部通风机正压风筒的新鲜风流，通过环形管和人员呼吸时产生的负压，为综掘机司机提供新鲜空气。此装置可应用于有新鲜空气源的其他受粉尘危害岗位，从而有效预防粉尘高浓度环境下作业人员尘肺病的发生。

此装置主要由风量收集器、环形总管、分风三通、环形分管、风量调节阀、呼吸面罩等几部分组成,通过环形管路、呼吸面罩,供人员呼吸,安装简易、制作成本低,且不影响正常操作,有效提高了综掘机司机的工作效率及作业安全性。

二、应用情况及推广前景

(1)能充分利用局部通风机正压风筒的新鲜风流,为综掘机司机提供新鲜空气,使综掘机司机呼吸环境和巷道内污浊空气完全隔离,消除了粉尘对综掘机司机健康的危害。

(2)结构相对简单,安装简易、成本低,且不影响正常操作,与防尘口罩相比呼吸更加顺畅,呼吸的同时带出一定的热量,使作业人员感到更舒畅,有效提高了综掘机司机的工作效率及作业安全性。

(3)此装置可应用于具备新鲜空气源的其他受粉尘危害岗位,能有效预防高浓度粉尘作业环境下作业人员尘肺病的发生,社会效益和经济效益显著。

煤矿深部保水采煤关键技术研究与工程实践

淮北矿业(集团)有限责任公司

一、基本内容、创新性

我国东部/华北石炭二叠煤系地层基底是厚达 500 m 以上的奥陶系高承压、强富水岩溶含水层,矿井水害严重威胁安全生产;且矿井长期大量疏排,造成区域供水含水层水位下降、水资源严重破坏。传统水害防治技术无法解决深部开采水害防治与水资源保护难题。项目研究开发了区域强富水奥灰之上太原组薄层灰岩水源—通道一体化超前区域防治水技术体系,主要创新如下:

(1)创立了"地面定向顺层钻进、注浆改造薄层灰岩",实现煤矿深部灾害型水患超前区域防治与水资源保护的新方法。

(2)提出煤矿深部开采"水源—通道一体化"超前区域水患防治与水资源保护技术。

(3)成功研发"梯度增压注浆法"超前区域改造含水层、"快速骨料灌注"封堵导水通道新技术。

二、适用条件

广泛适用于我国东部/华北地区石炭－二叠系受奥灰(太灰)含水层威胁的煤炭开采。

三、应用情况及推广前景

项目研究成果已在淮北矿区及山东临矿集团等矿区推广应用，实现了由采前被动治理到掘前主动治理、由局部治理到区域治理、由井下治理到地面治理、由单一水害治理到灾害防治与水资源保护并重的转变，根治了灾害型奥灰突水；减少矿井排水量85%以上，实现了水害防治与水资源保护协同目标，取得了显著的应用效果。也为我国华北、东部类似条件矿区煤炭安全开采与保水采煤提供了全新、可靠的技术推广经验。

东怀煤矿井下排水泵房自动排水技术的应用

百色百矿集团有限公司

一、基本内容、创新性

自动排水装置包括集中控制箱、就地控制箱、传感器、电动阀门等。该无人值守自动排水系统以水仓水位作为水泵启停的基本条件，在此条件满足的前提下，然后再根据均匀磨损的原则、电价避峰填谷的原则实现水泵的启停。

以 4 台泵运行为例，首先设定 4 个水位限值：H1、H2、H3、H4，以及水位差 Δh。其中 Δh 对应的是在有电价避峰填谷要求时的水位差值。电价避峰填谷的原则也可以通过在一定水位范围内定时段供水的方法来实现。

主要技术创新点：一是水汽分离装置的研发应用；二是射流泵的改进。

该技术的适用性和先进性主要表现在：①由于采用了光纤环网通信技术取代了原来的总线传输技术，使得数据传输更加快捷、可靠。②对于多级提升的矿井排水系统可以通过安装多级自动化排水设备做到由地面调度中心根据各级泵房水仓容量及液位统筹调度，实现高效、经济地运行。同时在发生透水事故时可以做到统一动作、统一指挥。③本系统遵循矿井综合监控系统标准子系统接口规范，使得该系统可以非常容易地并入矿井综合监控系统中，与其他子系统实现数据的共享。④水泵前轴预装温度、振动一体化传感器，既保证了测试精度，同时又为设备维护创造了条件。⑤与其他系统的接口：本系统除地面监控中心的数据接口外还提供了丰富的与电力等系统的接口，例如与高压开关柜及软启动柜之间的开关量报警接口、可以输入 0~100 V 及 0~5 A 的模拟量输入接口。还提供了可以接入 RS485 通信口的智能接口，该接口可以接入高压电机液阻启动器或低压电抗启动器，以实现对电动机启动更加全面的监视。

二、应用情况及推广前景

由于本系统是按照无人值守的原则进行设计的,所以现场无须人员进行值守,这样就节省了大量的人力资源。因此,系统改造所产生的经济效益,主要表现在减人提效方面,原来2个泵房需配8名水泵工,自动化改造后只配2名,按6万/(人·年)计算,则每年产生的直接经济效益为:(8-2)×6=36(万元)。

该系统安装以来运行比较正常,起到了泵房无人值守、减人提效的作用,技术上有所创新,并促进了矿井安全生产,具有很高的推广应用价值。

汪家寨煤矿煤与瓦斯突出预测参数监测系统

贵州水城矿业股份有限公司

一、基本内容、创新性

煤与瓦斯突出预测参数监测系统属于防治煤与瓦斯突出方面的科学技术,该系统采用微震传感器、红外瓦斯传感器、风速传感器实时监测分析工作面前方地应力活动情况、瓦斯浓度变化情况、瓦斯涌出量变化情况,通过工作面的地应力活动变化、瓦斯变化情况、瓦斯涌出情况等参数判断分析工作面前方突出危险程度,并将分析突出危险程度分为正常区、威胁区及危险区3个等级,通过监测同一时空的地应力、瓦斯涌出量的变化,将预测结果与现场施工工艺相结合,以实时监测工作面的地应力信号和瓦斯浓度、瓦斯涌出量等指标,通过计算机自动寻找突出危险判据,分析工作面是否处于突出危险区段以及工作面的危险程度,实现了实时跟踪分析煤与瓦斯突出危险性的区段及危险程度,达到了通过预警系统指导突出煤层掘进工作面合理作业的目的。

二、适用条件

该技术适用于煤与瓦斯突出矿井,通过煤与瓦斯突出预测参数监测系统对突出煤层采掘工作面瓦斯涌出量、瓦斯浓度、工作面风量及前方应力活动的变化情况进行实时监测。

三、应用情况及推广前景

通过在该矿P41104里运输巷的应用,该系统实时监测工作面的地应力信号和瓦斯浓度、瓦斯涌出量等指标,通过计算机自动寻找突出危险判据,分析工作面是否处于突出危险区段以及工作面的危险程度,达到了实时跟踪分析煤与瓦斯突出危险性的目的,工作面的掘进进尺由 40 m/月增加到 70~80 m/月，最高达到 95 m/月，保证了 P41104 里运巷的提前贯通，为 P41104 工作面正常接续提供了保障。

该技术得到了股份公司领导、科研单位的认可，现已推广到 P1559 专用回风石门、P41103 里运输巷及 X40806 运输巷等防突工作面正常使用，今后的防突工作面将继续推广使用。

赵固二矿二$_1$煤层深孔松动爆破卸压增透成套技术研究

焦煤煤业（集团）新乡能源有限公司

一、基本内容、创新性

本项目主要解决坚硬高瓦斯煤层的瓦斯难以抽采的技术难题，试图通过深孔预裂爆破技术研究，强化煤层增透，提高煤层瓦斯抽采速度，获得良好的瓦斯抽采效果。

本研究课题的主要创新点：深孔松动爆破增透技术，并使煤层透气性成倍提高，抽采半径增大，获得高效抽采瓦斯效果。形成适合坚硬高瓦斯突出煤层条件下，中深孔控制预裂松动爆破卸压增透快速提高瓦斯抽采效果的成套关键技术。

二、适用条件

目前研究增渗的技术都是采用从改变煤层在外在压力下产生不均匀的变形和破坏，使煤体之间相互贯通，提高煤层的透气性，为瓦斯的解吸和流动提供通道的力学增渗方法。如为了增大煤体的透气性系数，可以人为地在煤层中制造空隙，沟通及扩展煤层内部的裂隙网。对于单一煤层而言，只有在煤层内部采取措施，张开原有裂隙、产生新裂隙以及局部卸压，进而改善煤层的透气性。目前采取的方法包括开采保护层法、水力压裂法、加密抽放钻孔法、卸压带抽放法和深孔松动爆破法等。这些方法均属于用力学方法来增加煤层的透气性。

三、应用情况及推广前景

将低透气性煤层转化为高透气性煤层，防护区转化为低瓦斯非突出区。本技术成果已在安徽两淮、山西、山东新汶和陕西彬县等矿区推广应用，技术服务覆盖的矿区煤炭产能每年可达到 2 亿多吨。该技术在全国煤矿推广前景十分广阔。

全深冻结井筒基岩射孔注浆技术研究及应用

陕煤化集团

一、基本内容、创新性

该技术主要研究了以下内容：

(1) 研究了全深冻结井筒基岩段冻结孔水害治理射孔注浆设计阶段需解决的有关问题，得到了根据矿井水文地质、工程地质条件确定射孔注浆层位、注浆材料及浆液配比、注浆压力、施工时间段等工艺参数的选取原则。

(2) 研究了全深冻结井筒基岩段冻结孔水害治理射孔注浆施工前期对冻结孔进行预处理的工艺，得到了采用揭露冻结管充填、强制解冻、防跑浆预注浆、清理冻结管供液管等系统施工工艺，对保证射孔注浆的封堵效果起到了积极作用。

(3) 研究了全深冻结井筒基岩段冻结孔水害治理射孔注浆施工中射孔阶段及注浆阶段施工工艺的质量控制方法及机具，得到了在各施工阶段的施工顺序、层位控制及异常情况处理的射孔注浆施工工艺方案。

二、适用条件

适用于高地温的地质条件和大流速高承压的复杂水文条件。冻结工程完成后解冻壁将逐渐解冻，贯穿全井深的每个冻结孔与冻结管之间都可能形成"环状空间"，由于"环状空间"形成的连通导水通道将立井的所有含水层连成一体，就如同在立井井壁外围有一圈导水管道，将所有的含水层连成一体，任何一个导水管道与巷道沟通都有可能出现较大的涌水，为了切断冻结孔环状空间垂向导水通道，防止冻结壁解冻后环状空间的水压作用在井下构筑物（包括井下巷道、硐室、井筒）上造成构筑物破坏，可以使用全深冻结井筒基岩射孔注浆技术。

三、应用情况及推广前景

该项目成果于2011年9月至2012年7月在陕西彬长孟村矿井进行了工程试验，封堵冻结孔共计77个，射孔注浆154次，达到了封堵冻结管与地层环状空间导水通道的目的，满足了孟村矿井的正常生产要求。项目成果已在陕西彬长矿区高家堡煤矿的3个立井井筒、内蒙古巴彦高勒煤矿的3个立井井筒的防治水工程中得到了充分应用，注浆前后井筒涌水量有明显下降，最大一次由 110 m^3/h 降至 6 m^3/h 以下。

现有冻结法施工后防治水处理方法存在着施工成本高、施工难度大、防治水效果较差等实际问题，而射孔注浆具有地面注浆不需造孔、井下围岩注浆不用破壁、准备工作简单、安全性好、节省工程费用等优点，在射孔注浆准备阶段综合采用揭露冻结管充填、强制解冻、防跑浆封堵注浆、清理冻结管供液管等相关措施，采用合理的射孔注浆层位、注浆压力等关键参数，制定科学的射孔注浆工艺方案，可以保证射孔注浆的封堵效果。

浅埋煤层采空区外部漏风规律及防治技术研究

陕煤集团神木红柳林矿业有限公司

一、基本内容、创新性

根据红柳林煤矿浅埋煤层开采的特点，分析采空区内外部漏风的形成原因；运用网流、场流数值模拟方法，结合现场观测数据，分析采空区漏风对通风系统稳定性的影响；分析红柳林煤矿煤的自燃机理，结合采空区自燃三带数值模拟，分析采空区内外部漏风对采空区自燃三带的影响；研究矿井井巷通风网络与采空区流场协同解算模型及软件，简化采空区流场模拟边界条件，便于一线技术人员使用；以预防采空区遗煤自燃和上隅角有毒有害气体超限为目的，研究采空区漏风综合治理技术。

创新性：

（1）形成了浅埋深采空区外部大漏风控制技术。用均压的原理分析了外部漏风的防治方案，指出：从进风井口到漏风工作面的通风阻力是确定调压风机升压值的关键参数；地面气压变化对外部漏风量没有明显影响，不构成制定均压方案的参数；常用的局部通风机可以满足均压通风调压风机的要求。

（2）建立了矿井通风网络与采空区流场协同解算模型。基于采空区多孔介质渗流理论，引入网流方法将采空区划分成纵横相交的网络，采空区网络与井巷风网通过结点关联，实现了用网络解算同时求解井巷风网与采空区流场，解决了外部漏风条件下采空区流场的模拟难题。

（3）发现了矿井通风网络雅可比矩阵的对称特性，首次引入并行计算实现大型通风网络的快速计算。采空区流场的网流模型产生了大型的通风网络，现有的网络解算方法在性能上不能满足要求，通过理论分析发现了牛顿法解算矿井通风网络的雅可比矩阵是对称矩阵，基于此提出采用 LDL^T 矩阵分解法求通风网络回路风量修正值，提高了牛顿法解算通风网络的性能。研究了通风网络雅可比矩阵、LDL^T 矩阵分解法的并行特征，建立了通风网络的并行求解模型。

（4）开发了矿井通风网络与采空区协同解算软件。基于 Auto CAD 平台开发了可视化的矿井通风网络与采空区流场协同解算软件系统，软件可单独对采空区流场、井巷通风网络进行解算，也可协同解算两者的耦合体，为矿井即时、方便地分析采空区流场提供了新手段。

（5）成功治理了红柳林煤矿 15207 工作面采空区的大规模外部漏风。15207 采煤工作面采空区平均外部漏风量为 1400 m³/min，实施均压防治外部漏风方案后，漏风量稳定在 200 m³/min 左右，保证了工作面的安全生产。

二、适用条件

红柳林矿区由于地表为毛乌素沙漠所覆盖，覆盖层厚，基岩薄，厚松散层的抗拉、抗压变形破坏能力等力学性质极差，开采极易形成切落裂缝破坏和台阶下沉，采空区裂隙带往往直达地表，形成外部漏风裂隙通道。大规模的外部漏风不仅加剧了采空区防火形势，还造成工作面进风巷出现微风现象，使通风系统极不稳定，严重影响矿井的安全生产。

三、应用情况及推广前景

所有煤层均存在自燃危险，在我国西北地区，普遍存在浅埋煤层开采的情况，采空区外部漏风是浅埋煤层开采的技术难题，随着矿井开采强度加大、综采技术的广泛应用，煤层火灾造成人员伤害或其他事故的危险性增大。红柳林煤矿是陕北地区典型的特大型矿井，本项目的成功应用表明研究成果具有极强的推广意义。目前，国家对煤矿安全生产极为重视，为提高矿井防灾、抗灾能力，煤矿安全投入力度进一步加大，企业也迫切希望通过切实有效的灾害预防技术和装备，实现矿井的本质安全化，因此，课题研究成果具有广阔的应用前景。

大采深局部综合除湿降温技术应用

新矿集团华丰煤矿

一、基本内容、创新性

大采深局部综合除湿降温技术采取除湿与降温并重、除湿先行的技术理念，经过三级除湿降温，达到改善工作环境的目的。

本技术采用的矿用除湿装置，其核心设备——除湿器安装于进风巷局部通风机前，通过特有的溶液除湿技术对进风流空气进行除湿处理。除湿器出口空气温度降低 7~10 ℃，空气除湿量达 7~15 g/m³，空气相对湿度降低 20%~35%。

本除湿降温技术的创新点如下：

（1）以提高舒适度作为终极目标。采用组合式除湿降温手段，即局部降温系统 + 局部除湿系统 + 工位除湿降温系统。

（2）将除湿作为重要因素考虑，通过空气除湿降温的技术手段来改善工作面各工位的微环境。

（3）直接将冷媒延伸输送到需要的部位。

（4）排热系统借助现场的水仓水，无须增加其他设备。

二、适用条件

本制冷除湿降温技术克服了恶劣环境，应用在煤矿-1000 m水平以下、湿度达98%以上高温高湿环境中，开发了工位除湿降温系统，采用顺槽及工作面同时制冷的新型除湿降温方式，提高了空气调节效果。适用于千米高温高湿且矿井水源匮乏矿井。

三、应用情况及推广前景

矿井直接利用矿井高温涌水作为制冷机组的冷却水，不增加矿井排水费用，同时减小软化水的使用量。系统具有运行稳定、自动化程度高、环保无污染、应用范围广、便于井下安设、运行成本低的特点，不仅保护矿工的身心健康和安全，避免由井下高温而导致的设备事故，而且创造了井下适宜安全的工作环境，大大提高了生产效率，具有显著的经济效益和社会效益。

深井负煤柱开采冲击地压防治技术研究

新矿集团华丰煤矿

一、基本内容、创新性

随着采深的增加，冲击地压危险更加严重，因此进行负煤柱开采设计消除因区段煤柱失稳诱发的冲击地压，是防止矿井冲击地压的研究方向。

华丰煤矿1412强冲击倾向工作面开展了负煤柱开采防治冲击地压技术研究，现场实践获得了成功，获得主要科学技术要点如下：

（1）建立深井负煤柱掘巷顶板结构模型，计算覆岩运动对支护产生的动静载荷，确定顶板支护设计。

（2）通过深井负煤柱掘巷微震、地音时序特点、能量特点、频次等规律，反演岩层运动及三维应力场迁移与分布，得到负煤柱掘巷下的冲击地压治理原理。

（3）通过负煤柱开采，解决了以往大部分冲击地压是由区段煤柱失稳引起难以治理的难题，同时解决区段煤柱无法采出的难题，显著提高采区煤炭回收率。

二、适用条件

本冲击地压防治技术克服了以往因区段煤柱失稳诱发的煤柱型冲击地压难题，应用在华丰煤矿-1100 m水平，煤层厚度为6~6.5 m、倾角为30°~35°的条件下。受错层位巷道布置影响，兼顾采掘成本、防灭火等，若要使用负煤柱开采技术，必须保证煤层厚度大于6 m且存在一定的倾角（20°~40°）。

三、应用情况及推广前景

通过应用负煤柱开采技术，消除了区段巷道发生冲击地压的危险，解决了深部矿井厚煤层综放开采区段煤柱无法采出的难题。

经在华丰煤矿1412回风巷区段负煤柱掘巷2200 m，消除了区段巷道发生冲击地压危险，提高资源回收率，多回收煤炭9万t，新增产值3600万元。

负煤柱开采提高掘进效率、降低巷道收缩率，保证围岩稳定；实现U型棚无锚杆支护，节约锚杆支护费用；解决埋深超千米回采邻空侧巷道难以支护难题；掘巷、开采期间微震、地音事件频次及能量都大幅降低，煤粉监测无卡钻、夹钻等动力现象，降低冲击危险性，避免了灾害性冲击地压事故的发生。

负煤柱开采技术对于大采深强冲击的矿井具有十分显著的示范作用和推广借鉴意义。

田陈煤矿综放工作面自然发火预测预报综合体系研究

枣庄矿业（集团）有限责任公司田陈煤矿

一、基本内容、创新性

该技术研究的主要内容如下：

（1）采空区光纤综合监测预警系统研究。利用光纤多种气体检测仪及传感器，对指标气体进行在线监测；在采空区布设分布式测温光缆，监测采空区内温度空间分布及其动态变化，实现发火预报定位。

（2）综放工作面预测预报综合体系。本项目利用光纤监测传感器和监测系统，结合田陈煤矿的安全生产需求，建立放顶煤开采条件下的采空区温度、气体等综合监测系统。

主要创新点如下：

（1）以光纤综合监测系统为核心，束管监测系统、监控系统在线监测为辅助的新型综合性监测监控系统体系。

（2）利用光纤多种气体检测仪及传感器，对指标气体进行在线监测；在采空区布设分布式测温光缆，监测采空区内温度空间分布及其动态变化，实现发火预报定位。

二、适用条件

本技术主要是针对田陈煤矿工作面及采空区自然发火危险性大，而该煤矿现有监测监控、束管监测、人工检测等预测预报技术均存在缺点和漏洞，对煤矿安全生产造成威胁而提出的。适用条件：采煤工作面煤层厚、地温高、自然发火期短，采用综放采煤工艺，采空区遗煤较多，工作面及采空区自然发火危险性大的矿井，为其他矿井类似条件下的开采中煤层自燃问题提供了良好的指导、借鉴和技术保障。

三、应用情况及推广前景

随着我国煤矿高产、高效开采技术的逐步推广应用以及我国许多矿井陆续进入深井开采阶段，矿井火灾安全隐患和职业健康问题变得更为严重。该预测预报技术成功解决了田陈煤矿综放工作面厚煤层自然发火问题。为其他矿井类似条件下的开采中煤层自燃问题提供了良好的指导、借鉴和技术保障。为类似的煤层条件下的矿井提供了一种安全、经济、可靠和快速的防火预测预报方法。因此，该技术能产生显著的经济效益和社会效益，具有良好的推广应用价值。

煤矿多网融合通信与救援广播系统

中国平煤神马集团

一、基本内容、创新性

（1）项目研究了多种异构通信系统互联关键技术，提出多网（井下程控调度通信、移动通信、应急广播、局部扩播和人员定位系统）融合的煤矿协同通信新模式，解决了煤矿各类通信系统间无法互联互通的难题。

（2）自主研发了煤矿融合通信软件平台、数字双工扩播通信装置、VoIP 网关、矿用 SIP 语音网关、"多网"自动化联动平台和 WiFi/4G 矿井移动智能终端等关键设备。

（3）设计了井下音频、视频、监测/监控系统"三位一体"的综合联动控制策略，实现了多网中单系统之间、多系统及相互间的互联互通；系统基于程控调度台进行操作，实现多网一键通信、一键广播的统一调度指挥。平时服务于日常生产，突发事故时快速服务救援通信，实现了生产调度、实时指挥、紧急救援的煤矿一体化融合通信的目标。

二、适用条件

目前国内大多数生产矿井相继建设和完善了监测监控系统、人员定位系统、紧急避险系统、压风自救系统、供水施救系统和通信联络系统，其中通信联络系统主要由生产调度电话、移动通信、应急广播、主要运输巷和采掘工作面的局部扩播组成。

三、应用情况及推广前景

2014 年 11 月至今，系统在平煤八矿、十二矿、朝川矿建立了示范工程，并在平煤股份 17 对矿井中推广使用。已完成煤矿"五网融合"通信与救援广播系统建设的煤矿有：

天安煤业股份有限公司八矿、天安煤业股份有限公司十二矿、天安煤业股份有限公司朝川矿、平煤天安煤业香山矿有限公司、河南平宝煤业有限公司。目前，系统稳定可靠，运行良好。

近5年，国家将按照高产高效综合信息化矿井高标准新增6亿t生产能力矿井约300对，同时，按照综合信息化的标准对现有的约1000对国有高产高效矿井实施改造。此外，我国现有1.5万个大、中、小煤矿，潜在煤矿通信联络系统改造与完善需求非常大。本项目具有较强的技术成熟度，不需要重复性投资建设，拥有多项自主知识产权，价格便宜，维护方便，具有很强的竞争力。因此，该系统有着广阔的市场前景。

煤与瓦斯突出矿井安全高效生产集成技术

中国平煤神马集团

一、基本内容、创新性

项目以突出矿井的安全高效生产为目的，通过矿井安全生产系统会诊，对影响突出矿井安全高效生产的各环节进行系统性、针对性的研究，建立了一套煤与瓦斯突出矿井安全高效生产的集成技术模式，实现了煤与瓦斯突出矿井的安全高效生产。

（1）通过矿井采掘部署和通风系统优化、大采长"一面多巷"巷道布置方式、采用大功率岩石掘进机掘进等，优化了安全生产和瓦斯治理格局，为瓦斯治理和防突措施提供充分的时空保障，实现了抽、掘、采平衡和工作面有序接替。

（2）在采用深孔瓦斯含量快速取样技术测定煤层瓦斯含量的基础上现场考察了区域效果检验瓦斯含量指标临界值，并建立了突出矿井高效抽采达标评价技术体系。

（3）采用全孔段筛管下放工艺和新型材料封孔工艺，优化和协调其工艺衔接过程，形成了抽采钻孔"钻—护—封"一体化技术，实现了不退钻情况下全孔段下放筛管，保证了抽采钻孔的钻进、护孔和封孔质量，提高了瓦斯抽采效果。

二、适用条件

项目涉及的采掘部署和通风系统的优化是瓦斯综合治理技术的前提和基础条件。抽采钻孔"钻—护—封"一体化技术、低位巷与煤巷布置空间关系、预抽钻孔抽采参数优化、水力冲孔卸压增透工艺和采空区瓦斯治理技术等方面的研究提高了抽采钻孔的抽采效率，研究成果或研究方法可应用于突出煤层，尤其是单一低透气性突出煤层的瓦斯抽采领域；深孔瓦斯含量快速测定技术解决了多数矿井采用的孔口取样方式测定瓦斯含量时取样时间过长、无法定点取样的难题，应在突出矿井进行广泛应用。

三、应用情况及推广前景

项目推广应用于平顶山东部矿区首山一矿和平煤股份十三矿等突出矿井，经现场实践应用，杜绝了生产期间煤与瓦斯突出和上隅角超限事故，大幅度提高了应用矿井的瓦斯抽采效率和单产、单进水平，首山一矿煤巷单进水平由 70～80 m/月提高到 120 m/月以上，工作面单产由 5 万 t/月提高到 10 万 t/月，实现了煤与瓦斯突出矿井的安全高效生产。全面促进了突出矿井瓦斯治理技术的优化与装备升级，增强了煤与瓦斯突出矿井的安全基础，经济效益、社会效益显著，研究成果可为平顶山矿区乃至全国的突出矿井安全高效生产提供技术和工艺指导，具有良好的推广前景。

义煤集团深部开采冲击地压综合评价及防治技术研究

河南义马平煤公司

一、基本内容、创新性

主要研究内容：针对义马煤田大采深、巨厚砾岩开采条件下已开采工作面冲击地压防治技术的理论与实践总结出：

（1）大采深、巨厚砂岩控制下应力优化减冲技术研究。
（2）义马煤田冲击地压解危及防冲技术研究。
（3）义马煤田冲击危险的微震监测预警及分析研究。

创新性：

（1）建立了冲击地压整体闭环综合评价方法。
（2）提出了冲击危险区应力优化减冲技术。
（3）基于作业环境和人身的双保险防护理念，从人员素质、技术装备、个体防护等方面，建立了一套适合义马矿区冲击地压防治的"六位一体"综合管理体系。从巷道三级支护、巷道空间危险源控制和人员防护等方面，实施了"五强一大"防冲体系。

二、适用条件

本项目成果适用于深部开采冲击地压矿井。

三、应用情况及推广前景

本项目提出的冲击地压综合评价及防治技术对指导深部矿井冲击地压防治具有重要意义。建立了冲击地压整体闭环综合评价方法，提出了冲击危险区应力优化减冲技术。

项目成果在现场应用后,掌握了冲击地压发生规律和影响因素,确定了冲击地压类型,微震监测技术成为冲击地压监测评价的主要方法,人员专业素质得到提升,冲击危险区得到有效控制,冲击地压次数和损失大大降低,成果已在义马矿区各矿井推广应用。

冲击地压多级监测预警与防护技术研究

河南义马平煤公司

一、基本内容、创新性

从顶板岩层卸压防冲、煤层卸压防冲和底板卸压防冲3个方面出发,提出多级冲击地压卸压防治的思想,分析了超前深孔顶板预裂爆破、煤层卸压爆破、大钻孔卸压和断底爆破的防冲机理及其影响因素。

(1) 提出了一种从矿区、矿井、工作面到测点的冲击地压多级监测与预警方法,建立了基于 KZ-1 矿震监测系统、ARAMIS M/S 和 ESG 微震监测系统、ARES-5/E 地音监测系统、KBD-5 和 KBD-7 电磁辐射仪、钻孔应力计、顶板离层动态监测仪与围岩变形收敛监测仪的跨尺度冲击地压综合监测与预警体系。

(2) 提出一种刚柔一体化吸能支护的冲击地压防治技术,发展了深部冲击地压矿井巷道"全封闭、高强度、可压缩、恒阻力、可耗能"的柔性让压与刚性抗压一体化的支护结构和体系,达到了发生冲击压不伤人的目的。

(3) 综合考虑煤矿地质因素、开采技术条件因素和组织管理措施因素,从组织管理、细化规则、增强培训、多级预测、强制卸压、强化防护等方面入手,提出"六位一体"的冲击地压防治技术体系。

二、适用条件

该研究成果适用于冲击地压矿井。

三、应用情况及推广前景

项目研究成果在义马矿区跃进矿 25110 工作面得到应用。研究成果不但降低了煤炭开采成本,实现了工作面的安全高效开采,而且为指导其他冲击地压矿井的冲击地压监测及防治提供了技术参考。此外,为国内外冲击地压矿井的冲击地压监测与防护体系的建立提供了指导,部分理论技术成果及参数对类似矿井具有宝贵参考价值和推广应用价值。

反循环压风定点取样技术

中煤新集能源股份有限公司

一、基本内容、创新性

使用反循环压风定点取样过程中，压风从双通道进入双壁钻杆内外管之间的环形空间，当压风到达取样钻头前端，气流分成两部分，一部分从取样钻头出风口喷出，刷取样钻头切削下的煤样，并在钻孔底部形成旋转流，使煤样从取样钻头中间孔进入，另一部分风流到达取样钻头前端反射回来从引射器的引射孔喷出，引导风流携带煤样从双壁钻杆内管排出。在两路风流的双重作用下，任意孔深处的煤样随风流沿双壁钻杆内管进入样品收集装置，分离气流与煤样，完成定点采样流程。

二、适用条件

根据气流反循环原理，进行定点采样流程，适用于煤层测定瓦斯含量取样工作。反循环压风取样时间仅 1 min，远小于瓦斯含量取样规定的操作时间，同时可以保证采集煤样来源于预定深度的煤体，且煤样取出过程能保持纯净，取样深度达 30 m。

三、应用情况及推广前景

取样技术以定点快速取样为目标，定点要保证采集煤样来源于预定深度的煤体，且煤样取出过程能保持纯净；快速要求取样时间越短越好，且小于标准规定时间。因此，取样技术评价指标设置有：取样时间和定点取样率。取样时间从预定孔深钻进开始至孔口采集足够煤样并装入煤样罐进行瓦斯解吸测试之前实际所用时间，取样时间越短，意味着煤样在大气环境中暴露时段越短，取样过程煤样的瓦斯损失量就越小，反之则越大；测试结果表明，反循环压风取样时间仅约 1 min，取样效率极高，同时能满足定点取样。对于大于 30 m 的深孔取样，反循环压风取样工艺能够满足要求。

矿井含水层出水水源快速判别技术

中煤新集能源股份有限公司

一、基本内容、创新性

通过对矿区主要含水层水质进行全分析、简分析、放射性同位素分析等化验分析，研究矿区地下水中水化学成分的形成、演化成因和补、径、排条件，经 Piper、Schoeller 图等统计分析，寻找不同含水层中阴、阳离子的含量、比值关系，确立标准水样模型，分区域、分矿井建立不同含水层水源的判别标准和矿区水化学数据库，建立矿井水源快速判别系统，实现矿井出水水源的快速判别，为矿井水害预测、治理、水害事故抢险应急救援提供技术依据。

二、适用条件

矿井含水层出水水源快速判别技术主要适用于：矿井各含水层水化学特征具有一定的区别，各含水层建模的水样为该含水层的典型水样，且一个含水层的典型水样个数越多越好。

三、应用情况及推广前景

矿井含水层出水水源快速判别技术成功应用于新集矿区煤系砂岩含水层、底板灰岩含水层等钻孔出水水源快速判别，为矿井水害预测、防治提供了可靠的技术依据，效果显著，且具有较好的推广应用价值。

高瓦斯易自燃综放工作面防灭火技术研究

陕西彬长小庄矿业有限公司

一、基本内容、创新性

根据自燃"三带"的分布规律推测采空区自燃危险区域，并针对这些区域制定综合防灭火方案。工作面正常回采时采取黄泥灌浆为主，注氮气、注三相泡沫、气雾阻化、束管监测和人工观测预报相结合的综合防灭火措施。针对初采初放期间 CO 浓度异常上升现象，在气雾阻化 24 h 不间断进行的情况下，针对下隅角漏风情况，在 40201 运输巷灌浆管路并联一趟 $\phi50$ mm 橡胶软管，人工向下隅角处喷洒黄泥浆液，并在 40201 运输巷利用注氮管路向下隅角注三相泡沫，从而封堵下隅角遗煤缝隙，减少向采空区的漏风量。针对工作面缓慢推进期间 CO 浓度异常上升现象，在 CO 浓度异常点架设灌浆三通花管，进行定点注浆，同时工作面架间打持续灌注三相泡沫。针对周期来压，遗煤较多期间 CO 异常上升现象，采用下隅角灌注凝胶，从而减少上、下隅角向采空区漏风；利用 40201 运输巷、回风巷抽采钻孔实施煤层注水措施，达到煤体湿润、降温，降低氧化速度的目的。

二、适用条件

主要应用于高瓦斯和煤层容易自燃共存的复杂条件下的煤矿火灾治理。

三、应用情况及推广前景

40201工作面于2014年8月19日开始回采,在工作面初采初放期间、缓慢推进期间以及煤层增厚遗煤较多期间,分别出现了采空区CO浓度异常增高现象。针对不同时期的CO浓度异常升高现象,研究根据40201工作面煤样的自然发火规律以及束管监测预测预报系统监测数据,通过采取注浆、注氮、注三相泡沫及凝胶等综合防灭火技术,有效地治理了采空区煤自燃,保障了工作面的安全回采,产生了显著的经济效益和社会效益。

定向钻进技术在煤矿地质情况探测中的应用

陕煤化集团

一、基本内容、创新性

该技术将随钻测量定向钻进技术应用于地质异常体探查领域中,通过对定向钻进装备、钻孔设计技术、成孔工艺技术、钻孔事故预防与处理技术的开发研究,提供了一套技术先进的煤矿井下地质异常体探查定向孔钻进技术与装备。具有以下特点和创新性:

(1)实现了煤矿井下超前区域地质探测。
(2)形成了煤矿井下地质探测定向钻进装备完整配套。

二、适用条件

地质异常体探查是体现预防为主、源头治理的治本之策,其中断层超前探查是针对复杂地质条件矿井的必要手段,对空间位置、产状不很清楚的DF29断层,可能对矿井布局、矿井灾害治理等造成巨大困扰的情况下,可以采用煤矿井下多分支定向钻进技术,能超远距离探查到煤层顶底板起伏形态和断层空间位置、产状、断带宽度和断距等基本信息。

三、应用情况及推广前景

该技术成果应用于孟村矿井首采面DF29断层的地质探测,取得了一系列建设性成果。精细探查了孟村煤矿DF29断层情况及煤层顶底板地质构造。在施钻区域内,探明DF29断层断距约为$10.51 \sim 22.57$ m。

该技术总结出一套适合我国煤矿断层超前探查定向钻进技术及配套装备，提高了钻进效率、钻孔深度、防治水效果和断层探查精度，节约了成本，为煤矿井下防治水和断层探查工程提供一条新的解决途径，提供了一套可靠的装备和技术保障，使我国灾害防治技术上升了一个新台阶，保障了煤矿安全高效开采。

高瓦斯油气共存近距离煤层群自燃防治技术研究

陕煤化集团

一、基本内容、创新性

本项目通过理论分析、实验研究、现场观测、数值计算分析的手段，掌握了采空区煤岩裂隙演化与高位巷贯通特征；论证了瓦斯抽采量合理范围；分析了瓦斯抽采的采空区漏风特征及流场分布规律；阐述了采空区浮煤的自燃特征及规律，并对采空区最易自燃危险区域进行了判定，明确防灭火主要处理对象；确立 3-2 煤层以及 4-2 煤层遗煤自燃的标志性气体及临界指标；同时结合下石节矿 2302 工作面实际情况，建立了综合的防灭火技术体系。针对铜川矿业公司焦坪矿区特有油气共生高瓦斯易自燃煤层大采长特点，结合煤自燃低温氧化实验，以煤自燃标志性气体为依据，在判定采空区是否含油的基础上，分别制定了不含油煤及含油煤的协同防灭火技术措施。优化了常规阻化、注浆、注氮技术参数及工艺；提出了大采长工作面轴向连续插管注浆技术及工艺；建立了定向防灭火钻孔工艺参数及配合三相泡沫实施自燃防治的技术方案。通过现场实施并检验了工作面架后走向连续插管注浆防灭火技术的应用效果，以高抽巷 CO 气体的变化情况为评价指标，通过分析，利用工作面架后走向连续插管注浆防灭火技术，对于焦坪矿区大采长工作面自燃防治效果显著。

该项目创新点：

（1）确定了含油煤层与不含油煤层的自燃氧化特征和高抽巷道瓦斯抽采诱导浮煤自燃的耦合关系。为焦坪矿区油气伴生煤自燃的预测预报提供了决策依据。

（2）确定了更符合实际开采条件的煤自然发火期平均为 65 天。

（3）获得了为控制煤自燃的安全合理的瓦斯抽采量，为综合瓦斯与火灾防治提供技术支持。

建议该项目成果可在和焦坪矿区地质条件复杂，瓦斯、油气、火、水等灾害俱全，多种致灾因素共存并互相影响，事故频发，严重威胁着矿工生命安全的类似矿山进行推广。

瓦斯抽采钻孔分体组合式囊袋无管封孔技术、材料及装备研究

西山煤电（集团）有限责任公司

一、基本内容、创新性

项目研发了分体组合式囊袋封孔工艺，实现了封孔的同时不改变原有孔内抽采管，不增加抽采阻力，不降低抽采流量的同时低成本实现高质量封孔。研发的可凝固自主膨胀无机浆体封孔材料和高黏稠固液混合流体材料与传统聚氨酯材料相比密封性能提高，成本降低。研发的搅拌注浆一体化封孔设备保障了工艺的实施和材料性能的发挥。在西山煤电官地矿22612工作面底抽巷、16509工作面副巷完成的102组现场工业试验钻孔封孔效果表明：瓦斯抽采钻孔单孔浓度提高13.2%；单孔封孔成本价格比聚氨酯封孔降低61.1%；钻孔封孔成功率提高25.3%；钻孔高浓度抽采时间提高20.4%，达到项目合同要求的技术指标。

创新点如下：

（1）研究出流体密封后钻孔围岩渗流和应力状态变化的理论模型，描述了流体密封钻孔周围岩体渗透率和钻孔周围岩体应力应变与各注浆参数之间的关系。

（2）研制出聚合物复合钻孔密封材料——CE高水膨胀封孔材料，CE材料性能优良，用于矿井钻孔的密封效果更好。

（3）研发了分体组合式囊袋封孔技术，将送入封孔装置和注浆封孔分步作业，有效地防止因钻孔的塌孔、堵孔而导致的封孔困难，解决了传统囊袋封孔工艺中封孔段长度不可调的问题。成套封孔装置成本低廉，操作便捷。为易塌孔的软煤钻孔密封提供了适应性强、经济便捷的封孔技术。

（4）研制开发了风动搅拌注浆一体化设备，将搅拌和注浆工序在一台设备内同时完成，减少了作业工序，降低了劳动强度，节省了作业时间，为封孔材料的输送和工艺的实施提供了设备保障。

二、适用条件

本项目研发形成钻孔密封材料和瓦斯抽放钻孔封孔工艺及装备不仅适用于西山煤电集团公司，也同样可在其他矿区含瓦斯煤层应用。

本项目研究的分体组合式囊袋封孔工艺的提出与实施，实现了动态稳压封孔，能解决瓦斯抽采钻孔封堵漏气现象，尤其可以封堵抽采后期煤层应力变化产生的新裂隙。封孔工艺及材料的完善，将大幅提高瓦斯抽采率，提高单孔利用率，为瓦斯的抽采利用提供科技基础。

三、应用情况及推广前景

封孔质量的好坏直接影响着抽采瓦斯的效果。因此，高质量的封孔是提高瓦斯抽采效果的保证。通过本项目的瓦斯抽采钻孔新型封孔材料开发及封孔工艺优化研究，改变了目前西山煤电各矿存在的局部抽采钻孔塌孔导致的钻孔封孔不严、封孔成本高昂的现状，增加瓦斯抽采浓度，降低封孔成本。该项成果已经在西山煤电官地矿、杜儿坪矿以及江苏、安徽、河南、山西、陕西等地进行了推广应用，前景十分广阔。

特厚煤层区段窄煤柱沿空掘巷围岩控制技术

山东新巨龙能源有限责任公司

一、基本内容、创新性

（1）采用高精度微地震监测系统和冲击地压实时监测预警系统分析综放工作面采动影响范围、顶底板破裂范围和支承压力分布特质，从而确定沿空留巷护巷煤柱合理宽度。

（2）通过研究深井综放工作面沿空巷道变形失稳机制，建立沿空巷道超前支护强度的力学模型，设计实践沿空小煤柱"一次锚网带支护+二次全断面锚索桁架支护"高强让压支护模式。

（3）创新树脂锚杆快速安装结构及流程。

（4）回采期间，基于工程实践效果，结合理论分析，提出了合理的深井综放工作面沿空巷道超前支护方式（自工作面切顶线向外80 m范围内采用15组ZQ4000/20.6/45单元式超前支架配合4组ZTC30000/25/50超前支架及1组ZTH8600/25/50型锚固支架进行联合超前支护）。其中ZQ4000/20.6/45型双立柱单元式支架为自主研发产品。

二、适用条件

本创新成果适用于开采条件复杂的矿井，厚表土层、强地压、大采深、厚煤层、长大面的矿井都可适用，尤其是小煤柱留巷、沿空巷道变形量大的采煤工作面应用效果较好。

三、应用情况及推广前景

该项目的实施，形成了深井特厚煤层综放开采沿空支护工艺及围岩控制的成套技术，提高了资源回收率，降低了工作面接续困难，减少了巷道返修费用，同时防止了重大安全事故的发生，缩短了矿井服务年限，显著提高了沿空巷道的稳定性及工作面安全性，潜在的经济效益和社会效益巨大，成果可以推广到全国相似条件矿井。

矿井危险点分析及预控管理模式研究与应用

新汶矿业集团有限责任公司孙村煤矿

一、基本内容、创新性

提出了矿井危险点预控模式，丰富了煤炭行业安全管理方法，该模式将"危险点"的概念引入煤炭行业中，具有一定的兼容性，既包括事后型管理模式、无隐患管理模式的优点，又涵盖对本质安全的风险管理模式的搭建，具有现实意义和实际发展需求。创建危险点预控模式的运行机制，形成危险点预控管理和无隐患管理两个双环闭合管理机制，把风险预控的思想作为出发点，预测出危险点和隐患，实现对事故的风险处理，再通过隐患管理实现对事故发生的隐患处理，保证在危险点和隐患并行管理机制下防范事故的发生。

二、适用条件

本项目针对煤矿企业安全管理的现状，借鉴先进管理模式——预控理论，提出了矿井危险点分析及预控管理方法，是对安全管理方法的探索和创新。该课题建立了矿井危险点分析及预控管理运作模式，从危险点的角度来处理事故，兼顾隐患管理模式，能直接、有效地应用到煤矿的生产安全体系当中，适应煤矿新形势的发展。通过矿井危险点与隐患管理系统软件试验与应用，一方面找到了从业人员、作业系统各个要素中影响安全生产的主要制约因素，进而充分调动各级人员对查找隐患、危险点和整治消除隐患的积极性，同时督促职工自觉提高安全生产意识；另一方面有效实现事故提前预防、控制，减少安全隐患以及由管理盲目性带来的事故，以最小的安全投入实现最佳的管理效果，确保了煤矿企业协调、稳定、健康、可持续地发展。截至目前，国外、国内尚无类似矿山安全管理软件，其水平处于国际先进水平。

三、应用情况及推广前景

本项目完成后，会形成全员参与的煤矿安全危险点分析处理流程，这样就能保证该管理模式在企业中得到逐级渗透，形成企业统一的矿井危险点分析及预控管理模式、管理思想，发挥该管理模式的作用。

煤矿安全预控管理模式对社会经济发展和科技进步具有重要意义，社会效益和经济效益显著。它通过研究矿井危险点分析方法和预控管理的具体实施技术，形成了一套完整、系统的煤矿安全隐患信息的自组织处理模式、方法和技术体系，能够有效地解决目前针对事故的安全管理方面存在的问题，使安全管理体系、方法更具有条理性、系统性和可操作性。该研究成果，不仅在全国煤炭行业具有广泛的推广应用价值，而且对于企业界安全管理理念的创新也具有重要的指导意义。同时本系统属于工业工程范畴的理论与方法创新，除对矿山适用外，也可以推广到其他行业，具有较好的推广应用前景。

厚煤层高瓦斯综放工作面高错式钻场及扇形高低位钻孔瓦斯聚合技术研究及应用

彬县水帘洞煤炭有限责任公司

一、基本内容、创新性

为有效治理综放工作面隅角瓦斯，采用高错式钻场及扇形高低位钻孔对隅角及裂隙带内的瓦斯进行抽放，通过对综放工作面采空区"三带"分析，进一步优化扇形高低位钻孔终孔的布置范围，更加有效地对综放工作面采空区瓦斯进行抽放，通过瓦斯聚合技术，能够对所抽放的瓦斯加以利用，以减少有害气体排放到大气层中，造成环境污染。

技术创新点：

（1）结合综放工作面现场实际，设计并施工了高错式钻场及扇形高低位钻孔，钻孔共分为3层，钻孔呈扇形布置。通过合理搭配实现对瓦斯利用浓度的控制，保证了瓦斯利用浓度的稳定性。

（2）钻孔施工期间，采用了先进的防跑偏技术，首次使用钻孔测斜仪测定钻孔跑偏程度，并根据测定数据分析规律，有力地为钻孔的设计提供了可靠的技术依据，也为更好地开展钻孔施工技术指明了研究方向。

二、适用条件

厚煤层高瓦斯综放工作面高错式钻场及扇形高低位钻孔瓦斯聚合技术适用于瓦斯厚煤层矿井综采工作面，适用条件简单，可广泛应用于国内大部分瓦斯矿井。

三、应用情况及推广前景

（1）通过对采空区内的瓦斯进行抽放，有效地改善了综放工作面隅角瓦斯时常超限的情况，确保安全，能够实现综放工作面高产高效。

（2）煤矿瓦斯发电可以有效解决煤矿瓦斯事故，改善煤矿安全生产条件，又有利于增加洁净能源供应，减少温室气体排放，达到保护生命、保护资源、保护环境的多重目标。

（3）采用瓦斯聚合技术能够分时有效地满足瓦斯发电的最低浓度，并能够做到持续供应，确保连续、不间断发电，做到煤层气的有效利用。

（4）与传统的施工综放工作面高位抽放巷道治理瓦斯相比，能够大量节省巷道工程量，具有投入少、布置灵活、见效快的特点。

深埋厚煤层成孔卸压防冲关键技术

山东华坤地质工程有限公司

一、基本内容、创新性

本研究基于采矿工程、机械工程及力学理论采用数值模拟与先进设计方法，研究了不同钻机对地质条件适应性理论及防冲卡钻机理，研发关键装备，满足了防冲需求，不同地质条件对防冲钻机性能的要求也不同，现有钻机类型较多，其功能与所适用地质条件也各不相同，通过研究不同地质工况的煤层特征，提出了巷道较窄的复杂工况、高应力、高冲击地压矿井钻机配套在不同地质条件下的适应性方案，依据钻具抗弯抗扭强度，提出钻具的选型匹配方法。研制相关防喷防冲装置，有效降低粉尘，极大地改善了钻孔作业现场环境，有利于现场操作员工的身心健康，提高煤矿井下生产的安全性及整体工作效率，在采取该项成套技术后，新汶矿区冲击地压灾害事故呈现逐年减少趋势。

（1）采用理论分析与数值计算方法，研究分析了现有的典型钻机结构，建立了煤层应力与钻机扭矩、转速等主要性能参数的函数关系，提出了钻机配套在不同地质条件下的适应性方案。

（2）研究改进了架柱式履带回转钻车及配套的深孔钻具，研发了大直径成孔工艺，实现了高应力条件下快速优质成孔，减少了卡钻及断杆等故障。

（3）研制了防喷、防冲孔装置及远距离钻机操纵系统，降低了钻孔诱发的冲击危险性；研发了钻孔除尘装置，降低了粉尘浓度，改善了作业环境。

（4）针对井下钻孔施工发生断杆事故，依据钻具抗弯抗扭强度，推出改进钻杆强度方案，并提出钻具选型匹配方法，提高成孔效率的同时降低了劳动强度。

二、适用条件

本研究成果适用于高应力、高冲击地压矿井。

三、应用情况及推广前景

该项目研究可有效解决煤矿冲击地压问题，并可对不同煤矿地质条件钻机装备选型提供支持，因此，其市场前景广阔；该项目实施在新汶矿业集团各煤矿应用，提高了矿井冲击地压灾害防治能力，保障了深部冲击地压矿井安全开采。作为冲击地压核心技术之一，依托中国煤炭工业协会煤炭工业深井开采工程研究中心在全国推广，对冲击地压矿井的开采提供了强有力的保障，数据全面透彻的分析，为前期的预测预报提供了可靠的依据，对煤矿冲击地压事件的发生可以起到一定的预测预报作用。

断层束间煤层开采底板裂隙岩溶承压水综合防治关键技术

枣矿集团

一、基本内容、创新性

运用矿井水文地质、矿井地质、工程地质、采矿工程、岩体力学、地球物理探测等学科的理论与方法，系统研究了断层束复杂区小槽煤开采受底板裂隙岩溶水的威胁程度评价的理论与方法，提出有效的底板水害综合防治技术途径，为矿井水害防治提供科学依据。项目的创新性表现在：针对研究区断层构成的地垒—阶梯构造—地堑组合而成的断层束构造特征，对断层束间煤层采动对断层活化的影响规律及活化机理进行了详细研究，建立了地堑、地垒、阶梯状构造条件下煤层开挖时顶底板受力模式图，进一步解释断层活化位置以及顶底板活化程度不同的原因，为防治底板断层突水提供了科学依据。

二、适用条件

本项研究成果主要应用于矿井防治水领域。随着蒋庄煤矿上组煤煤炭资源的日渐采尽，矿井今后将逐渐进入以采下组煤为主。16煤的162、163采区自西向东埋藏深度逐渐增大，底板突水威胁逐渐增加，尤其是底板奥灰承压含水层水压也越来越大，奥灰岩溶水的突水危险性也随之增大。奥灰含水层厚度大、富水性弱至中等，静储量大，同时井田内断层构造发育，尤其是163采区发育的SN向7条规模较大的断层构成断层束，随工作面推进极易活化为突水通道，是滕南矿区下组煤开采时最主要的水害。因此，本项目综合多种技术现场实测了煤层开采底板破坏深度，断层束三维地质数值模拟技术以及基于GIS的AHP型"脆弱性指数法"评价底板受奥灰威胁程度等。

三、应用情况及推广前景

项目中应用的"点—线—面"综合探查水文地质条件技术更加丰富了巷道、工作面底板含水层富水性及断层富水性的探测，经过多年和多个矿井实际探测，取得了较好的地质效果，可在多种地下井巷工程中加以推广应用。项目中的现场实测了小槽煤开采底板破坏深度数值为10.7 m，为滕南矿区首次获得现场实测值，为指导本矿及滕南矿区其他矿井防治水技术参数提供了借鉴，具有实际指导意义。该技术已在山东枣庄、济宁矿区多个煤矿应用，创造了巨大的经济效益和社会效益。该项目的研究广泛适用于矿井防治水领域，尤其适用于有断层束间煤层开采时的底板水害防治技术研究，对于受相似条件下水害影响的矿井（区）水害预测与防治具有一定的指导作用，研究成果具有广阔的推广应用前景。

降尘喷雾装置

枣庄矿业集团高庄煤业有限公司

一、基本内容、创新性

现煤矿综采工作面架间喷雾多为扇面式喷雾、集中式喷雾等形式，其缺点是：①只对采煤机道至煤壁间粉尘进行喷雾捕捉，人行道处防尘一直处于防尘盲区；②喷雾安装在综采液压支架的前上部，不便于维护且受煤壁滑落伤人的威胁；③采用 X 型旋流喷嘴，不易堵塞，大大降低喷嘴的维护工作量。

本装置利用流体形成的喷雾场和负压风流场将矿井综采工作面上风侧采煤时产生的粉尘捕集后沉降。降尘喷雾装置由固吸尘口、水源插口、引射筒、X 型旋流喷嘴和负压回收罩等部分组成，可在水平方向 360°旋转，X 型旋流喷嘴，可在综放工作面煤壁至液压支架立柱间形成全断面水雾场，同时将在引射筒后部附近形成一个负压吸尘场，这样形成的喷雾场（采煤机道喷雾场）和吸尘风流场（人行道）使粉尘从侧部和后部吸尘口吸入，粉尘在采煤机道充分混合、凝结、沉降，从而避免了液压支架人行道除尘盲区的出现，实现了采煤工作面全断面除尘。

二、适用条件

该装置结构相对简单，用喷雾场及负压二次吸尘实现综采工作面架前、人行道全方位防尘，便于维护。

三、应用情况及推广前景

利用自身的特殊结构，避免了液压支架人行道除尘盲区的出现，实现了采煤工作面全断面除尘，除尘效果较好，为职工提供了舒适的工作环境。

深部矿井复合动力灾害卸压增透关键技术

枣矿集团

一、基本内容、创新性

（1）提出在受复合动力灾害影响下的大采长采煤工作面中间底位巷施工穿层钻孔并

进行高压脉冲水射流割缝增透，进而快速消除工作面瓦斯抽采空白带的新方法。

（2）在优化高压脉冲水射流割缝系统装备及相关参数的基础上，对煤层实施定向、有序割缝，进而实现整个上覆煤层的整体卸压与区域消突。

（3）研发出基于高压脉冲旋转射流的深部矿井卸压增透关键技术及成套装备，揭示了高压脉冲旋转射流割缝过程中系统能量瞬变特性演化机理，提出了高压脉冲旋转射流割缝系统瞬变压力预测方法，建立了高压脉冲旋转射流切割性能优化准则。

二、应用情况及推广前景

该技术在平顶山天安煤业股份有限公司矿井进行了现场应用，通过高压脉冲旋转射流区域定向、有序割缝实现了采面的均匀卸压与快速消突。同比条件下瓦斯抽采纯流量相对于普通钻孔提高35%，瓦斯消突达标时间减少20%~30%，施工钻孔数量减少约52%，瓦斯治理成本大大降低。效果良好，符合生产实际情况。新增产值4985万元，节支5885万元，共创造经济效益10870万元。本项目开发技术的推广应用，具有显著的经济效益和社会效益。

通过本项目开发技术的推广应用，增强了煤与瓦斯突出矿井及高瓦斯矿井的安全基础，有力地促进了矿井在防治煤与瓦斯事故方面的生产力水平，利于矿区社会环境的稳定和保障人员的生命财产安全，为矿区的可持续发展奠定了坚实的基础，为集团其他存在类似工程问题矿井提供技术支持，为国内同类矿山提供有益的借鉴，具有重要的现实意义。

煤矿瓦斯抽采孔修复及增透技术

河南能源化工集团研究院有限公司

一、基本内容、创新性

针对煤矿井下瓦斯抽采钻孔工程量大，新施工的抽采孔封孔后抽采效果差，已联抽的抽采孔塌孔、堵孔严重、衰减较快，进而造成煤层瓦斯抽采达标时间长、采掘接替紧张的局面，研究院提出并形成了一套集抽采钻孔增透、修复为一体的相关理论研究及技术体系，研发了相应成套装备，实现了抽采钻孔的连续冲孔、修复及增透，解决了抽采钻孔塌孔、堵孔问题，以求高效抽采瓦斯，实现快速抽采达标。技术创新点如下：

（1）奠定了瓦斯抽采孔高压水射流修复与增透理论基础。
（2）研究了瓦斯抽采孔高压水射流修复与增透技术原理。
（3）形成水射流煤层增透、钻孔修复中的技术体系。
（4）研发一套基于高压水射流的钻孔修复与增透装备。

二、适用条件

瓦斯抽采孔修复及增透技术适用于煤层构造煤发育,打钻时喷孔、夹钻,瓦斯压力与瓦斯含量高的低透气性难以抽采煤层,可实现对新施工钻孔冲孔出煤卸压、老孔修复改造。在实施瓦斯抽采孔修复剂增透技术措施时,根据《防治煤与瓦斯突出规定》的要求,安全岩柱厚度不得小于5 m。

三、应用情况

该技术经鉴定达到国际领先水平,获得河南省工业和信息化厅科技成果一等奖、河南省科技进步三等奖等,并在河南能源化工集团下属公司所辖矿井焦作煤业(集团)有限责任公司中马村矿、焦煤公司新河煤矿首先试验成功,接着在集团公司管辖的焦煤公司、义煤公司等其他高突矿井进行推广应用,通过对井下已有抽采钻孔修复增透及水力压冲增透,钻孔的有效抽采寿命延长1倍以上,抽采纯量提高60%以上。对已有堵塞钻孔实现透孔,透孔成功率达80%以上。

底板高承压岩溶水体上煤层开采控水技术研究

皖北煤电集团

一、基本内容、创新性

针对皖北矿区下组煤开采底板高承压岩溶水害防治问题,系统研究并构建了底板高承压岩溶水体上煤层开采带压控水理论、方法与技术体系,并应用于煤矿生产实际。

(1)基于底板改造成孔与注浆信息,对太原组上段灰岩岩溶含水层结构进行了评价;依据钻窝单孔最大出水量和单位体积注浆量指标,建立了4种太原组灰岩岩溶含水介质空间结构类型。

(2)建立了完整层状结构、含断裂结构和含陷落柱结构底板流固耦合模型,对不同底板结构、不同采深及承压水压条件下煤层底板采动效应进行了数值模拟研究,揭示了煤层底板采动效应的岩体结构控制机理。

(3)在对恒源矿区带压开采条件评价的基础上,提出了疏水降压和底板注浆改造控水带压方法,优化了控水技术方案,建立了底板高承压岩溶水体煤层开采水害防控技术体系。

(4)建立了地面注浆站系统,制定了底板注浆加固与含水层改造实施方案与过程控制流程,提出了工作面底板注浆加固与改造工程效果检验与评价方法和基于含水层结构的注浆参数优化方案,编制了《煤层底板注浆加固与改造含水层技术规定》企业标准。

(5) 在对底板注浆改造前后工程地质与水文地质条件评价的基础上，采用数值模拟和原位测试方法，基于岩体结构效应，对底板注浆改造效果进行了系统评价，为底板注浆加固与含水层改造控水开采技术提供了理论支撑。

二、适用条件

应用于高承压岩溶水体上煤层开采水害预测与防治，重点是带（水）压开采技术方案与安全评价问题，属于矿山安全技术中的矿井水害防治和采动岩体力学等领域。

三、应用情况及推广前景

皖北煤电集团采用钻探、物探和放水试验等手段，对矿井（采区或工作面）水文地质条件进行了系统探查，在对太灰水可疏放性评价的基础上，采用疏水降压方法，通过适量疏水，将含水层水位降低到底板隔水层能够承受的临界安全水头值，实施控水带压开采。于 2006 年在恒源煤矿建立了安徽省首座地面注浆站，开展了相关注浆工艺参数试验研究，并实施了底板加固与含水层改造工程，共改造工作面 28 个，安全回采煤炭资源 1491.4 万 t，取得了显著的经济效益。

该技术对高承压岩溶含水体上采煤底板突水评价与防治具有重要的指导作用，对皖北矿区及华北条件类似的矿井水害治理具有重要的指导意义。

洗 选 加 工

井下矸石拣选系统

新安煤业有限公司

一、基本内容、创新性

井下矸石拣选系统在井下强力带式输送机运输巷进行挑顶，建造手选矸石硐室和手选矸石仓，在手选矸石硐室处安装强力输送带回转装置，形成卸载点，在卸载点处安装简易筛分装置，在手选矸石硐室安装手选输送带，并在两侧安装拣选平台，煤流运输至卸载点经过筛分后，将大块煤矸及杂物转入手选输送带内，再由人工进行手工选矸，拣选出的矸石经转载输送机下输送带进入手选矸石仓；块煤及末煤进入手选矸石硐室底部的强力带式输送机运输至集中采区煤仓；手选矸石仓内的矸石直接运输至井下矸石充填系统，用于置换煤炭。本发明矸石不上井，矸石直接用于井下充填。

二、适用条件

矸石拣选系统是一种煤炭拣选方法，尤其涉及一种原煤矸石分选工艺，适用于井下强力带式输送机运输系统上大块煤矸及杂物的简易筛分以及矸石置换充填。

三、应用情况及推广前景

该矿自 2009 年 3 月分别在 -300 m 强力带式输送机运输巷后部及辅助强力带式输送机前部施工及安装了井下矸石手选系统，并进行了应用，取得了较好的效果。两套系统每年可拣除 5 万 t 矸石，节约提升电量 2.3×10^5 kW·h，节约电费支出约 11.5 万元；矸石充填每年可置换原煤 2.913 万 t，产生经济效益 1748.25 万元；另外减少了人力、物力和矿井主运输、提升、筛分系统的设备磨损，延长了设备寿命，减少了卡仓、堵仓及其他机电事故影响；减少了地面矸石的排放，实现了节能减排要求，具有巨大的经济效益和社会效益。

煤泥水速沉降粘高效回收技术

北京泽建五六选煤科技有限公司

一、基本内容、创新性

专门针对粒度细、含有高岭土、泥化矸石等黏性非煤成分的煤泥水难沉降、压滤回收效率低等问题，从工艺系统调整、药剂配制选型优化、加药制度完善等几个方面入手，完美解决选煤厂煤泥水处理难、成本高的行业难题。

该技术工艺简单、可操作性强，采用该技术后，煤泥水中各种物质能够全部去除，溢水清澈透明，沉淀的煤泥絮团致密且无黏性，煤泥等水中各种漂浮物沉降快、后续压滤脱水效率高、循环水无黏性，并可改善主选、浮选等作业环节的技术指标，进一步降低选煤成本、提高生产效率和精煤回收率。

二、适用条件

本技术适用于解决各种煤泥水难沉降、压滤慢、回收效率低、生产成本高等问题，主要包括以下9个方面：

（1）煤泥水在浓缩池中难以沉降，溢流水发浑、发黑，影响主选系统分选精度。
（2）循环水高灰细泥含量大，发灰、发白、发黄，影响精煤脱水脱介。
（3）循环水中含硫量高，颜色发红，腐蚀设备，影响使用寿命，导致生产成本提高，工人劳动强度加大。
（4）浓缩机底流黏度大，压滤机脱水困难导致生产效率低下。
（5）煤泥滤饼难以脱落，需要人工干预卸料导致用工效率下降。
（6）因循环水黏度大造成的脱水脱介效果差。
（7）浮选泡沫多，消泡困难。
（8）替代除絮凝剂之外的其他煤泥水药剂改善处理效果。
（9）降低煤泥回收成本，减轻工人加药工作量，提高用工效率。

三、应用情况及推广前景

目前该技术已经在贵州水城矿业集团、甘肃华亭煤业集团、河北冀中能源集团、山西兰花集团等单位得到现场应用，使用效果良好，很好地解决了各单位煤泥水处理难题，具有广阔的推广前景。

选煤厂煤炭发运远程控制管理系统

徐州矿务集团有限公司

一、基本内容、创新性

为了进一步加强企业管理，强化煤炭发运职责，掌控各产品煤的实时发运状况，采用罗克韦尔（AB）公司的 ControlLogix 系列 PLC，主站和分站采用 ControlNet 通信协议，主站和上位机之间采用工业以太网通信协议，传输介质分别采用同轴电缆和光纤，形成远程控制网络。通过 AB – PLC 和组态王软件设计煤炭发运远程管理系统，集控人员可以根据火车车道和商品煤进行软件连锁操作实现设备运转，并在组态王软件中设计了中煤和精煤发运互锁、外吐产品煤回煤二道和三道互锁、高硫煤仓至二道和三道互锁，从而实现设备不能同时运转控制、各产品煤不可同时发运目的，并且集控人员可以通过组态王人机界面实时查看运转设备的运转情况，若发现设备运转异常，集控人员可以通过解锁，停止运转设备。

二、适用条件

（1）该设计实现煤炭发运集中管理，远程控制，实时监测。
（2）该设计面向对象界面通俗易懂，操作简单。
（3）该设计完全通过软件远程控制现场设备来实现控制煤炭发运，从而实现管理目的，适用于火车煤炭发运系统。

三、应用情况及推广前景

通过选煤厂煤炭发运远程控制管理系统，操作人员根据煤炭发运指令，通过软件界面连锁设备实现现场发运，并观察设备运转情况，彻底解决煤炭管理缺陷，操作人员无法实现两种产品同时发运，并且掌握选煤系统各种煤种的实时发运状况，杜绝煤炭发运过程中发错煤种现象，提高企业管理水平，切实维护了企业利益。

高内灰劣质煤出合格精煤

贵州省六盘水市水城矿业股份有限公司二塘选煤厂

一、基本内容、创新性

在现有浮选工艺的基础上进行改造，使一次浮选精煤不直接进入最终精煤产品，而是再次进入浮选机进行二次浮选，精选出的产品通过卧式沉降离心机脱去细粒级煤泥后再进入产品输送带，卧式沉降离心机脱去的细粒级煤泥进行三次浮选。

创新性如下：

（1）只在现有浮选工艺的基础上进行简单的管路改造，不需要较大投入。

（2）增加一道浮选工艺，回收了卧脱的细粒级煤泥，减少了该部分末精煤的损失。

（3）合理利用设备，在当前末精煤量小的情况下，将一台二次浮选机改为三次浮选使用，充分使用了在线设备。

二、适用条件

在当前煤矿原煤煤质越来越差，以及国家相关煤政开采、入选政策严格及井下综采普及的情况下，选煤厂入选的原煤煤质内灰、含矸和煤泥含量均持续升高，大部分时期入选原煤为极难选原煤。以贵州水城矿业股份有限公司二塘选煤厂为例，洗选附近大湾矿劣质煤，原煤灰分最高时达65%以上，-1.4密度级灰分占13%~16%，使用重介分选—两段直流浮选的工艺无法生产出合格的精煤。

三、应用情况及推广前景

在当前煤矿效益欠佳的情况下，全国大多数采用重介分选—直流两段浮选工艺的选煤厂，在不需要大的投入下，均可通过系统的部分工艺改造，在入选高内灰劣质煤时也能得到合格的精煤产品，提高选煤厂的经济效益，具有较高的实用价值和推广应用价值。以贵州水城矿业股份有限公司二塘选煤厂为例，7月份入洗劣质煤12万t，且精煤回收率为3.5%，即生产精煤4200t，当前西南区精煤与优混煤（≥5000大卡）差价约350元，仅入选当月份就为选煤厂多创造经济效益147万元。

重介质二段磁选回收工艺的研究与应用

新矿集团华丰煤矿

一、基本内容、创新性

华丰煤矿选煤重介系统重介质回收工艺原设计是稀介质通过磁选机回收后，磁选尾矿进入脱泥筛，通过脱泥筛分进入煤泥水系统，影响了原煤脱泥效果，增加了吨煤介耗，同时增加了煤泥水系统负担。通过改造，新增两台磁选机，分别对高密度区和低密度区磁选尾矿进一步回收。回收后高密度区二段磁选尾矿通过旋流器浓缩后，再通过末煤泥离心机脱水后进入末煤；回收后低密度区二段磁选尾矿通过旋流器浓缩后，再通过精煤泥离心机脱水后进入精煤。改造后提高了磁选机回收率，降低了吨煤介耗，同时磁选尾矿得到了有效回收，避免其直接进入脱泥筛造成的脱泥难度加大，提高了精煤回收率。

二、适用条件

该工艺改造通过利用磁选机对一段磁选尾矿进一步进行重介质回收,回收后的磁选尾矿根据灰分进入不同的选煤产品,从而提高了重介质回收效果,避免了磁选尾矿再次进入重介系统,造成系统中煤泥量大而影响重介质回收效果。该工艺改进适用于重介选煤选前脱泥工艺,利用两段磁选工艺进一步巩固重介质回收工艺,从而降低选煤介耗,降低选煤成本。同时该工艺也适用于吨煤介耗高的重介选煤厂。

三、应用情况及推广前景

该重介质回收工艺改造后,使得该矿重介选煤吨煤介耗与改造前相比降低了 0.16 kg/t,年入选原煤按 180 万 t 计,则年可减少重介质费用支出 30.24 万元,两台磁选机投入 50 万元,预计 20 个月可回收投资;同时重介低密度区回收后的磁选尾矿直接进入离心机脱水后进入精煤,使磁选尾矿中的精煤泥得到充分回收,每天多回收精煤泥 13.6 t,年可创造经济效益 112.6 万元。通过以上数据分析,通过重介质二段磁选回收工艺的改造,提高了重介质回收率,优化了煤泥水回收工艺,降低了吨煤介耗,提高了精煤回收率,实现了选煤最大效益,具有良好的推广应用前景。

蒋庄煤矿精煤汽车装车系统创新设计与实践

枣矿集团

一、基本内容、创新性

蒋庄煤矿选煤厂针对煤炭生产成本、运费成本和煤炭价格间的关系,把煤炭市场需求和蒋庄煤矿的精煤指标、实现工艺相结合,突破建厂以来煤炭火车发运模式,提出汽车发运精煤的构思。结合工作实际实施了精煤汽车装车系统改造实践。改造内容如下:

(1) 针对精煤仓下放仓溜槽和闸板设计,实现火车和汽车十字交叉双通道装车运输工艺。

(2) 合理设计新增精煤运输输送带栈桥和机头卸载点,实现两套汽车装车的高效率。

(3) 精煤装车液压伸缩溜槽和压车装置的设计实践,实现快速装车和压实物料一次完成。

二、应用情况及推广前景

蒋庄煤矿精煤汽车装车系统设计与实践,是在煤炭市场萎缩、精煤产品火车发运困难的情况下,自主设计开辟的另一条生存之路。满足近距离用户对于精煤市场的需求,使得销售思路更加灵活,精煤市场得以扩展和稳定,时刻把用户的需求和自身的工艺系统及市场实际相结合，创造双赢的合作关系。及时灵活地应对煤炭经济的寒冬，给蒋庄煤矿和集团公司带来良好的经济效益，对于煤炭行业企业的发展具有广泛的借鉴意义和推广价值。

三锥角水介质旋流器粗煤泥分选工艺系统

开滦（集团）

一、基本内容、创新性

该技术针对目前应用的三段选煤工艺中粗煤泥分选环节需要性能优越的分选设备现状，研发了在离心场中利用水介质分选粗煤泥的设备——三锥角水介质旋流器，以及与之配套的高效振动弧形筛系列产品，开发了应用三锥角水介旋流器的粗煤泥分选新工艺，并成功应用于工业生产中，获得了良好的经济效益。

该技术应用了可根据入选原料性质选用不同锥体结构的新型粗煤泥分选设备"三锥角水介质旋流器"；提出了应用三锥角水介旋流器的两段水介粗煤泥分选工艺及与主选工艺相适应的粗煤泥分选技术路线；将研发的500 mm三锥角水介旋流器及与之配套的高效振动弧形筛成功应用于工业生产。

二、适用条件

该技术所研究的三锥角水介质旋流器主要应用于粗煤泥分选，其特点是依靠自生煤泥介质及其特殊的内部结构，在离心力场中实现煤泥按密度分选。与传统的水介质旋流器相比其锥角大，锥体短，溢流管直径大，且插入筒体的部分更长，可以根据原料性质改变锥体结构参数，使分选精度和分选效率更高，是一种新型高效粗煤泥分选设备。

该技术特别适用于老厂工艺改造，由于三锥角水介质旋流器处理粒度范围宽，减少了进入主选设备的原煤量，在工作制度不变的条件下，能提高全厂的处理能力；另外，三锥角水介质旋流器占用厂房空间小，车间工艺布置灵活，在老厂改造时不影响正常生产，投资少，运营成本低，经济效益大，具有其他粗煤泥分选设备不具备的独特优势。

三、应用情况及推广前景

该技术目前已在霍州煤电集团吕梁山煤电公司方山选煤厂、新汶矿业集团孙村选煤厂、华恒矿业公司选煤厂、开滦集团吕家坨煤矿选煤厂、山西天鹏冶炼公司选煤厂、万祥矿业公司选煤厂得到应用，给选煤厂带来了显著的经济效益，得到各选煤厂的一致肯定。

三锥角水介旋流器作为一种新型高效粗煤泥分选设备，具备以下技术特点：①结构简单，适应性强，占用空间小，改造投资少；②运行成本低且维护费用低；③分选精度较高，稳定可靠；④安装灵活，改造期间不影响正常生产。因此，该技术具有非常广阔的应用前景。

环 境 保 护

煤矸石减排和资源化实践研究

陕煤化集团

一、基本内容、创新性

自主研发的冒落区矸石膏体充填技术，消除了下石节煤矿矸石排放带来的环境污染等一系列问题，降低了井下矸石外运对井下辅助运输的压力，提升了以矸换煤的效率。另外，冒落区矸石膏体充填能有效地封堵采空区漏风，避免采空区火灾的发生，杜绝了由于火灾造成的损失，保障了矿井安全生产。该项技术的研究与实践对下石节煤矿开采管理具有极大的现实意义，开创性地运用了冒落区矸石膏体充填防治采空区煤自燃技术。主要研究成果如下：

(1) 获取了下石节煤矿矸石物理力学特征和化学成分。
(2) 确定了井下矸石膏体充填系统的工艺流程。
(3) 大量的充填配比试验得出了矸石膏体充填材料最优配比技术参数。
(4) 设计了井下矸石膏体充填工艺系统，积累了施工经验。
(5) 完成了井下矸石膏体充填系统的优化设计。
(6) 缓解矿井辅助运输压力，提高矿井有效提升能力。
(7) 井下老巷或采孔区充填可以有效地解决防灭火的问题。
(8) 实现绿色开采，在井下进行矸石处理，直接变废为利，不但可以消除地面矸石山，而且减少侵占农田，减少对大气和环境的污染，减少矸石山坍塌危及人类的安全事故隐患，实现了绿色开采。

二、适用条件

下石节煤矿为高瓦斯矿井，现矿井瓦斯治理方面主要采用以抽放为主、风排为辅的方法。采面瓦斯抽放主要以高抽巷抽放为主，由于高抽巷布置在煤层顶板以上 30 m 左右的岩层中，掘进过程中会产生较多矸石，每小班掘进产生矸石量最大为 50 矿车（约合 80 t）。原有煤矸石排放采用矿车外运方式，升井后在地面堆放处理。由于外运环节多，拉运提升时间长，加之辅助运输系统能力小，系统提升压力大，出矸难度大，严重制约了高抽巷掘进，不利于矿井瓦斯管理工作的正常开展。

三、应用情况及推广前景

本研究成果可实现绿色开采的目标，达到矸石井下处理和防治采空区煤自燃的目的，减少了矸石占地、减少了环境污染、降低了采空区煤自燃危险性、降低了吨煤成本，为矿井绿色开采提供了一种有效的途径，具有极好的推广应用前景，建议在其他矿山进行推广。

沉陷区精准预测技术

山东新巨龙能源有限责任公司

一、基本内容、创新性

沉陷区精准预测技术，是通过对大量的已知开采沉陷实测资料进行数据处理，以概率积分法为计算模型，求取巨厚表土层薄基岩综放条件下地表移动变形规律参数，并根据实时观察数据进行修正，进而精准预测地表下沉、移动和变形的新型技术。

沉陷区精准预测技术是对原有地表沉降预测技术的一个理论补充，运用该技术可以有效地减少预计误差，提高预测精准度，同时可以根据工作面开采进度判断沉降趋势，预测沉陷稳定时间，为沉陷区动态复垦提供精准数据，为挖深垫浅、复田造塘、土地复垦、生态恢复及产业开发提供技术支撑。

二、适用条件

沉陷区精准预测技术可以适用于水平和倾斜煤层半无限开采（充分采动）条件下的地表沉降、移动变形的计算及预测，同时依据实时观察数据，也可以对正在回采的工作面影响情况做出沉降趋势预测。

三、应用情况及推广前景

利用沉陷区精准预测技术，摸清上覆岩层的岩石力学性质并求取开采后各种岩移参数，精准预测出塌陷区沉降趋势。采取因地制宜的原则，宜农则农，宜林则林，宜渔则渔，根据实际沉降情况，提前治理、动态治理，精准实施土方调运，通过挖深垫浅、复田造塘、土地复垦等措施，完成了13193亩的塌陷区综合治理工作。在降低成本、减少工程量的基础上，最大限度地保护耕地，并通过了山东省国土资源厅组织的验收，使塌陷区内生态环境得以正常有序健康地发展。

在沉陷精准预测技术应用的基础上，总结提炼出一套新的标准体系，能有效破解同类型沉陷区治理区域内的难题，引领煤炭行业大规模开展沉陷治理开发，促进煤炭企业结构调整、转型发展。

汪家寨煤矿瓦斯发电机组烟气余热利用

贵州水城矿业股份有限公司

一、基本内容、创新性

供应热水洗浴（包括池浴和淋浴）供水量为1400 t/d，热水循环供暖面积为1100 m^2。本项目总投资93万元。安装余热锅炉6台、循环水泵5台、降压启动柜1台、电能表1块；铺设室内外管道合计约3940 m。浇筑热水循环水池1组3座，总净容量为152.88 m^3。

该项目实施后不仅节约了大量的煤矿资源，还减少了环境污染，促进了社会的和谐。

二、适用条件

烟道式余热锅炉本体及辅助设备安装前，应先熟悉设备图纸、工程施工设计图纸及有关技术文件，编制好安装程序、技术措施、安装进度等文件，检查自制自配件的情况、安装材料和工具的准备情况以及安全技术措施的准备情况。按施工设计图纸，确定准确的安装位置，烟道式余热锅炉四周应留有满足现场操作、检修和安放辅助设备的位置。根据装箱清单明细表复核清点制造厂提供的设备和零部件。检查运输途中有否损坏，如有损坏应及时修复或采取相应措施。设备到达现场后应做好防潮、防雨措施，零部件的密封面上还需涂防锈油。按施工设计图纸要求复核安装平台烟道式余热锅炉及辅助设备基础负载能力、支墩或预埋铁的布置尺寸、标高，如有差错应及时补救或改正。

三、应用情况及推广前景

本项目实施后，每年直接节约标煤5000 t，缓解了煤炭供求的紧张关系。另外，由于燃烧的标煤减少，所以每年产生的二氧化碳、二氧化硫也相应减少，这在很大程度上减少了陶瓷生产对当地环境带来的不利影响，降低了酸雨产生的可能性。据估算，本项目建成后，每年减少二氧化碳排放达13100 t，减少二氧化硫排放达42.5 t。

发电机组高温烟气余热经翅片管余热锅炉回收，每年节约天然气的收益为168.84万元。每年节约燃煤的收益为95.56万元。

本项目的实施，必将影响其他行业，乃至其他相关高能耗行业的节能降耗。激发这些同类行业及相关行业的节能降耗积极性，促使他们参与到节能降耗中来，从而带动全社会的节能行动。

伊敏露天矿复垦绿化模式

华能伊敏煤电有限责任公司露天矿

一、基本内容、创新性

伊敏露天矿复垦绿化技术模式：探索排土场绿化物种——在排土场顶部采用披碱草、羊草等进行混播，在排土场采用成活率高、耐寒、耐旱、具有固氮效果的沙棘（株行距 3 m×5 m）与本地披碱草混交栽植。建立覆土技术标准——在排土场覆盖 0.2~0.3 m 的沙子后再覆盖 0.3 m 的腐殖土；覆土时将农家肥与腐殖土按 1∶10 比例混合，植被覆盖率进一步提高。实施水保工程——在排土场坡顶汇水区域及排土场边坡布设排水沟，在边坡顶部设置挡水围埝。形成植被种植七步走方案——铺设管路、人工平整、撒草籽和农家肥、轻翻盖土、覆盖草帘子、洒水灌溉、草长出后第二年栽植沙棘。管护复垦绿化成果——在新绿化的种植区周边布设刺线围栏，防止牲畜对绿化成果进行践踏；对生长过密的沙棘进行平茬管护。开展复垦绿化科研工作——针对腐殖土短缺问题进行土壤改良研究、针对复垦绿化成本问题实施沙棘育苗试验，并探索高陡边坡植被种植方法。

二、适用条件

伊敏复垦绿化模式中"六大步骤"具有矿山绿化多变性和适应性，针对矿山排土场的复垦绿化展开，在矿山复垦绿化过程中需要结合矿山实际情况实施。

三、应用情况及推广前景

伊敏复垦绿化模式在伊敏露天矿的实施产生了良好的生态效益、经济效益和社会效益。为进一步探索绿色矿山建设方法提供了保障，为全面推进绿色矿山建设积累了有益经验，发挥了绿色矿山建设的模范带动和引领作用，对恢复矿山为"青山"具有重要作用。

医疗污水处理工程

开滦（集团）蔚州矿业有限责任公司

一、基本内容、创新性

采用"A/O 工艺+沉淀+过滤+消毒技术"。污水首先进入格栅渠，通过格栅去除污水中较大的污染物,流入调节池后调节水量水质后,均匀地提升到缺氧池中,在缺氧池中均匀布水后进入生物接触氧化池,在生物接触氧化池中去除大量的有机污染物,再进入竖流沉淀塔,沉淀在生化处理过程中脱落的生物膜,再自流进连续过滤器,滤除水中剩余的悬浮物,通过紫外线消毒后出水。竖流沉淀塔和连续过滤器的排泥进入污泥池,由污泥池提升到污泥浓缩地,经过一段时间的沉淀后,由压滤机脱水、外运、焚烧。

二、适用条件

适用于生活、医疗污水处理。

三、应用情况

应用本工程后可减少排放 BOD 77.53 t、COD 230.45 t、SS 318.64 t、HN_3-N 12.87 t、TP 1.035 t、石油类 2.17 t。保护了地下水源,达到了节能减排的目的。

电热蒸汽发生器应用

莱芜市万祥矿业有限公司

一、基本内容、创新性

(1)供水二次软化技术。潘西煤矿用水硬度 800 mg/L 以上,使用一次软化后硬度降为 420 mg/L,二次软化后降为 120 mg/L 左右,效果较好。

(2)自动化监控技术。电热蒸汽发生器系统采用自动化监控技术,根据用户需要自动开启电热分支系统,可以自行调节压力、温度,以满足用户的需要。

(3)蒸汽压力自动卸压技术。系统安装两套安全阀门和一套疏水阀门,根据设定好的数据开启安全卸压机构,保护系统以及人员的安全。

二、应用情况及推广前景

潘西煤矿食堂、员工工作服烘干室、茶水炉以前一直应用燃煤电厂供来的蒸汽,经过实际统计每个月的费用就在 135 万元左右,仅 2015 年应用的电厂蒸汽费用即达 1500 万元,经过调研,公司决定研究电热蒸汽发生器代替燃煤电厂蒸汽。潘西煤矿使用燃煤电厂供来的蒸汽每月为 6500 t,一年近 80000 t,需要燃烧的煤炭为 16000 t,会产生大量的有害气体,经过测算电热蒸汽发生器功率在 720 kW 左右,按每天应用 10 h 计算,每天的费用是 0.7 元/kW·h×720 kW×10 h×30 d = 15(万元),每个月可以节约 135 - 15 = 120(万元),因此节能和节约经济效益方面效果十分明显。不使用电厂蒸汽后,电厂锅炉降低了运行时间,节约了煤炭,达到了环保节能的目的。

煤矿井下干雾除尘关键技术

中煤北京煤矿机械有限责任公司

一、基本内容、创新性

项目研究技术及设备主要由干雾抑尘主机和干雾喷射系统组成。煤矿井下干雾抑尘主机是一款集成了水路系统、气路系统、气控系统和反冲洗过滤器系统于一体的控制系统,所有动作由气动元件控制,不用电,大大提高了井下应用的安全等级,所有动作一键控制,操作简单。从干雾喷嘴喷出的水雾颗粒覆盖住由井下设备产生的大量粉尘颗粒,水雾颗粒对粉尘颗粒进行有效的吸附而聚结成团,受重力作用而沉降,从而达到抑尘效果。

该系统不但成功攻克了控制系统多为电器控制,不适用于井下的弊端,而且还大大降低了原有喷水抑尘的耗水量,提高了水雾颗粒与粉尘颗粒的吸附、碰撞、凝结、沉降概率,抑尘效果极为显著。

二、适用条件

煤矿井下干雾抑尘系统适用于矿山井下采掘、运输等产生大量粉尘的场所,包括掘进机、综采机、刮板输送机、破碎机等井下产尘设备和巷道粉尘隔离、除尘风机等井下除尘设施的粉尘过滤,可以根据这些设备的特点进行安装,用于治理设备工作时产生的大量粉尘。煤矿干雾抑尘主机可以定点使用,也可以固定到掘进机及综采机等设备上随设备移动使用,灵活方便。干雾喷射系统根据现场实际情况布置,可以固定在矿山井下移动设备上,也可以定点布置,科学合理。

三、应用情况及推广前景

煤矿井下干雾除尘关键技术采用的干雾抑尘技术具有国际先进水平,已成功应用在港口、电厂、矿山、钢铁、化工等各类行业,节能节水方面效果显著,综合抑尘效率达到95%以上,且具有投入成本低、使用维护简单的特点,该项技术正在推广应用到煤矿井下的粉尘治理,现在已进入试验阶段。

煤矿井下干雾除尘关键技术设计合理,安设简便,节能环保,投入少,运行成本低,可替代国外同类产品,具有良好的应用前景和市场推广前景。

一种煤矸石粉碎机

开滦铁拓重型机械有限公司

一、基本内容、创新性

该项技术涉及粉碎设备技术领域,它包含粉碎轴、第一粉碎箱、第二粉碎箱、进料口、阻隔板、卸料口、第一电动机、第二电动机、第三电动机、第一压辊和第二压辊;它结构设计合理,造型新颖独特,操作简单,使用方便。该工艺技术设备先进、经济、适用;该技术采用的新工艺、新技术、新设备安全可靠,通过国家知识产权局评估,并获得国家实用新型专利。

二、应用情况及推广前景

一般破碎机,因为物料在破碎腔内滞留而造成堵塞,致使相关机件加剧磨损,本系列破碎机可以避免上述现象。煤矸石粉碎机由于其独特的结构设计得到广泛的应用,但目前市面上的设备只含单个搅拌室,搅拌效果很差,无法满足生产要求。因煤炭开采、洗选产生的大量煤矸石堆积影响环境,本技术成果可以解决此问题,所以应用推广前景广阔。

煤 矿 施 工

深井巷道复杂条件下综合机械化快速掘进技术研究

河南焦煤能源有限公司古汉山矿

一、基本内容、创新性

古汉山矿引进综合机械化快速掘进技术,底板抽采巷掘进创单班最高进尺 4.9 m,月单进 209 m 的好成绩。

(1) 引进综掘工艺。根据底抽巷揭露岩层情况分析,引进综合机械化掘进工艺。

(2) 改造排矸系统。建立专用矸石仓,通过采区煤仓与大巷主煤流系统连接,解决出矸难题。

(3) 调整生产组织。实行"2+1"主煤流运输模式,即两班运煤、一班排矸,实现排矸的连续性。

(4) 优化支护设计。根据巷道服务年限和支护现状,将原锚网喷优化为锚网支护,节省喷浆时间。

(5) 强化考核机制。实行科学合理的计分模式及验收标准,将掘进班工资和奖金同掘进进尺、设备日常维护、文明施工挂钩,并同日常的工程质量挂钩。

二、适用条件

深井巷道复杂条件下综合机械化快速掘进技术,适用于地质条件复杂矿井的岩巷掘进作业,岩性主要以泥岩、细砂岩、砂质泥岩、泥岩与细砂岩互层等巷道掘进施工,巷道掘进坡度在 ±15° 均可引进该技术。岩巷快速掘进技术必须首先优化排矸系统和支护设计,能够实现连续掘进、连续排矸,掘锚一体化,才能实现快速掘进。

三、应用情况及推广前景

通过采用综合机械化快速掘进技术,岩巷掘进平均每班进尺 2.8 m,三班掘进,平均日进尺 8.4 m,较以往炮掘日进尺 2.8 m 提高 5.6 m,且减少了对巷道围岩的破坏,截割成形好。通过采取优化支护设计、改造运输系统、调整劳动组织等一系列措施,掘进创单班最高进尺 4.9 m,月单进 209 m 的好成绩,提高了工作效率,改善了作业环境,节约了成本投入，缓解了采掘接替，经济效益和社会效益显著。

在目前多数矿井出现采掘接替紧张局面的情况下，加快岩巷开拓施工速度势在必行，也是目前高产高效矿井快速发展的需要，岩巷快速掘进为工作面瓦斯治理、底板加固和连续回采打下基础，深井巷道复杂条件下综合机械化快速掘进技术在全国所有矿井均有很好的推广应用价值。

单轨吊线路异网同播系统的研究与应用

新矿集团

一、基本内容、创新性

为提高矿井单轨吊运输效率，改善井下通信现状，协庄煤矿根据单轨吊机车运输系统现状，研制开发一套KTL103异网同播泄漏通信系统，通过光纤环网，使用交换机、漏泄通信交换台、通信机将泄漏电缆敷设至该矿井下各采区采掘地点，使用通信手机与调度站联系，实现矿井单轨吊机车运输合理调度。

系统用于异网同播跨系统通信，利用现有的网络资源将多个水平各自独立的多套漏泄通信系统通过网络通信机技术连接起来，由地面调度站统一调度管理。系统可以将基地信号交换台、手持通信机、地面网络通信机、井下网络通信机等多种设备互联起来，实现互通。实现一呼百应。系统采用网络传输和分组交换技术，组网灵活，管理方便，不受无线频率资源的限制。

二、适用条件

该系统可通过矿井工业以太环网实现地面调度站与井下各采区单轨吊机车司机联系，解决机车调度困难的问题。

三、应用情况及推广前景

协庄煤矿已在2008年完成工业以太环网建设，矿井网络连接通信技术成熟，根据现有条件，系统建设采用网络传输和分组交换技术，用于跨系统通信，通过矿井现有的工业以太环网将4-3十一层采区、3-3十一层采区、-850 m二采区3个地点各自独立的多套漏泄通信系统依靠网络通信机技术连接起来，通信信号通过地面调度站网络通信机传输至光纤环网，实现地面调度站统一调度管理。

单轨吊线路异网同播系统通过矿井工业以太环网实现地面调度站与井下各采区单轨吊机车司机联系，解决机车调度困难的问题，使矿井单轨吊运输更加科学化、合理化，提高单轨吊机车运输效率和利用率，节约人力及物料资源，社会效益、经济效益显著，具有重大的应用及推广意义，应用前景广阔。

千米矿井双箕斗双罐笼柔性罐道混合提升系统研究与应用

中国平煤神马集团

一、基本内容、创新性

本项目开发的千米立井双箕斗、双罐笼柔性罐道混合提升系统解决了矿井建设期间立井提升能力不足的瓶颈，研究解决了基本建设矿井千米立井双箕斗、双罐笼柔性罐道混合提升系统防撞、防坠和罐道张力监测监控等难题，保障了混合提升系统的安全运行。建立了提升系统运动及防撞模型、罐道绳运行状态模型、运行状态监测专家系统平台及基于物联网技术的远程监测平台，研发了罐道绳运行状态智能调控、防坠器运行状态感知等关键技术及装备。双箕斗、双罐笼柔性罐道混合提升系统提升能力比传统双罐笼提升系统提升能力提升2倍以上，创造了良好的社会经济效益。

该项目具有以下五大创新点：
（1）构建了超千米立井混合柔性提升系统运动模型和防撞试验。
（2）研究验证了超千米立井绳罐道和防坠器运行状态与绳顶部张力关联性。
（3）开发了罐道绳运行状态智能调控技术。
（4）开发了V型金属凿井井架加固方案及施工工艺。
（5）建立了运行状态监测专家系统与基于物联网技术的远程监测平台。

二、适用条件

本项目开发的千米立井双箕斗罐笼混合提升系统解决了矿井建设期间立井提升能力不足的瓶颈，解决了立井提升防撞、防坠和罐道张力监测监控等难题，在煤矿和金属非金属千米立井都可以应用。

三、应用情况及推广前景

本项目在平煤股份有限公司成功应用，取得了良好的效果，大大提高了井筒提升能力，井筒排矸能力比传统方式提高2倍以上，适用于井筒直径较大、井下巷道开拓量大、井筒深度大的金属非金属矿山。

该项目属于国内高新技术，其应用领域包括煤矿，金属、非金属矿山等。双箕斗、双罐笼混合柔性提升系统提升能力可以较原来提高2倍以上，提高了岩巷掘进水平，缩短了矿井建设周期，市场潜力巨大，在我国具有广阔的推广应用前景。

单轨吊运输系统"网络化"技术

国投新集能源股份有限公司

一、基本内容、创新性

刘庄矿井采区及工作面传统运输方式为地轨运输,采用变频绞车、慢绞以及无极绳绞车运输,运输效率低,工人劳动强度大,生产准备工程量大,运输方式落后,安全隐患大。

使用单轨吊在深井、软岩、大倾角、长距离运输等条件下运输重型液压支架,是国内、国外的世界级难题,需要多方面进行技术创新,攻克这一技术难关。

通过不断对采区及工作面单轨吊运输线路优化,积极与厂家沟通,对单轨吊机车及起吊梁进行改造,工作面巷道掘进、综采设备安装撤除以及行人全部实现单轨吊运输,彻底摒弃了以往地轨运输方式。单轨吊运输机车具有机动性强、运行速度快、载重量大、安全可靠的特点,可实现整体运输液压支架等大型设备。

二、适用条件

根据采区及工作面煤层赋存条件及液压支架设备型号,优化巷道布置方式,设计单轨吊运输路线,合理选取单轨吊设备,实现采区及工作面单轨吊运输"网络化"。

三、应用情况及推广前景

目前刘庄矿井已在1711采区、171305工作面、111101工作面等区域建立单轨吊运输系统,实现了采区及工作面单轨吊运输"网络化",并且完成对SLG16.5重型起吊梁(48T)的成功应用,在171305工作面实现单轨吊整体运输ZZ13000/27/60D型(47.5T)重型液压支架,达到了国内领先水平,创造了很好的经济效益、安全效益和社会效益,为下一步矿井优化其他采区设计、推广应用单轨吊运输系统"网络化"提供了有利的技术保障。

电滚筒改造带式输送机设计

陕煤铜川矿业陈家山煤矿

一、基本内容、创新性

电滚筒带式输送机需要外购1台矿用防爆电滚筒,使用矿用14号槽钢焊接一个底座,使用650带式输送机的输送带、架管、托辊和650带式输送机的机尾滚筒。一部电滚筒带式输送机投入使用需要投入2.51万元。固定巷道铺设一部40T刮板输送机，使用新的中部槽、刮板和刮板链，使用大修的40T机头和机尾，最低需要投入7.2万元。相对而言，新铺设一部电滚筒带式输送机相较一部刮板输送机可以节约资金4.69万元。输送带和托辊正常使用期间，掘进2000 m巷道，不需要更换。刮板输送机的中部槽、刮板、刮板链根据煤（岩）性质和材质等更换周期不确定。总体而言输送带和托辊使用寿命要比40T刮板输送机中部槽、刮板和刮板链长，减少了40T中部槽、刮板和刮板链的投入。

二、应用情况及推广前景

自2015年10月电滚筒带式输送机在430掘进系统投入使用，代替了固定巷道内的40T刮板输送机，减少了矿井对40T刮板输送机槽链的投入，与同期相比，掘进系统每月节约40T刮板输送机槽链投入资金5万元，430掘进期间仅40T刮板输送机槽链节约资金40万元。

电滚筒带式输送机部件相对于40T刮板输送机部件要轻便，便于运输，降低了职工的劳动强度；电滚筒带式输送机维护简单，维护量小，故障易于判断，得到了使用区队的好评，在全矿井掘进系统得到了很好的应用。

急倾斜综采工作面安全快速安装工艺

四川省华蓥山煤业股份有限公司绿水洞煤矿

一、基本内容、创新性

针对急倾斜综采设备普遍采用顶梁起吊、平车装运的工艺存在受地质条件制约影响大、钢梁起吊和平车斜坡运输不安全等问题，提出了在开切眼上口取消起吊工艺，采用浇筑设备运转平台、绞车牵引平稳过渡和开切眼内取消运载设备，采用铺设滑道、滑靴导向设备自溜下放安装工艺，设计思路新颖，实用性强。通过优化综采设备参数，革新安装工艺，浇筑铺设安装平台，研究自溜导向装置等多种技术手段，成功实现急倾斜综采工作面安全快速安装。该技术衍生出的专利成果"一种用于急倾斜综采工作面安全快速安装滑靴装置"（专利号ZL2013207546489）获国家实用新型专利授权，该安装方法和配套装置结构新颖、工艺精湛，技术成果达到国内领先水平。

二、适用条件

该技术适用于采用走向长壁后退式综合机械化采煤方法的大倾角或急倾斜综采工作面设备（端头支架、刮板输送机、液压支架等）安装，以及真倾斜开采和伪俯斜开采状态下的工作面设备安装，配套的滑靴装置可根据不同型号设备尺寸变化加工制作。

三、应用情况及推广前景

该工艺在广能公司绿水洞煤矿急倾斜综采工作面成功实施，与原大倾角、急倾斜综采装备安装工艺相比较，急倾斜综采工作面安全快速安装工艺具有十分明显的优越性。该工艺已经在矿井及周边类似倾角综采工作面陆续得到推广，得到了煤矿专业人士的一致认可和推荐，其应用前景十分广阔。目前该技术在广能公司内部矿井单位（如李子垭南二井等）得到较好的推广和应用，为急倾斜综采工作面回采条件的快速形成奠定了基础。

主井提升机钢丝绳更换工艺优化

山东新巨龙能源有限责任公司

一、基本内容、创新性

新巨龙公司1号、2号主井各安装一部JKM4.5×6型提升机，提升高度为834.4 m，提升钢丝绳使用6根ZBB 6×28TS－44 mm＋SFC－1770 MPa型钢丝绳。传统的钢丝绳更换工艺为6根首绳分3次进行更换，换绳顺序为：先更换3号、4号，再更换2号、5号，最后更换1号、6号，整体施工工期需72 h，施工工期较长。

通过对钢丝绳破断力、最大静张力差等参数进行校验，两根钢丝绳可以满足提升机低速、箕斗空载时的提升要求，因此将主井首绳更换工艺由6根首绳分3次更换优化为6根首绳分两次更换，即第一循环更换2—5号钢丝绳、第二循环更换1号、6号钢丝绳，施工时间由72 h缩短为48 h。

二、适用条件

该提升机钢丝绳更换工艺优化主要适用于多绳摩擦轮式提升机更换提升钢丝绳的工艺，尤其适用于6绳摩擦轮式提升机更换钢丝绳。

三、应用情况及推广前景

该公司在2014年12月、2015年5月分别利用"提升机钢丝绳更换工艺优化"技术更换了2号、1号主井提升钢丝绳，在保证钢丝绳使用寿命、施工安全的前提下，缩短了施工时间，减少了生产影响时间。

在多绳摩擦轮式提升机更换钢丝绳时，均可以参照本工艺优化，对钢丝绳进行校验，在安全允许的前提下，减少施工循环，减少生产影响时间。

主要通风机变频技术在调风中的应用

内蒙古福城矿业有限公司

一、基本内容、创新性

主要通风机变频调节技术应用条件是主要通风机工况点在风机最小可调角度之下,可以实现节能效果。目前矿井主要通风机叶片安装角度为 -3°,不采用变频技术,实际工作风量为 10620 m^3/min,负压为 2820 Pa;采用变频技术后,主要通风机工作风量为 9100 m^3/min,此时负压降到 2200 Pa,功率降低 35 kW,年节约通风资金 15 万元。

二、适用条件

该技术适用在公司经营比较困难的情况下,根据采掘工作面布置变化情况,结合矿井主要通风机工作风量,通过变频调风,降低通风成本。

三、应用情况及推广前景

每月 25 日前根据次月生产计划,合理确定主要通风机工作风量,实施"月调频"节能技术研究。2016 年以来,矿井主要通风机工作风量为 7900 ~ 7400 m^3/min,1 号风机工频为 34 ~ 33.2 Hz,功率降低 24 kW(268 ~ 244 kW);2 号风机工频为 35 ~ 35.6 Hz,功率降低 31 kW(241 ~ 210 kW),矿井负压降低 60 Pa(1250 ~ 1190Pa),节约通风资金 30 万元。

副井液压站液位报警装置

徐州矿务集团有限公司

液位报警器是指通过机械式或磁感应的方法来进行水位的报警和检查,可以声光报警器等或者磁性报警同时控制设备的启动或停止。

通过电缆式的液位报警器和搭配的液位控制器来控制,电缆式液位报警器原理是通过微动开关为核心元件封装在密闭的塑料外壳内进行高低水位检测,当被测液体到达动作点时,输出高或低液位信号,当液位低到一定的位置时输出继电器开关信号,或者直接供电给报警器,从而实现对液位的报警功能。电缆式液位报警器不需浮球和干簧管,外部无机械动作,耐污耐用,不怕漂浮物影响,可任意角度安装,竖向安装有一定的防波浪功能,这种方式较实用,耐污,使用寿命长,安全性高。

四象限无转子位置传感器开关磁阻电动机传动控制系统研究与应用

枣矿集团

一、基本内容、创新性

以双向功率变换器控制策略和无位置传感器 SRM 控制技术为两大核心研究内容，旨在解决 SRM 高效可靠无传感器四象限运行难题。拟采用基于电网电压定向的矢量控制方法对前端 PWM 整流器进行控制，重点考虑 PWM 整流器运行中的鲁棒性问题；拟以 SRM 本体建模为基础，运用激励脉冲法与磁链解析模型法相结合的混合控制策略，以实现电动机静止启动与中高速状态下的无传感器可靠运行。在建立 Matlab/Simulink 仿真模型的基础上，拟以数字信号处理器（DSP）与可编程逻辑器件（FPGA）为控制核心，对基于双向功率变换器的无传感器 SRM 控制系统进行硬件和软件设计，为无传感器 SRM 控制系统的进一步开发与推广应用积累理论基础与实践经验。

二、适用条件

随着我国煤矿现代化程度的不断提高，矿山绞车提升系统成为煤矿生产的重要瓶颈，从可靠性和经济性上考虑，需要改造和更新。

高煤公司原矸石山绞车电控系统采用的是太原大河机电技术公司生产的转子串电阻调速系统，该电控系统为高耗能调速系统，属淘汰型产品。因此，该项技术成果适用于对老电控系统的更新改造。

三、应用情况及推广前景

对国内矿山系统的节能降耗和技术进步产生重大的推动作用，对建立节约性矿山和安全矿山做出贡献，具有重大的经济意义和社会意义。提高了矸石山绞车的运行效率和可靠性，减少了矿井事故发生，是实现安全节能的重要途径。

一个煤矿至少需要本系列产品 1 套台，中国有 2 万多个煤矿，其中国有大中型煤矿 2000 多个，这都是直接和潜在的产品需求用户，因而具有非常广阔的应用需求。

本产品同样适用于其他行业，可广泛应用于石油化工、冶金、电力、煤炭、电气化铁路、风电厂以及其他具有或者靠近冲击性负荷和大容量电动机的工业领域，在安全生产中发挥重要的作用，给生产合作企业带来新的技术产品和长期持续的经济效益和社会效益，成为建设环保低碳型煤矿企业的生力军。

智能化液压伞钻关键技术与装备

中煤北京煤矿机械有限责任公司

一、基本内容、创新性

智能化液压伞钻主要由液压伞钻和自动化控制系统组成。液压伞钻主要由支撑臂、风水盘、立柱、大臂组件、钻架、凿岩机、液压系统和电控系统8个部分组成。

自动化控制的整体思路是 PLC 通过相应的传感器采集到角度和位置信息,然后通过控制相关的电磁阀实现伞钻相关角度和位置的变化。由于多数电磁阀是开断控制,而油缸运动存在惯性,油压有波动,同时多次控制有累计误差。因此,在传感器精度一定且处于振动工作环境的情况下,角度和位置的精确控制需要特定的智能控制方法。此设备不但解决了液压伞钻对复杂地层的钻进控制能力和适应性差的问题,最主要的是减少了操作者人数,降低了安全隐患。

二、适用条件

智能化液压伞钻主要适用于立井建井。

在立井建井的过程中会出现大量的淋水、煤尘、瓦斯等恶劣的井下环境。井下工作条件相对困难,其中空间狭窄、环境多变、工作地点频繁变换、工作量集中不匀等问题更是难以克服,本设备具有较强的适应性、可靠性并且体积小、功能齐全、防水防爆、易操作好维护。

三、应用情况及推广前景

智能化液压伞钻设备的研究,属于立井建井重大革新项目,提高了立井施工的安全性,改善了井下施工的条件,实现了立井建井的智能化和自动化,为企业带来了经济效益、安全效益、科技成果效益和企业发展的品牌效益。

该项技术和产品具有重大的现实意义和推广与应用价值。

初级目标:研发智能化液压伞钻及其配套设备,在中煤集团内一个选定的矿建项目进行试验,进行改进和完善。

中级目标:在全中煤立井施工的单位推广智能化液压伞钻技术及其配套设备,为后期市场开拓起到示范作用。

最终目标:推广至全国立井施工单位,包括各种矿山矿井等,甚至国外矿井建设项目,为我国建井事业做出应有的贡献。